배관 내시경 분석 및 활용

남상엽 · 강민구 · 전준철 · 정해진
강대석 · 신현탁 · 황동선 · 윤경문 공저

도서출판 상학당

欲爲大者 當爲人役

크고자 하거든 남을 섬기라

학습 모듈코드 1404030507_15v1

대분류	중분류	소분류	세분류	능력단위
건설/14	건축/03	건축설비설계시공/03	배관시공/05	배관검사/07

배관 내시경 분석 및 활용

머리말

산업용 내시경 검사는 비파괴 검사를 수행할 때 접근 불가능한 부위의 Visual 검사를 위해 적용된다. 인체 내부를 검사하는 유사한 장치는 통상 Endoscope라고 하며, 산업용 검사장치는 Borescope라고 호칭된다. Borescope들은 대부분 결함 또는 불완전한 부분들을 찾기 위한 용도로서 비파괴 검사기술에 적용된다.

내시경(Borescopes)은 일반적으로 항공기 엔진, 산업용 가스 터빈, 증기 터빈, 디젤 엔진 및 자동차 및 트럭 엔진의 육안검사에 사용되고 또한 파이프, 보일러 관의 내부검사를 위해 사용된다.

산업용 내시경은 열악한 산업현장에서 완벽한 내시경 검사를 실시할 수 있도록 디자인되고 설계된 고품질 전문 산업용 내시경이다. 최신 고성능 이미지 센서와 고휘도 화이트 LED를 장착하여 자연색 표현을 가능하게 했으며, 최신 영상처리 프로세서를 통하여 최고의 이미지 구현과 데이터 저장을 가능하게 한다. 교환형 프로브(Probe)는 외경, 길이, 시야 방향, 프로브 재질 등에 따라 최적화된 프로브를 선택하여 어느 산업현장에서나 최고의 성능을 발휘할 수 있도록 한다. 내장형 저장장치를 사용하여 정지영상과 동영상을 영상 손실 없이 간편하게 저장할 수 있으며 외부 출력단자를 통해 외부 기기 활용도 가능하다.

산업용 배관 내시경은 최근에는 공동주택 다굴절 오 · 배수관 내부검사용 Push Rod로 사용된다. 산업현장에 있는 상하수도 배관, 전원/통신 케이블용 설치배관, 공조기의 덕트 및 배관의 연결부위 상태 등 각종 배관의 손상 내지 파손 여부와 그 원인을 확인할 수 있도록 한다. 배관 내시경의 주요시장은 산업체 기계 점검용 그리고 차량 엔진 점검용으로 사용되어 왔으며 생활 오폐수 및 우수배관 막힘공사에서 내부 관찰용으로 사용된다.

오 · 배수관의 건전성 평가를 위해 정량적인 비파괴 평가기법을 이용하여 오 · 배수관에 존재하는 크랙, 핀홀, 부식, 감육(Metal Loss), 덴트(Dents), 흠(Gouges) 등의 결함의 정량화는 물론 위치 표정도 가능하여 매설 오 · 배수관의 신뢰성 있는 데이터를 제공, 오 · 배수관의 종합적인 안전진단 서비스를 제공한다. 이러한 진단검사를 위하여 산업용 내시경 검사장비를 이용한 유관검사(Visual Inspection)를 오 · 배수관에 직접적으로 관찰하여 결함이나 이물질이 있는지 알아내는 비파괴 검사방법이다. 이 방법의 장점은 빠르고 간단하며 경제적이고 장비가 간단하고 결과를 곧바로 영상으로 저장이 가능하다. 산업용 내시경을 이용한 유관검사를 위하여 기초조사, 현장조사 및 수질검사 등의 진단검사를 한다.

산업용 배관 내시경 영상 안의 대상물(이물질 및 결함 등)을 탐지/추적하고, 추적하고 있는 목적물(이물질 및 결함 등) 중에 지정한 규칙(Rule)에 따라 필터링하여 분석(사용)자가 원하는 정보를 제공한다. 움직임/정지 감지기술(Detection)과 비교하여 탐지율과 영상 경보의 정확도를 획기적으로 개선한 기능이며, 방대한 저장장치 비용을 대폭 절감할 수 있고 산업용 배관 내시경 시스템의 지능형 탐지/추적 시스템이다.

스마트 시티에 공동한 건축물의 배관시공시 그 배관 파이프 별로 장착된 무선(NFC, Passive RFID), 또는 영상(Bar/QR코드)마커의 식별 코드값을 할당하고, 인식하도록 구성하여 구현한다.

신축된 건축물의 배관시공 시 그 배관시공에 채용되는 다수의 배관 파이프에 대해 각 배관 파이프 별로 장착된 마커의 식별 코드값을 획득한 후, 해당 건축물의 설계도면에 대해 배관 파이프의 식별 코드값을 정합하도록 한다.

영상분석에 의한 마커(Marker) 정보를 획득한 후, 해당 건축물 설계도면에 정합한 배관 파이프의 식별 코드값을 연계하는 '배관 네비게이터' 역할을 할 수 있도록 구성하여 구현한다. 배관 위치용 영상 마커를 입력하여 배관의 내부를 촬영하여 획득된 내부 영상을 통해서 배관 내부의 전체적인 상태를 정확하게 확인할 수 있음은 물론 결함이 있는 배관 파이프의 위치도 정확하게 파악할 수 있다.

그리고 고장으로 인한 비효율과 구조적 모순을 개선을 통하여 다굴절 오·배수관 내부 검사용 퓨시 로드(Push Rod) 및 영상 모니터링 시스템을 통하여 이러한 부분을 개선할 수 있을 것이다.

이 교재는 건축, 건설설비시공, 컴퓨터, 정보통신, 디지털 트윈, IoT, AR/VR/MR, 인공지능, 콘텐츠, 핀테크 엔지니어링, 보안 등 4차산업 관련 공학, 환경, 위생, 금융 및 경영 분야의 입문자를 대상으로 배관 내시경 분석 및 활용에 대한 기본적인 지식이 없어도 단계별 필요지식 및 수행과정을 꾸준히 따라오면, 배관 내시경 분석 및 활용에 관련 지식을 얻어 이해하는 단계로 발전하여 능력향상이라는 숲을 볼 수 있도록 눈높이를 맞추는 데 1차적인 목표를 두었다.

이 교재의 주요구성은 다음과 같다.

학습 1. 배관 내시경의 개요, 학습 2. 배관 내시경 검사와 판독, 학습 3. 배관 영상과 지능형 영상 분석, 학습 4. 배관 내시경 위치파악과 영상마커, 학습 5. 산업용 내시경 동향, 학습 6. 배관시공의 도면과 재료, 학습 7. 배관공구와 배관작업, 학습 8. 배관시공 상태 및 누설검사, 학습 9. 배관의 점검 및 시운전, 학습 10. 배관의 유지보수, 학습 11. 배관의 시공 및 안전, 학습 12. 배관의 비파괴 검사 기술로 구성되어 있다.

특히 각 장에서는 수행순서에 따른 수행질문에 따라 임의적으로 해법을 제시하여 창의적인 사고를 학생들이 추가로 작성하고 제시된 수행과제를 보다 많은 지식을 상호간 문제점에 대하여 토론하고 확인할 수 있다.

이 교재가 출간되기까지 가장 많은 지원과 아낌없는 격려를 보내주신 도서출판 상학당 남승우 사장님 및 배관 내시경 분석 및 활용 관련 자문 및 논문, 보고서 사이트 등 자료 제공을 해주신 관련 교수님, 기업 및 단체에 대하여 지면을 빌려 깊은 감사의 말씀을 드리고, 특히 배관 내시경 분석 및 활용 관련 자료를 인터넷 블로그 및 관련 연구소 자료집에 올려주신 저자들 등 관련 관계자 여러분에게 감사의 마음을 전합니다. 이 책에서 부족했던 점이나 기타 문의사항과 관련한 자료 제공 및 지원은 도서출판 상학당을 통해 지속적으로 지원할 계획이며, 수행에 필요한 자료 등, 기타 보충자료 또한 지속적으로 업데이트할 예정이므로 독자 여러분의 따뜻한 질책과 조언을 부탁드립니다.

저 자 씀

차 례

배관 내시경 분석 및 활용 학습모듈 위치

대분류	14. 건설
중분류	03. 건축
소분류	03. 건축설비설계 시공

세분류	능력단위
01. 건축설비설계 02. 건축설비시공 03. 건축설비감리 04. 건축설비유지관리	08. 위생설비 설계 07. 건축설비 유지관리 보수공사관리
05. 배관시공	01. 배관시공 계획수립 02. 배관 도면해독 03. 배관 재료준비 04. 배관 작업 07. 배관 검사 08. 배관 유지보수 09. 배관시공 안전관리

배관 내시경 분석 및 활용 학습모듈 개요

1. 학습 모듈의 목표

배관 내시경 분석 및 활용은 데이터를 저장하는 클라우드 기술, 전송하는 인터넷 기술, 분석하는 인공지능(AI) 기술, 융합하는 응용 프로그래밍 인터페이스(API) 기술 등과 같은 정보통신 기술을 최대한 활용 · 융합한 것이다. 그러므로 배관검사는 정보통신 기술과 융합을 통해서 다양한 데이터를 수집 · 통합 · 활용 및 서비스를 제공하는 플랫폼을 학습하고 배관작업 및 배공시공 완료 후 설계도서와 시방서를 활용하여 배관 내시경으로 분석하고 활용함으로써 설비의 성능 파악 능력 등을 학습하는 데 목표로 한다.

2. 선행 학습

배관시험 및 검사에 대한 이해, 설계도서, 표준시방서 이해, 인공지능, 클라우스기술, 인터넷기술, 가상현실, 증강현실, 건축 공간정보, ICT, 플랫폼, 스마트시티, 스마트건설, 바이오헬스, 컴퓨터 활용 능력 등

3. 핵심 용어

배관 내시경, 육안 검사, 비파괴 검사, 품질 표준서, 체크 리스트, 설계 도면, 시방서, 시운전 계획서, 빅데이터, IoT, 인공지능, 시뮬레이션, 클라우드, 5G. 분석기술, 가시화/시각화 운영기술 등

4. 교육과정 학점 및 이수시간

학 습	교육과정 학점 및 이수시간	
	학점	이수시간
1. 배관 내시경의 개요	3	3
2. 배관 내시경 검사와 판독	3	3
3. 배관 영상과 지능형 영상 분석	3	3
4. 배관 내시경 위치파악과 영상마커	3	3
5. 산업용 내시경 동향	3	3
6. 배관시공의 도면과 재료	3	3
7. 배관공구와 배관작업	3	3
8. 배관시공 상태 및 누설검사	3	3
9. 배관의 점검 및 시운전	3	3
10. 배관의 유지보수	3	3
11. 배관의 시공 및 안전	3	3
12. 배관의 비파괴 검사 기술	3	3

배관 내시경 분석 및 활용 학습모듈 명세서

학습명	학습내용명
1. 배관 내시경의 개요	1-1 산업용 배관 내시경의 개요 1-2 산업용 배관 내시경의 구조 1-3 오 · 배수관의 종류 1-4 오 · 배수관의 영상 검사 사례
2. 배관 내시경 검사와 판독	2-1 오 · 배수관의 진단 조사 2-2 오 · 배수관의 진단 검사 2-3 오 · 배수관의 성능확보 검사 2-4 오 · 배수관 내시경의 판독 2-5 오 · 배수관 내시경 검사의 비용산출
3. 배관 영상과 지능형 영상 분석	3-1 지능형 영상 분석 3-2 배관 영상 분석 3-3 디지털 영상 장비 분석
4. 배관 내시경 위치파악과 영상마커	4-1 배관의 위치 추적용 표식방법 4-2 배관마커 네비게이터 속도와 마커 위치 추정 4-3 오 · 배수 처리의 오 · 배수관 계통
5. 산업용 내시경 동향	5-1 산업용 내시경의 개요 5-2 산업용 배관 내시경의 기술현황 5-3 산업용 배관 내시경의 응용현황 5-4 산업용 배관 내시경의 미래
6. 배관시공의 도면과 재료	6-1 배관의 종류와 재질 6-2 배관 기호와 도면 파악하기
7. 배관공구와 배관작업	7-1 배관공구의 준비 7-2 오 · 배수관의 배관 7-3 합성 수지관의 배관
8. 배관시공 상태 및 누설검사	8-1 배관시공 상태 검사 8-2 배관 누설 검사

학습명	학습내용명
9. 배관의 점검 및 시운전	9-1 배관의 점검 및 시공상태 확인 9-2 배관의 시운전 실시
10. 배관의 유지보수	10-1 배관 유지보수의 위험요소 10-2 배관의 연결장비 및 장치점검 10-3 배관의 부식 및 점검
11. 배관의 시공 및 안전	11-1 배관시공의 안전 관리 11-2 배관시공의 안전교육 및 보호장구 11-3 배관시공의 안전 규칙 및 준수
12. 배관의 비파괴 검사 기술	12-1 배관의 비파괴 검사 기술의 개요 12-2 배관의 비파괴 X-Ray 검사 기술 12-3 배관의 비파괴 적외선 열화상 카메라 기술

학습 1 배관 내시경의 개요

학습 목표

1. 배관 내시경의 개요를 이해할 수 있다.

1-1 산업용 배관 내시경의 개요

1. 산업용 내시경

산업용 내시경 검사는 비파괴 검사를 수행할 때 접근 불가능한 부위의 Visual 검사를 위해 적용된다. 인체 내부를 검사하는 유사한 장치는 통상 Endoscope라고 하며, 산업용 검사 장치는 Borescope라고 호칭된다. Borescope들은 대부분 결함 또는 불완전한 부분들을 찾기 위한 용도로서 비파괴 검사기술에 적용된다.

내시경(Borescopes)은 일반적으로 항공기 엔진, 산업용 가스 터빈, 증기 터빈, 디젤 엔진, 자동차 및 트럭 엔진의 육안 검사에 사용되고 파이프, 보일러관의 내부 검사를 위해 사용된다.

산업용 내시경은 열악한 산업현장에서 완벽한 내시경 검사를 실시할 수 있도록 디자인되고 설계된 고품질 전문 산업용 내시경이다. 최신 고성능 이미지 센서와 고휘도 화이트 LED를 장착하여 자연색 표현을 가능하게 했으며 최신 영상처리 프로세서를 통하여 최고의 이미지 구현과 데이터 저장을 가능하게 한다. 교환형 프로브(Probe) 외경, 길이, 시야방향, 프로브 재질 등에 따라 최적화된 프로브를 선택하여 어느 산업현장에서나 최고의 성능을 발휘할 수 있도록 한다. 내장형 저장장치를 사용하여 정지영상과 동영상을 영상 손실없이 간편하게 저장하실 수 있으며 외부출력 단자를 통해 외부기기 활용도 가능하다. 최적의 산업용 내시경은 합리적인 가격과 탁월한 성능, 강한 내구성을 겸비한 최고의 고효율, 편리한 휴대 및 간편한 사용 등 고성능 산업용 내시경이어야 한다. 그러나 현재 국산화가 거의 진행되지 않고 대부분의 산업용 내시경 시스템은 중국, 일본, 미국 등지에서 수입에 의존하고 있는 현실이다.

산업용 배관 내시경은 최근에는 공동주택 다굴절 오·배수관 내부검사용 Push Rod으로 사용된다. 산업현장에 있는 상하수도 배관, 전원/통신 케이블용 설치배관, 공조기의 덕트 및 배관의 연결부위 상태 등 각종 배관의 손상 내지 파손 여부와 그 원인을 확인할 수 있도록 한다.

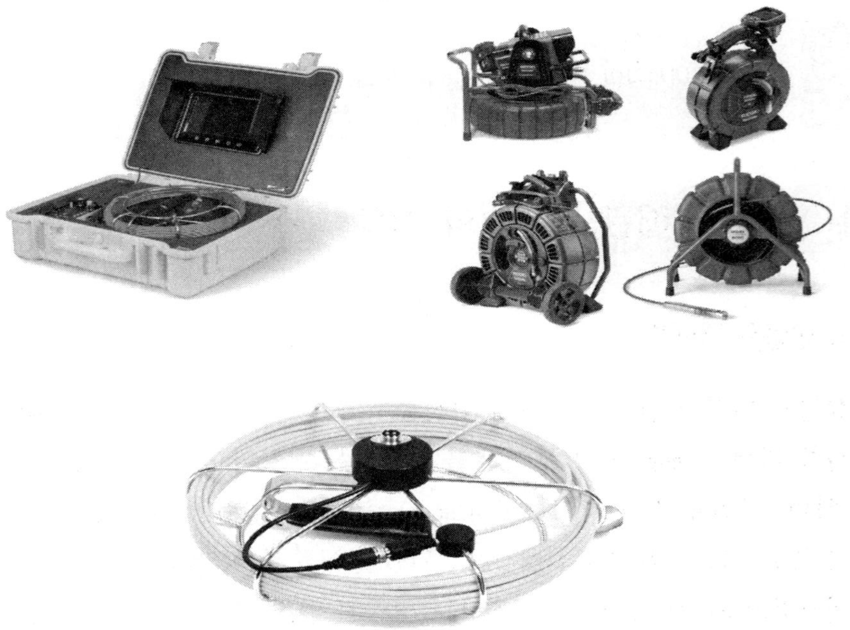

[그림 1-1] 산업용 배관 내시경 장비

지금 널리 쓰이는 '파이버 스코프(Fiber Scope)'라 불리는 내시경의 형태는 직경 10~20미크론의 유리섬유를 10만 개 이상 묶은 것으로, 이 섬유의 끝에 연결된 카메라를 통해 인체 내부의 상태를 화상으로 전달할 수 있게 되어 있다.

산업용으로 최초는 사람이 출입할 수 없는 기계 및 장치 후면의 육안검사를 하기 위하여 플랙시블관 끝에 유리를 부착하고 조명을 비추어 관찰범위 내에서 사용하였다.

최근 산업용은 반사경 관찰범위의 한계극복 및 편리성을 위하여 고해상도의 초소형 카메라를 약 20~50m길이의 PVC코팅된 Fiberglass 케이블 끝단에 연결시켜 모니터에 영상을 전달 및 저장하는 형태의 산업용 내시경으로 대중화가 되어 있다.

지금까지 이러한 배관 내시경의 주요시장은 산업체 기계점검용과 차량엔진으로 사용되어 왔으며 생활오폐수 및 우수배관 막힘공사에서 내부 관찰용으로 사용된다.

1-2 산업용 배관 내시경의 구조

산업용 배관 내시경의 구조는 하드웨어와 소프트웨어로 구분하였다. 하드웨어는 우선 시스템 부분에 대하여 분석 후 각 시스템에 대하여 분석하고 그 외 주변기기인 카메라 부문, 외부 인테페이스 부문으로 구분하여 서술하고자 한다.

산업용 배관 내시경 시스템의 하드웨어 구성은 [그림 1-2]처럼 CPU, 메모리 부문, 카메라 부문, 전원부, 저장 장치 및 유무선 네트워크 관련 기능이 포함되어 있다.

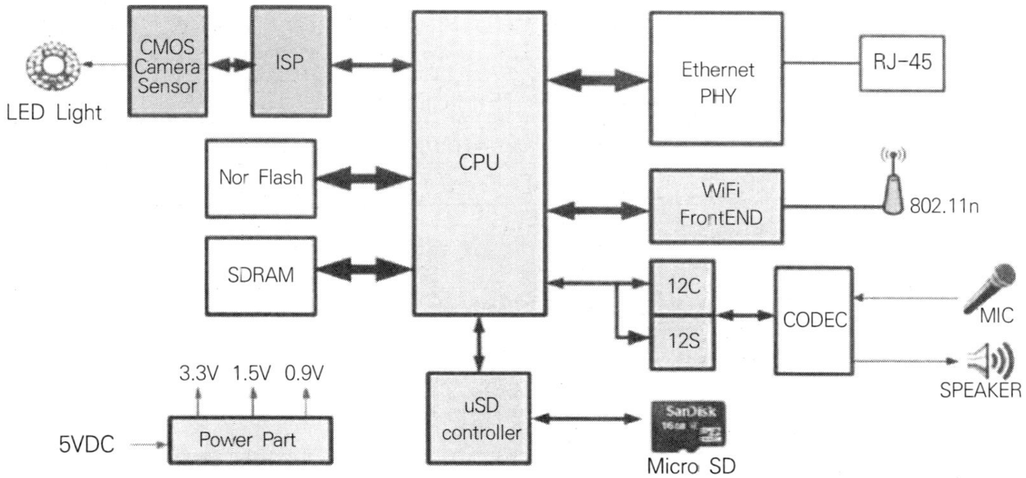

[그림 1-2] 산업용 배관 내시경의 시스템 주요블록

〈표 1-1〉처럼 산업용 배관 내시경의 주요 H/W 사양 및 방식/형태에 대하여 나타내었다.

■ 카메라 모듈의 사양 예제

- 해상도(Resolution) : HD(1280×720)_90도 Angle 이상
- 렌즈(Lens) : 3M Optic Lens
- 비디어 포맷(Video Format) : H.264
- Night Vision : 6개의 백색LED(조절기 탑재)
- 케이블 형태 : 철심내장 및 플랫시블관
- 카메라 몸체 외경 : HD급(8mm)
  SD급(5.5mm) 방수처리

Network(이더넷, Wifi 등), 전원 포트(Battery 등), 메모리 부문(NOR Flash, SDRAM, micro SD 제어 등), 코덱 부분(MIC, Speaker 등), 센서 부문 등으로 구성되어 있다. 소프트웨어 기능은 네트워크 기능, 카메라 영상촬영, H.264 압축 알고리즘 및 영상 전송기능, 프로토콜 처리, 원격제어, 배터리 전원 충전 및 처리 기능, 센서처리, LED제어 등을 구현하는데 필요하다.

〈표 1-1〉 산업 내시경의 제원

형 태	구성사례 내용
System Dimension	제품 업체에 따라 다양함
System Weight	220~400g (업체 제품에 따라 다양함)
Power	배터리 충전용(Li-Polymer Battery 3.7V) or 4AA 1.5V Power Supply : AC 100~240V, 50Hz~60Hz
Display	2.4″~3.5″ TFT LCD QVGA
Camera	픽셀VGA(1024x768), 각도(90~120°)
Recording Medium	1G~4G SD Card/ HDD or PC 연결(옵션)
Video Out Format	NTSC & PAL
Interface	AV Out
Wireless Receiver Frequency	2.4GHz, 4Channels
Compression Format	Compliant with MPEG4
Still Image Storage Format	jpeg(640×480)
Recharge Temperature	0~50℃
Working Temperature	-10~55℃
Language	English 등 10개국 언어

산업용 내시경 시스템의 전체구조는 [그림 1-3]처럼 배관 내시경 시스템에 전방/후방을 조명 및 촬영하는 내시경 카메라 모듈, 위상을 측정하는 위상감지 센서모듈, 촬영 데이터와 데이터를 편집하고 분석하는 영상처리모듈, 시스템 제어 모듈 등으로 구성되어 있다.

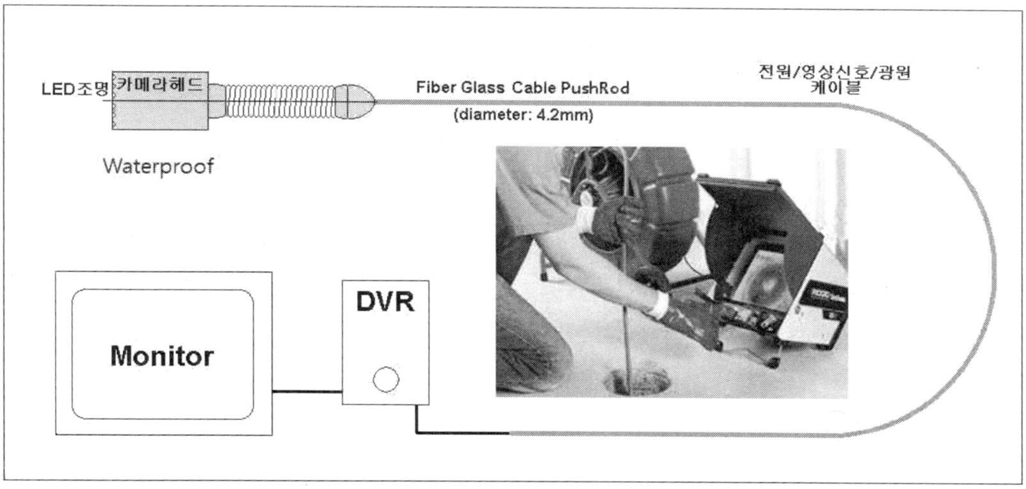

[그림 1-3] 산업용 내시경의 케이블 구조

1-3 오 · 배수관의 종류

1. 옥상입상관

옥상의 직경100mm PVC 입상관은 통상적으로 각층의 호수라인별 옥상 우수관(1), 화장실 오수관(2구)/배수관(2구), 세탁실 배수관(1구), 주방 배수관(1) 등 기본 7개 이상의 입상관이 위치한다. 또한 1개동의 공동주택 각층 호수 4개 Line을 기준으로 28개 이상의 입상관이 지하실 수평횡관에 연결되어 있다.

[그림 1-4]의 가운데 그림처럼 입상관은 몇 개층마다 빠짐 방지용 행거에 고정이 되어 있다. 시공시에는 내력벽만 보여서 점검이 유리하게 보이지만 마감시에는 PD(파이프 덕트)경계부문을 조직적으로 쌓고 미장 후 마감을 하기 때문에 점검 등이 불가능하다.

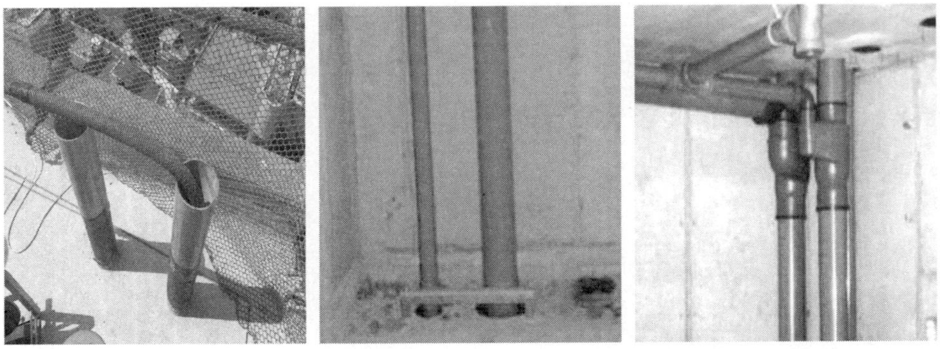

[그림 1-4] 옥상 입상관 Vent

매립된 배관과 행거에 걸쳐진 배관의 소재와 수선방법을 틀리게 적용해야 한다. 특히 [그림 1-4] 우측 그림의 섹스티아(주 배수배관과 세대 가지 배관을 합치는 부분)에 연결된 배관이 빠지는 것에 주의해야 한다.

2. 세대별 오 · 배수용 배관

각층의 세대별 화장실 오수관(2구)/배수관(2구), 세탁실 배수관(1구), 주방 배수관(1) 직경50mm PVC관으로 약 2~3m의 거리의 3~4회 꺾이는 다굴절 구조로 옥상 입상관에 연결된다.

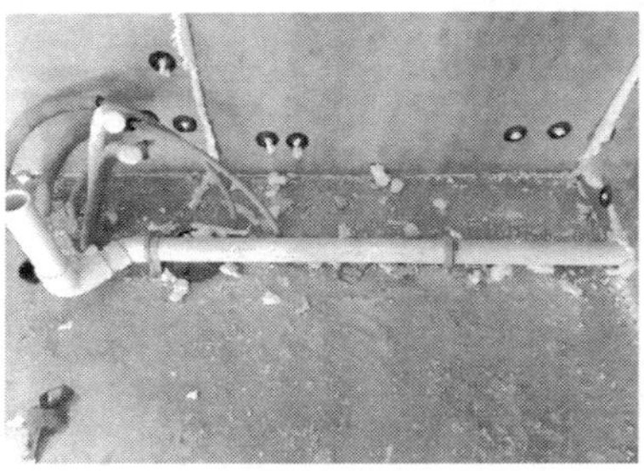

[그림 1-5] 주방배수관 / 욕실 오 · 배수관

3. 세대별 비트 내부

각층의 세대별 욕실 측벽면에 위치하며 세대별 모든 오 · 배수관이 입상관에 연결되는 통로이며 지능형 Ventilation 원통관이 통과한다.

[그림 1-6] 세대별 비트내부 /외부 관찰구

4. 지하실 수평횡관

공동주택 입상관을 통하여 수집된 모든 오 · 배수는 지하의 직경125mm 수평 횡관을 통하여 건물밖 하수관으로 배출된다. 수평횡관의 철관, 주물관, PVC관으로 시공되어지며 최근에는 PVC관이 주로 시공되고 있다.

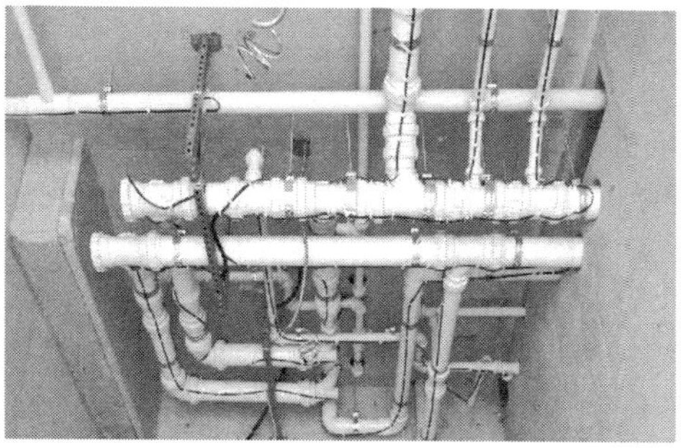

[그림 1-7] 지하실 수평횡관

1-4 오 · 배수관의 영상 검사 사례

배관 내부의 이물질이나 크릭과 같은 결함은 직접적으로 관찰이 불가능하다. 그러므로 산업용 배관 내시경을 통하여 오 · 배수관의 상태를 고휘도 LED 및 고감도 CCD 카메라 기술을 결합하여 최적의 밝기로 촬영한 가장 자연스러운 색감의 영상을 VGA급 모니터로 출력한 JPEG 사진파일 또는 MPEG-4 동영상 파일을 SDHC메모리카드나 HDD에 저장하여 배관의 결함, 부식상태, 이 물질 위치 등의 배관상태를 다양한 오 · 배수관의 영상을 획득할 수 있다.

[그림 1-8]은 배관영상 검사 결과에 따라서 영상 분석을 통한 불량개소의 특징을 분류한 것이다.

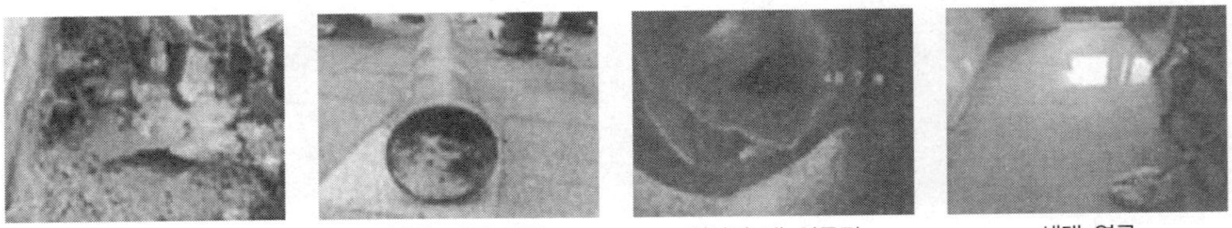

옥외 인출관 파손 | 지하층 배관 막힘 | 입상관 내 이물질 | 세대 역류

[그림 1-8] 배관영상 검사 결과 분석을 통한 불량개소의 특징 분류

수행 내용

재료 · 자료

- 배관 내시경의 개요 관련 자료

기기(장비 · 공구)

- 컴퓨터, 프린터, 주변기기

안전 · 유의사항

- 컴퓨터 및 주변기기의 전원을 관리한다.

수행 순서

01 배수의 목적, 종류, 배수방식에 대하여 분석하라.

1. 배수의 목적

배수의 목적은 위생기구 등에서 발생한 배수와 우수를 부지 바깥으로 원활히 배출시킴과 동시에 배수관내 포함되어 있는 악취가 실내로 침입하지 않토록 하여 실내 공기의 오염을 방지하고 트랩내의 봉수를 유지하기 위한 것이다. 또한 만약의 경우 배수가 역류하여 기구가 오염되는 것을 방지하기 위하여 특정 기구류에는 간접배수라고 하는 배수 배관방식이 적용된다.

2. 배수의 종류와 배수방식

1) 배수의 종류

건물에서의 배수는 생활배수, 우수 및 특수배수로 구분할 수 있는데 생활배수는 건물내에서 사용한 후 버리는 물로서 화장실의 양변기, 소변기에서 배출되는 오수와 세면기, 세탁기, 주방 등에서 배출되는 잡배수로 구분된다.

우수는 강우로 인하여 발생되는 배수로 별도의 정화처리를 필요로 하지 않는 배수로서 건물의 지하층, 외벽 등에서 건물 내로 유출되는 지하수를 포함한다.

특수배수는 공장에서 제품 생산 공정에서 배출되는 배수, 병원에서 치료·수술 등에 의해 발생되는 배수, 연구소·실험실 등에서 실험과정에서 발생되는 배수, 동물축사의 배수 등 여러가지 종류가 있으며, 이러한 특수배수는 다량의 중금속, 미생물, 방사성물질을 포함하고 있어 별도의 특수한 정화시설에 의한 처리를 하여야 한다. 배수의 종류를 구분하면 다음의 〈표 1-2〉과 같다.

〈표 1-2〉 배수의 종류

구 분		내 용
생활배수	오 수	주거생활에서 발생하는 배수중 분뇨를 포함한 배수
	잡배수	주거생활에서 발생한 배수중 오수 이외의 배수
우 수		강우에 의한 배수로서 건물내 발생되는 용수를 포함
특수배수	공장배수	공장의 제품생산 공정에서 배출되는 다량의 오염물질이 포함된 배수
	실험실배수	실험, 연구과정에서 발생되는 약품 등이 포함된 배수
	병원배수	치료, 수술 등에서 발생되는 약품 등이 포함된 배수
	동물배수	축사 등으로부터 동물의 분뇨 등이 다량 포함된 배수
	방사성배수	원자력 시설, 의료시설, 연구시설 등에서 방사성물질이 포함된 배수

2) 배수방식

배수방식은 배수의 종류에 대하여 오수처리시설 필요성의 유무, 오수처리시설의 종류에 의해 여러 가지로 분류될 수 있으며 특수배수에 대해서는 전용의 처리시설을 설치한다.

(1) 처리방식에 의한 분류

① 합류식 : 합류식은 오수·잡배수·우수를 묶어 1개의 계통으로 배수하는 방식이다. 이 방식은 공설 오수처리장치가 있는 하수도가 완비된 지역 이외에서는 채용될 수 없다.

② 분류식 : 분류식 배수설비에는 2가지 방식이 있다. 첫번째 방식은 오수와 잡배수를 통합하여 배수 후 공공 오수처리시설에서 처리하는 방법이며, 두번째 방식은 오수만 사설 오수 정화처리시설에서 처리하여 방류하는 것으로 공공 오수처리시설을 설치하지 않는 경우에 사용하는 방식이며 하수관이 묻힌 하천의 경우와 개방된 하천의 경우가 있다.

개방된 하천의 경우는 주위의 환경 위생상 여러 가지 문제를 일으킬 수 있기 때문에 고도의 오수처리시설을 설치할 필요가 있다. 또한 하수가 농업용수로 사용되는 경우에는 오수처리시설에 대한 매우 신중한 배려가 요구된다.

(2) 기계(펌프) 사용에 따른 분류

① 중력식 배수 : 대기에 개방된 상태에서 물은 높은 곳에서 낮은 곳으로 흐르게 되는데, 이는 중력 작용에 의한 것이며 이와 같은 원리를 이용한 방식을 중력식 배수라 한다. 배수계통의 대부분이 중력식 배수 방식에 의한 것으로 반드시 높은 곳에서 낮은 곳으로 배출될 수 있도록 배관의 구배를 조정하여 구배 불량으로 인한 배수의 정체 또는 역류가 발생되지 않도록 주의한다.

② 기계식 배수 : 지하층의 배수나 오수처리장치에서 오수와 연결되는 하수관보다 낮은 위치에서의 배수는 펌프 등의 기계장치에 의해 배출시켜야 하는데, 이와 같이 기계를 사용하여 배수를 배출하는 방식을 기계식 배수라 한다. 또한 공용하수도에 있어서도 하수관로보다 낮은 지역의 배수는 기계식 배수 방식으로 하여야 하는 경우도 있다.

02 오 · 배수관에 대하여 분석하라.

오 · 배수관은 세대내 화장실, 주방, 발코니 등에서 사용한 오 · 배수를 단지외부 하수종말처리장 등으로 이송하기 위한 설비로 입상관, 횡주관 및 횡지관으로 구성된다. 공동주택의 노후화에 따른 횡주관 및 횡지관 교체시 신자재를 사용할 경우 시공성 향상 및 공사비 절감 등을 기대할 수 있다.

지하층 오 · 배수관(횡주관 및 횡지관)은 대부분 주철관으로 되어 있어 장기간 사용에 따른 배관의 부식 등으로 인해 교체할 경우 신자재 사용으로 시공성 향상 및 공사비 절감 등을 꾀할 수 있다.

배관재 성능비교에서 고강도 PVC관은 고강성으로 인장 및 충격강도 우수하고 고도 PP관은 유연성, 종축복귀성 및 굽힘 성능 우수하다.

주철관은 인장강도가 우수하나 고중량으로 시공성이 저하되고, 부식이 발생하며 불연재료이다. 합성수지관인 고강도 PVC와 PP관은 저중량으로 시공성이 향상되어 내외면이 매끄럽고, 미관과 충격강도가 우수하며 부식발생이 없어 공사비가 절감된다.

[그림 1-9] 옥상 매입관의 작업

[그림 1-10] 주방 오 · 배수관

[그림 1-11] 입상관 모음_비트벽

[그림 1-12] 지하횡관

오 · 배수관의 관경 선정은 다음과 같이 고려할 필요가 있다.

정상유량법에 의한 배수 관경 계산법은 기존의 오 · 배수관을 분리 배관에서 기구단위법을 적용하였을 때보다 일부 구간에서 관경이 다소 커진다. 정상유량법에 의한 관경 계산과 오 · 배수관 합류식에서 기구단위법을 적용하여 산정된 관경은 같다. 세면기, 양변기, 욕조가 설치된 화장실 유니트에서 합류식 배관을 적용할 경우 세대 기구단위는 6fuD를 적용하여도 좋다. 다만 신정통기방식을 적용할 경우에는 배관내 공기압력을 고려하여 한단계 크게 하는 것이 바람직 하다.

오 · 배수관 분리배관 방식에서는 오수관은 4fuD, 배수관은 기구 동시사용율을 고려할 때 배수부하 단위가 가장 큰 욕조를 기준으로 2fuD를 적용할 수 있을 것으로 판단되므로 현행 기준에 대한 재검토가 필요하다. 단, 신정통기방식일 경우 한단계 큰 관경을 선정한다.

03 산업용 내시경의 기능에 대하여 분석하라.

1. 멀티 프로브 구성 및 기능

외경, 프로브 재질, 시야방향, 길이에 따라 선택할 수 있는 멀티 프로브 구성도 다양해야한다. 여러 방향 만곡 프로브를 사용하여 사각지대 없는 검사를 가능하게 하여 검사의 효율을 극대화할 수 있다.

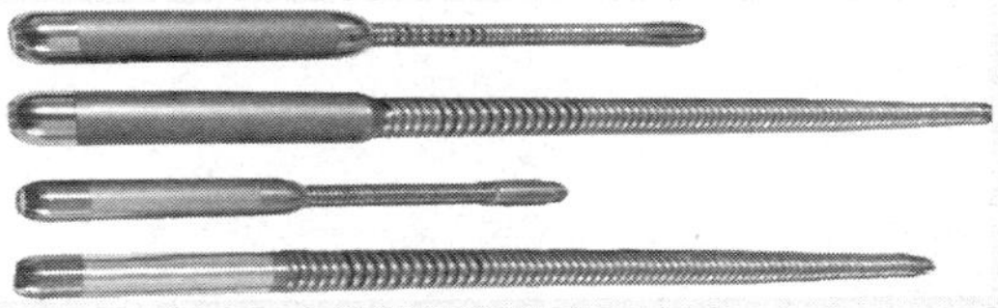

[그림 1-13] 다양한 크기의 카메라 모듈

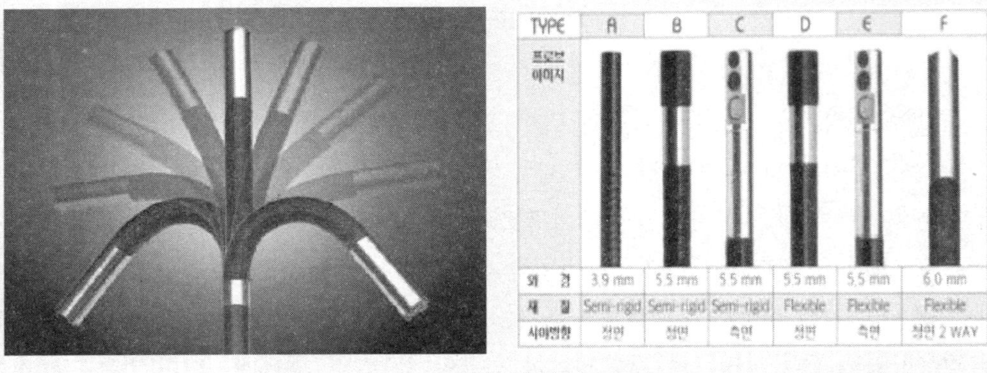

TYPE	A	B	C	D	E	F
프로브 이미지						
외 경	3.9 mm	5.5 mm	5.5 mm	5.5 mm	5.5 mm	6.0 mm
재 질	Semi-rigid	Semi-rigid	Semi-rigid	Flexible	Flexible	Flexible
시야방향	정면	정면	측면	정면	측면	정면 2 WAY

[그림 1-14] 멀티 프로브의 구성

2. 배관 내시경의 촬영기능

내시경(Borescope)은 케이블의 한쪽 끝에 달린 렌즈를 통해 사용자로부터 떨어진 사물의 이미지와 영상을 전달하는 광학장치(Optical Device)이다.

내시경은 사람이 접근하기 어려운 지점의 시각적인 검사를 위해 주오 사용되는데 특히, 결함이나 문제를 찾아낼 때 굴착이나 손상을 최소화하는 비파괴 공법에 용이하다.

1) 상/하수도 배관 상태 확인

지반 침하나 강한 압력의 영향 또는 노화로 인하여 하수관 및 배관에 금이 가거나 깨지는 일, 구멍이 생기는 경우가 종종 발생한다. 이때 배관 내시경을 이용하여 하수관의 시각적 검사 기능으로 배관의 손상된 부분을 찾기 위해 땅 전체를 파헤치는 일이 없어도 하수관 내부의 문제 지점을 찾을 수 있다.

2) 오/배수관 내부 이물질 확인

하수구나 오수관의 막힘과 역류는 하수관 내부로 유입된 이물질이 원인인 경우가 많다. 그런데 이물질의 종류가 다양한 만큼 이를 제거하는데 필요한 장비도 다양하다. 따라서 이물질의 종류를 확인하는 일이 중요하므로 이때 유용하게 사용되는 것이 배관 내시경이다.

3) 눈으로 보이지 않는 배관 위치 확인

종래에는 눈으로 직접 볼 수 없는 상하수도관의 위치를 찾기 위해 불가피하게 굴착을 하는 일이 빈번했다. 게다가 정확한 지점을 알 수 없어서 이곳저곳을 파헤쳐야 했다. 하지만 관로의 위치와 깊이를 탐지해주는 장비의 출현으로 이제는 매설된 배관의 위치를 땅 위에서서도 찾을 수 있게 되었으며 이는 불필요한 굴착공사로 인한 비용 낭비를 막을 수 있게 해준다. 이러한 장비가 부착된 배관 내시경과 관로 탐지기를 사용하면 배관의 위치와 깊이뿐만 아니라 배관의 구조도 파악할 수 있다.

3. 배관 내시경 이용사례

① 하수구 막힘의 원인인 배관 내부의 손상을 배관 내시경 검사로 발견
② 우수관 내부의 이물질을 배관 내시경으로 확인 후 알맞은 장비로 제거
③ 건물을 공사한 건축업자도 찾지 못하는 배관의 위치를 배관 내시경으로 찾아냄

04 산업용 배관 내시경의 한계점에 대하여 분석하라.

① 배관 내시경으로 배관을 관찰하는 데는 한계가 있다.
② 배관 내시경의 종류에 따라 차이가 있기는 하지만 보편적으로 32Ø 배관 내시경은

관찰거리가 최대 30m, 8Ø 배관 내시경은 최대 1.5m로 한정되어 있다.

③ 내시경 케이블은 힘을 주어 배관 내부로 깊이 삽입할 수 있도록 빳빳하고 견고한 재질로 되어 있다. 이 케이블은 배관 내부로 케이블을 밀어 넣기에 는 좋으나 엘보가 있는 경우 꺾어서 들어가기가 어렵다.

학습활동.1 교수 · 학습 방법

교수 방법

- 배관 내시경의 개요에 대한 관련 용어, 구성, 방식 이해 정도를 파악한 후 수업을 진행한다.
- 교수자의 주도로 배관 내시경의 개요 등의 내용을 PPT 자료로 제시한 후 설명한다.
- 가능하면 사전에 개인별 학습 자료를 준비하여 모든 학생이 참여할 수 있는 문제 해결식 수업, 협력 수업이 가능하도록 한다.
- 배관 내시경의 개요 전 과정을 작업의 순서에 따라 단계적으로 실습이 이루어질 수 있도록 지도한다.
- 교재를 통해 수업을 준비하는데 있어서 필요한 모든 정보나 팁, 힌트 등 도움이 될 만한 내용들을 확인할 수 있다.
- 학생들이 만들게 될 각 모델들은 수업시간에 중점적으로 다뤄질 부분과 어휘, 질문, 답을 포함하고 있으며 탐구할만한 추가적인 아이디어들도 포함하고 있다.

학습 방법

- 배관 내시경의 개요에 대한 관련 용어를 숙지하고, 배관 내시경의 개요에 대해 이해한다.
- 배관 내시경의 개요의 각 단계별 중점 사항을 체계적으로 학습한다.
- 배관 내시경의 개요의 수행순서의 전 과정을 실습한다.
- 배관 내시경의 개요의 내용을 이해한다.
- 배관 내시경의 개요을 이해하고 숙달이 될 때까지 학습한다.

학습활동.1 평가 및 피드백

평가 준거

- 평가자는 피평가자가 수행 준거 및 평가 내용에 제시되어 있는 내용을 성공적으로 수행할 수 있는 지를 평가해야 한다.

학습내용	평가항목	성취수준		
		상	중	하
배관 내시경의 개요	배관 내시경의 개요를 이해할 수 있다.			

평가 방법

• 작업 포트폴리오

학습내용	평가항목	성취수준		
		상	중	하
배관 내시경의 개요	배관 내시경의 개요를 이해할 수 있다.			

• 필기시험

학습내용	평가항목	성취수준		
		상	중	하
배관 내시경의 개요	배관 내시경의 개요를 이해할 수 있다.			

• 체크리스트를 통한 관찰

학습내용	평가항목	성취수준		
		상	중	하
배관 내시경의 개요	배관 내시경의 개요를 이해할 수 있다.			

• 피드백

1. 작업 포트폴리오
   - 제출한 보고서를 평가한 후 주요 사항에 대하여 표시하여 돌려준다.
2. 필기시험
   - 평가 결과 성적이 저조한 학생은 보고서 제출 기회를 부여한다.
3. 체크리스트를 통한 관찰
   - 실습 과정에서 평가한 후 개선해야 할 사항 등을 정리하여 돌려둔다.

참 | 고 | 문 | 헌

1. https://luckygg.tistory.com/27
2. ㈜대우건설 · (사)대한건축학회(2012). 『건축기술지침 Rev.1(기계)』. 도서출판 공간예술사.
3. (사)대한건축학회(1995). 『건축설비』. 기문당.
4. 건축설비용어사전 편집위원회(1994). 『건축설비용어사전』. 기문당.
5. 박영순(2000). 『건축기계설비일반시공』. 도서출판 세진사.
6. 박종일 · 서기원 공저(1999). 『건축설비 설계』. 도서출판 세진사.
7. 한국종합건설 기계설비협의회(2014). 『설비 시공 개선 사례집』. 한국종합건설 기계설비협의회.
8. 00건설 건축기전팀(2011). 『일반배관작업지침』.별첨 품질관리기준.
9. 강동우 · 강민구 · 정해진 · 남상엽(2019.11.02). "스마트 시티형 다굴절 오배수관용 Push Rod 및 무선 영상전송 플랫폼," 2019년도 한국인터넷정보학회 추계학술발표대회 논문집 제20권2호.
10. 정해진(2019.09.04). "다굴절 파이프 라인의 내부 검사를 위한 내시경 장치," 대한민국특허출원번호 (10-2019-0115051),
11. 설동현 외(2019). "DDVS 기법을 활용한 일반 구조용 탄소강관 및 강재 파이프 서포트 영상기반 변위 계측," 대한건축학회연합논문집, 21권, 1호
12. 남명우(2008). "EMD를 이용한 초음파 비파괴 평가용 3차원 영상처리 소프트웨어 개발," 한국산학기술학회 9권6호
13. 강민구 · 남상엽 · 정해진 · 전준철(2019.10.31). "배관 네비게이션 시스템 및 이를 이용한 배관 네비게이팅 방법," 대한민국특허출원번호(10-2019-0137843)
14. http://blog.naver.com/ltedrain
15. http://www.tktech.kr/
16. http://hiendt.co.kr/

학습 1	배관 내시경의 개요
학습 2	**배관 내시경 검사와 판독**
학습 3	배관 영상과 지능형 영상 분석
학습 4	배관 내시경 위치파악과 영상마커
학습 5	산업용 내시경 동향
학습 6	배관시공의 도면과 재료
학습 7	배관공구와 배관작업
학습 8	배관시공 상태 및 누설검사
학습 9	배관의 점검 및 시운전
학습 10	배관의 유지보수
학습 11	배관의 시공 및 안전
학습 12	배관의 비파괴 검사 기술

학습 목표

1. 배관 내시경의 검사와 판독을 이해할 수 있다.

2-1 오 · 배수관의 진단조사

오 · 배수관의 건전성 평가를 위해 정량적인 비파괴 평가기법을 이용하여 오 · 배수관에 존재하는 크랙, 핀홀, 부식, 감육(Metal Loss), 덴트(Dents), 흠(Gouges) 등의 결함들의 정량화는 물론 위치 표정도 가능하여 매설 오 · 배수관의 신뢰성 있는 데이터를 제공 오 · 배수관의 종합적인 안전진단 서비스를 제공한다.

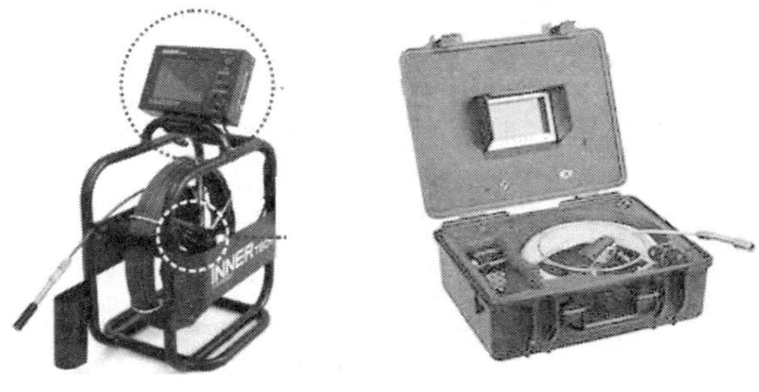

[그림 2-1] 산업용 내시경을 이용한 유관검사

이러한 진단검사를 위하여 [그림 2-1]처럼 산업용 내시경 검사장비를 이용한 유관검사(Visual Inspection)를 오 · 배수관에 직접적으로 관찰하여 결함이나 이물질이 있는지 알아내는 비파괴 검사 방법이다. 이 방법의 장점은 빠르고 간단하게 하고 경제적이고 장비가 간단하고 결과를 곧바로 영상으로 저장이 가능하다.

[그림 2-2] 각종 배관용 시공상태 점검과 육안 검사

산업용 내시경을 이용한 유관검사를 위하여 기초조사, 현장조사 및 수질검사 등을 진단검사를 한다.

1. 기초조사

기초조사는 〈표 2-1〉처럼 기초사항 조사와 탐문조사 등을 조사한다.

〈표 2-1〉 유관검사의 기초조사

항 목	내 용
기초사항 조사	준공연도, 배관도면, 관종, 관경, 배관길이 등
탐문 조사	사출수 불량, 적수, 청수, 누수, 수압저하, 기타 문제점 조사

2. 현장조사

현장조사는 〈표 2-2〉처럼 수압측정, 유량측정, 스케일의 평균두께 측정, 배관 내시경, 전문가의 관찰 및 판단 등을 조사한다.

〈표 2-2〉 유관검사의 현장조사

항 목	내 용
수압측정	누수, 설비상의 문제 등을 알 수 있음
유량측정	스케일에 의해 배관 구경 협소로 유량이 작아짐
스케일의 평균두께 측정	스케일 형성 정도는 배관 노후 정도와 직접적인 관계
배관 내시경	배관 노후 정도를 직접적으로 육안 관찰에 의해 평가
전문가의 관찰 및 판단	Inspector의 전문적인 지식과 경험에 의한 종합적인 평가

3. 수질검사

수질검사는 〈표 2-3〉처럼 잔류이물질 측정, 색도측정, 탁도측정, 수소이온농도, Fe, Cu, Zn, Pb 등을 검사한다.

〈표 2-3〉 유관검사의 수질조사

항 목	내 용
잔류이물질측정	물 속 배관이 노후될수록 녹찌꺼기, 이물질 등이 검출됨
색도측정	색도계를 이용하여 측정
탁도측정	탁도계를 이용하여 측정
수소이온농도	pH Meter를 이용하여 측정
Fe	아연도강관의 경우 부식으로 인한 Fe 이온농도가 상승
Cu	동관의 경우 부식으로 인한 Cu 이온농도가 상승
Zn	강관 코팅제인 아연의 부식으로 인한 Zn 농도 상승
Pb	납 함유물질 검출여부 판단

2-2 오 · 배수관의 진단 검사

1. 오 · 배수관 영상 장비의 개요

건물 내 옥내 오 · 배수관의 진단방법은 객관적이고 과학적인 진단방법으로 오 · 배수관의 노후정도와 연관된 진단항목 설정, 진단항목들의 객관적인 평가기준, 현장에서 적용 가능한 실용적인 진단방법 등으로 진단이 가능하다.

배관 내시경을 통하여 배관 내부에 직접 내시경을 삽입하여 '영상비교진단기법'으로 스케일 및 부식 상태를 평가한다.

2. 오·배수관의 진단 검사

1) 영상비교 진단기법

영상비교 진단기법은 현장에서 관찰한 배관 내시경 영상을 기존의 표준영상과 비교하여 근접한 영상을 찾아서 해당하는 그룹의 점수를 부여하는 평가기법으로 육안분석시 주관적인 견해가 있을 수 있는 영상을 객관성 있는 등급으로 평가할 수 있다.

2) 잔류이물질 검사

현장에서 관찰한 배관 내시경 영상을 기존의 표준영상과 비교하여 근접한 영상을 찾아서 해당하는 그룹의 점수를 부여하는 평가기법으로 육안분석시 주관적인 견해가 있을 수 있는 영상을 객관성 있는 등급으로 평가할 수 있다.

3) 기타진단기구 검사

수압 테스터, 유량계, 내경측정 캘리퍼 등 진단기구를 사용하여 검사를 한다.

4) 수질검사장비

탁도계, 색도계, 수온이온 농도측정기, 종합수질분석기 등의 수질검사 장비를 통하여 검사한다.

2-3 오·배수관의 성능확보 검사

오·배수 및 우수의 세대 내 역류사고 예방을 위해 배관 내 이물질 유입 여부 확인과 원활한 배수 성능 확보는 배관내부 내시경 검사, 배수성능 확인 검사, 선제적 하자예방 조치 3가지로 분류한다.

1. 배관내부 내시경 검사

1) 검사시기

세대 내 타일공사 완료 후 준공 10일 전까지 완료한다.

2) 검사범위

全동 오수, 배수, 우수 입상배관 및 지하 횡지관 1m 구간이다.

3) 검사방법

배관 내시경은 모니터, 내시경케이블, 관찰카메라 등으로 구성되는데 내시경 케이블 끝 Probe에 카메라가 장착된다. 내시경 카메라를 이용하여 배관내부 확인한다. 배관의 구경에 따라 내시경 Probe의 크기도 달라지게 된다.

4) 적용방법

기계공사의 발주내역에 반영하고, 기 발주지구는 현장설계 변경한다.

2. 배수성능 확인 검사

1) 검사시기

조경 준공 후 즉시 시행한다.

2) 검사범위

동호 라인별 오수, 배수관(세대~옥외 맨홀까지) 및 유수관 全세대

3) 검사방법

건 · 기 · 토 수급인 주관

① 오 · 배수관 : 검사단위(6~10개층)별 분할하여 검사 시행한다.

② 우수관 : 옥상드레인마다 물 50L 이상 일시배수 후 확인한다.

4) 적용방법

공가관리원 포함한다, 추가 인건비 및 수도료 공가관리비 책정한다.

3. 선제적 하자예방 조치

1) 설계단계

관로 골곡개소 최소화 및 배관길이 등을 고려한 관경 선정

2) 시공단계

지하배관 연결시기 조정, 구배 적정여부 확인, 배수구 이물질 투입방지 교육·관리 및 준공청소 시 이물질 제거

3) 입주 이후 조치

수급인 원인으로 역류하자 발생에 따른 집단민원, 언론보도 등의 경우 해당 수급인 제재조치(품질미흡통지서, 벌점부과 등)한다.

2-4 오·배수관 내시경의 판독

1. 오·배수관 진단결과 분석

1) 오·배수관 진단관리

오·배수관의 진단관리는 사용전 검사와 사용중 관리 두가지로 나눌 수 있다.

사용전 검사는 비파괴 내시경 검사를 통한 간단한 품질평가만이 이루어지나 사용중인 오·배수관은 보다 복잡한 해석과 까다로운 검사기법 등이 요구된다.

사용중 안전 및 잔여수명평가는 재질, 사용온도와 압력, 사용이력, 사용년수, 재료의 열화 및 부식정도 등 복잡한 변수를 고려하여야 하며 이에 맞는 다양한 비파괴 검사기법을 적용하여야 한다.

또한 검사결과를 기반으로한 구조해석과 파괴역학적 수명예측 등이 행해지며 최종적인 구조물의 안전여부, 교체시기, 잔여수명 등이 결정된다.

파괴역학을 이용한 균열성장 수명평가 해석, 금속 표명 복제법을 이용한 열화평가, 구조해석을 통한 안전평가, 다양한 비파괴 검사기법 적용 및 결과해석 등을 통해 오·배수관의 안전 및 잔여수명 평가를 수행하고 있다.

산업용 배경내시경의 진단은 대부분 사용중 문제가 발생하여 검사하는 것이

대부분이다.

2) 오 · 배수관 진단결과

① 정화조 배관 내시경으로 역류 원인파악

② 자주 막히는 배관 원인파악

③ 오수관 막힘 원인파악

<table>
<tr><td>검사장소</td><td colspan="3">경기도 용인시 xx(한국건설(주), 한마음 아파트)</td><td>검사대상</td><td>1000세대</td></tr>
<tr><td>검사일시</td><td>2020.12.12
10:00~14:00</td><td>검사자</td><td>홍길동</td><td>연락처</td><td>010.3368.55xx</td></tr>
<tr><td colspan="6"></td></tr>
<tr><td>배관영상</td><td>입상관</td><td>오 · 배수관</td><td>비트내부</td><td>수평횡관</td><td>특이사항 해설</td></tr>
<tr><td rowspan="3">2001호
(배관마커
번호)</td><td></td><td></td><td></td><td></td><td rowspan="3">배관 마커번호
B2001-1/J200
1-1
파손 1건

배관 마커번호
B2001-3/J200
1-3이물질 1건</td></tr>
<tr><td>
옥외 인출관 파손</td><td>
지하층 배관 막힘</td><td>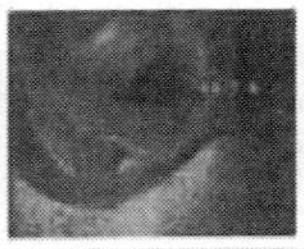
입상관 내 이물질</td><td>
세대 역류</td></tr>
<tr><td>B2001-1/J2001-1</td><td>B2001-2/J2001-2</td><td>B2001-3/J2001-3</td><td>B2001-4/J2001-4</td></tr>
<tr><td>2002호</td><td></td><td></td><td></td><td></td><td></td></tr>
<tr><td>......</td><td></td><td></td><td></td><td></td><td></td></tr>
<tr><td>1101호</td><td></td><td></td><td></td><td></td><td></td></tr>
<tr><td>......</td><td></td><td></td><td></td><td></td><td></td></tr>
<tr><td>101호</td><td></td><td></td><td></td><td></td><td></td></tr>
<tr><td colspan="6"></td></tr>
<tr><td>검사결과</td><td>2건</td><td>1건</td><td>0</td><td>5건</td><td>총 8건</td></tr>
<tr><td colspan="6"></td></tr>
<tr><td>결과요약</td><td colspan="5">1. 파손 입상관의 재질 및 연결부위 보강 : 2건 (2001호, 802호)
2. 오 · 배수관 막힘 제거 :1건 (102호)
3. 비트내부 : 이상없음
4. 수평횡관 : 누수 1건(101호), 연결부실 4건(201, 301, 401, 501호)
5. 동영상 저장장소(구글 드라이브) : https://drive.google.com/drive/folders/</td></tr>
<tr><td colspan="6">위와 같이 귀사의 한마음 아파트 배관영상 결과보고서를 제출합니다.
2020. 12. 12.
배관 내시경사 홍길동(인)
한국건설(주) 귀중</td></tr>
</table>

[그림 2-3] 오 · 배수관 진단 결과 보고서 작성

④ 배관의 막힘의 원인을 찾지 못했을 경우 촬영
⑤ 뚫어도 또 막히는 배관
⑥ 스프링청소기가 들어가지 않는 배관

2-5 오 · 배수관 내시경 검사의 비용산출

1. 내시경 공사비용 산출

1) 내시경 검사비용 : [계단식] 14,400천원/단지, [복도식] 10천원/단지

산출기준은 (계단식) 800호, 20층, 4호조합, 10개동, (복도식) 800호, 20층, 8호조합, 5개동 기준으로 산출한다.

2) 배수성능확인 검사비용 : [계단식] 3.7백만원/단지, [복도식] 2.3백만원/단지

산출기준은 (계단식) 800호, 20층, 4호조합, 10개동, (복도식) 800호, 20층, 8호조합, 5개동 기준으로 산출한다.

2. 입상 배관 내시경 촬영비용

입상배관 내시경 촬영비용(호당단가)은 다음과 같다.

구 분		적용단가(호당)	비 고
계단식	16층 이상	14,570	'신규일위대가', '비용산출 근거' 시트 참조
	15층 이만	14,010	
복도식	16층 이상	8,250	
	15층 이만	7,910	

※ 세대 당 (계단식)18천원, (복도식) 10천원 예상(간접비 30% 포함)

3. 배수 성능 확인 검사비

1) 인건비

① 인건비 : (계단식) 3,308천원/단지, (복도식) 2,067천원/단지

<table>
<tr><th rowspan="2">구 분</th><th rowspan="2">적용단가(호당)</th><th colspan="2">비 고</th></tr>
<tr><th>공가관리원(직영인부)</th><th>추가인력</th></tr>
<tr><td>계단식(800호)
20층 4호 조합
10개동</td><td>(1일 투입인원) 10명
(총괄1안은 수급사)
(총 작업량) 4라인×10개동
=40개 라인
(소요일수) 4일(1일 10개
라인)</td><td rowspan="2">800호/300=3명/
1일 (기준 300세대
당 1인)</td><td rowspan="2">7명/일 추가필요(공가관리원
3인 제외)
⇨ (계단식)보통인부 기준
4일 투입 시
7×4×118,1130
=3,307,640원 소요
⇨ (복도식)보통인부 기준
2일 투입 시
7×2.5×118,1130
=2,067,275원 소요
(보통인부 노임 : 118,130원)</td></tr>
<tr><td>복도식(800호)
20층 8호 조합
5개동</td><td>(1일 투입인원) 10명 (총괄
1안은 수급사)
(총 작업량) 8라인×5개동
=40개 라인
(소요일수) 2.5일(1일 15개
라인)</td></tr>
</table>

2) 수도료

수도료 : (계단식) 397천원/단지, (복도식) 264천원/단지

구 분	수도량	수도료
계단식(800호) 20층 4호 조합 10개동	0.3ton/세대	800호×0.3×1,653원 =396,720원 / 단지
복도식(800호) 20층 8호 조합 5개동	0.2ton/세대	800호×0.2×1,653원 =264,480원 / 단지

수행 내용

재료 · 자료

- 배관 내시경 검사와 판독 관련 자료

기기(장비 · 공구)

- 컴퓨터, 프린터, 주변기기

안전 · 유의사항

- 컴퓨터 및 주변기기의 전원을 관리한다.

수행 순서

01 오·배수관의 배관 진단에 따른 개선방법에 대하여 분석하라.

공법명	원 리	특장점	적용성
에어샌딩 (A/S공법)	연마제를 강한 선회류로 발사하여 배관의 녹을 완전히 제거하고 에폭시로 코팅	• 배관 내부를 새로운 재질의 에폭시로 코팅 • 수명이 오래 간다.	적용성 높음 (아연도 강관)
충격파 배관 세척공법	배관내에 약 5Kg/cm^{2}의 공기압을 단락적으로 발사하여 초음파와 공기방울에 의한 충격에 의해 스케일을 제거함	• 공사비가 저렴 • 연질의 스케일, 유기물 슬라임 제거에 효과	적용성 높음 (내부식성 배관)
피그공법 (Pigging)	우레탄 재질의 폴리피그를 배관에 삽입하고 물을 고압으로 발사하여 피그를 관 내부에 통과시켜 스케일을 제거함	• 피그의 직접적인 마찰로 스케일 제거 • 연질의 스케일 제거에 효과	적용성 어려움 (아연도 강관의 갱생 공법은 아님)
방청제 투입공법	인산염 또는 규산염 성분의 방청제를 일정량 지속 투입하여 배관 내벽에 피막을 형성하여 부식방지	• 약품 투입즉시 부식방지 • 관리비가 싸다	국내아파트 다수 적용 중

공법명	원 리	특장점	적용성
수처리기 설치공법	전자공급, 자기장 형성 등의 원리로 부식을 방지	배관에 부착하는 간단한 시공으로 입주민의 불편이 없다	적용성 떨어짐 (기존 형성된 스케일은 제거 어려움)
오존(O_3) 공법	녹을 오존(O_3)으로 산화시켜 산화피막을 형성하여 부식을 방지	• 아연도 강관의 녹을 산화시켜 부식방지 • 오존에 의한 미생물 살균효과도 있다.	국내 아파트 다수 적용중

02 오·배수관의 배관 진단에 따른 외국시공법 사례에 대하여 분석하라.

공 법	시공방법	특장점	주요국가	적용성
배관우회 시공	기존 부식된 배관을 그대로 두고 별도의 배관을 우회 설치	• 시공비가 싸다 • 고급스런 DUCT로 실내 미관을 해치지 않고 시공	유 럽	건물 구조상 아파트에는 적용이 어려움
약품세척 시공	청관제를 사용하여 녹을 분해하여 제거하고 산화피막을 형성하여 부식을 억제	• 인체에 무해한 약품사용 • 산화피막이 형성되어 더이상의 부식을 방지	미 국	시공기간이 길고(2~3일) 모든 수도꼭지에 연결해서 시공하므로 국내에 적용이 어려움
배관갱생 시공 (에어샌딩공법)	청규사로 배관의 녹을 제거하고 에폭시로 코팅	• 배관 내부를 새로운 재질의 에폭시로 코팅 • 수명이 오래간다	일 본	적용성 어려움(아연도 강관의 갱생 공법은 아님)
배관세척 시공	물과 공기파에 의한 배관 세척	• 공사비가 저렴 • 연질의 스케일, 유기물 슬라임 제거에 효과	일 본	국내아파트 다수 적용 중

03 배관 내시경 검사의 적용범위에 대하여 분석하라.

배관 내시경 검사는 사람이 들어갈 수 없는 관로 내부의 상황을 특수 케이블 카메라를 탑재한 시스템을 이용하여 오·배수관 내부를 정밀조사하는 시스템으로서 증설 여부를 판단하는 기준이 될 뿐 아니라, 균열, 누수 등 붕괴 위험들을 사전에 예방하는 등 다양한 목적으로 사용되고 있다.

배관 내시경 검사의 적용 범위는 다음과 같다.

① 오·배수관를 여러 업체에서 방문 수리하였음에도 자주 막히는 원인을 파악할 때
② 오·배수관 청소가 잘 되었는지 확인할 때
③ 오·배수관 내부 손상이 되었는지 파악할 때
④ 오·배수관 개량공사 및 준설공사 후 검사
⑤ 신도시, 신공단 조성시 오·배수관의 이상 유무 조사(공공 시설물 인수인 계시)
⑥ 시의 기존 오·배수관 실태파악, 특히 수계별 오·배수관 정비를 위한 기본 설계를 할 때
⑦ 처리장에 오·배수관로를 통하여 필요없이 들어오는 과다한 불명 침입수를 찾아낼 때
⑧ 공단 등에서 폐수가 무단 방류되고 있는 오·배수관로에 TV-CAMERA 투입, 현황파악
⑨ 시가지 침수 축대붕괴, 도로함몰 등의 원인조사
⑩ 그 밖의 불명 노선찾기, 없어진 맨홀 위치찾기
⑪ 입주전후의 아파트단지 내 우,오수 오접상태, 오물불통 상태등을 조사
⑫ 상수원 유역 간이 오수 처리장 유입관로 조사

04 배관(입상관) 내시경 검사에 대하여 분석하라.

1. 목 적

막혀있거나 문제있는 배관의 부분은 입상관이므로 산업용 내시경을 통해 카메라로 찾아내는 것이다.

2. 연구의 목적

배관에서 막히거나 깨진 부분들을 영상처리나 딥러닝을 활용하여 찾아내는 것이다.

3. 연구의 범위

일반 배관이 아닌 새로 지은 아파트의 깨끗한 배관이다.

4. 연구의 확대

① 깨진/막힌 부분의 대략적인 위치 파악

② 깨진/막힌 부분의 종류 파악

5. 정상과 비정상 영상비교

	정 상	비정상
경우 1	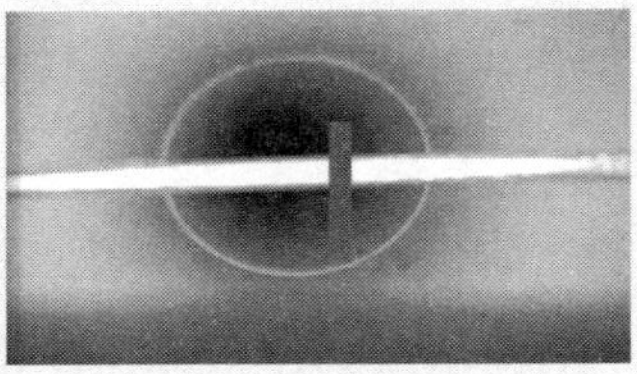	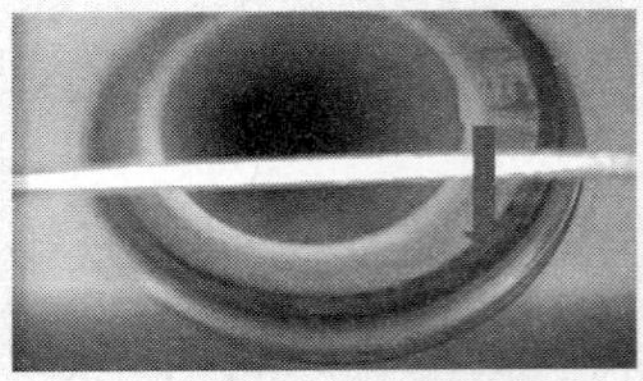
경우 2		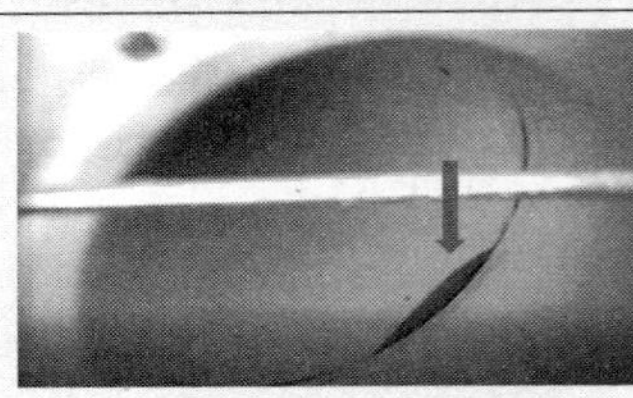
경우 3		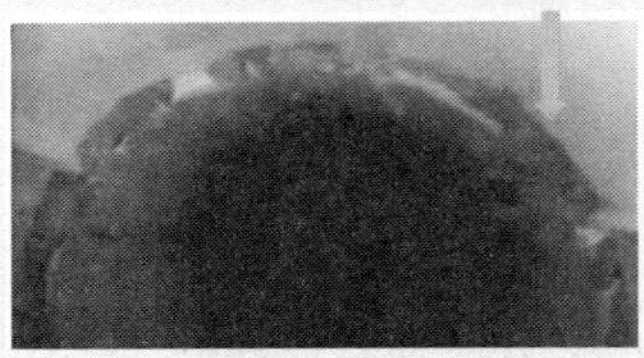
경우 4		

	정 상	비정상
경우 5		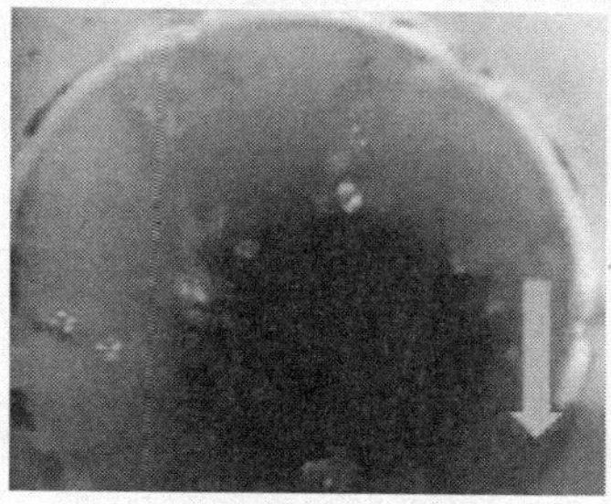
경우 6		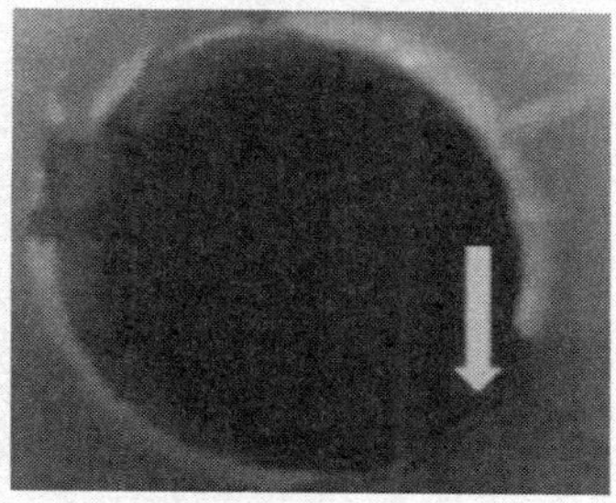
경우 7		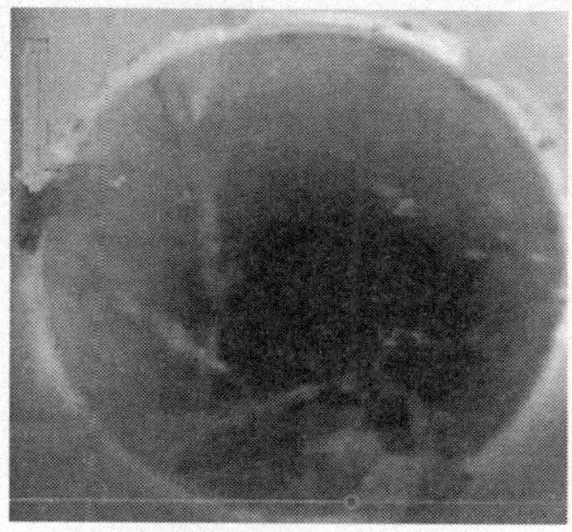
경우 8		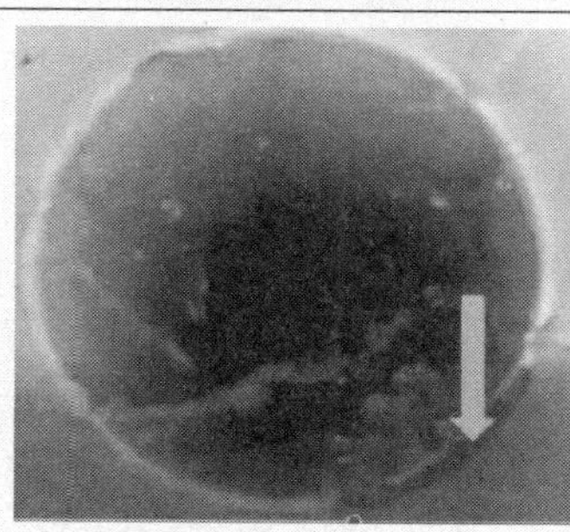
경우 9		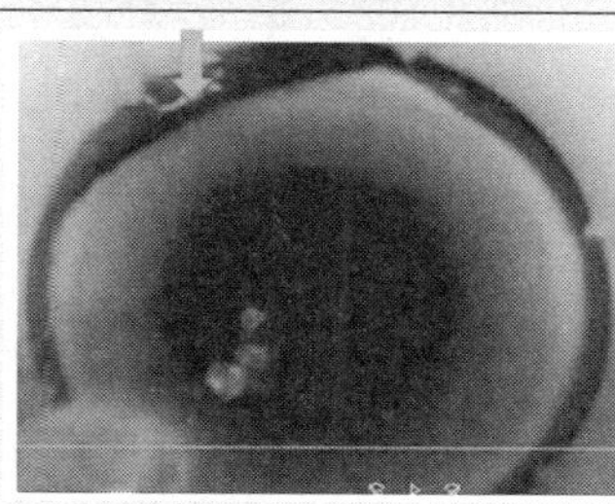

	정 상	비정상
경우 10		
경우 11	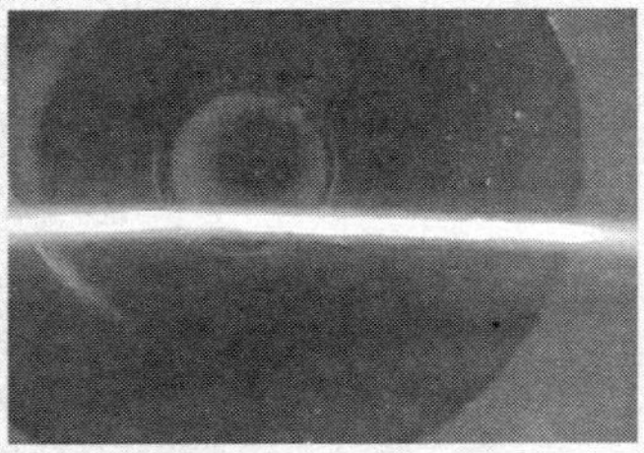	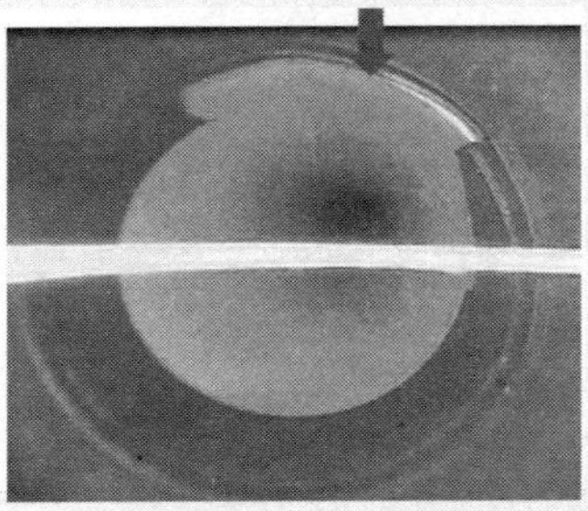
경우 12		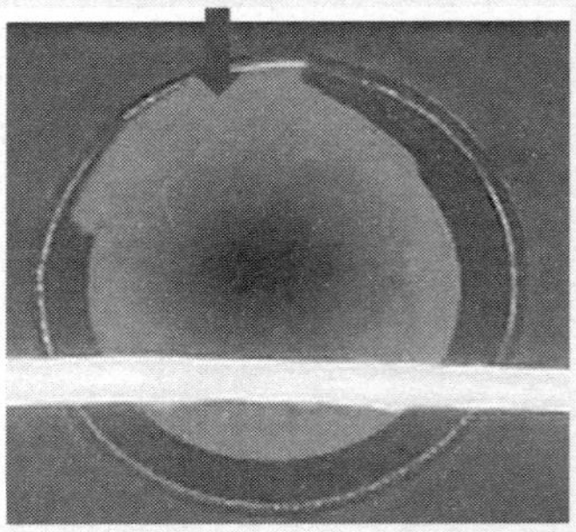

6. 결 론

① 비정상으로 의심되는 부분은 딱 2가지이다.

㉠ 배관 연결 부분이 어긋나 보이는 부분

㉡ 배관을 연결하는 부분이 깨진 부분

② 배관장비도 두 가지로 나눈다.

㉠ 영상의 중앙을 가리는 철이 있는 장비

㉡ 일반 카메라와 비슷한 장비

의외로 육안으로 발견하기는 쉬워 보인다.

학습 2

학습활동.2 교수 · 학습 방법

교수 방법

- 배관 내시경 검사와 판독에 대한 관련 용어, 구성, 방식 이해 정도를 파악한 후 수업을 진행한다.
- 교수자의 주도로 배관 내시경 검사와 판독 등의 내용을 PPT 자료로 제시한 후 설명한다.
- 가능하면 사전에 개인별 학습 자료를 준비하여 모든 학생이 참여할 수 있는 문제 해결식 수업, 협력 수업이 가능하도록 한다.
- 배관 내시경 검사와 판독 전 과정을 작업의 순서에 따라 단계적으로 실습이 이루어질 수 있도록 지도한다.
- 교재를 통해 수업을 준비하는데 있어서 필요한 모든 정보나 팁, 힌트 등 도움이 될 만한 내용들을 확인할 수 있다.
- 학생들이 만들게 될 각 모델들은 수업시간에 중점적으로 다뤄질 부분과 어휘, 질문, 답을 포함하고 있으며 또한 탐구할만한 추가적인 아이디어들도 포함하고 있다.

학습 방법

- 배관 내시경 검사와 판독에 대한 관련 용어를 숙지하고, 배관 내시경 검사와 판독에 대해 이해한다.
- 배관 내시경 검사와 판독의 각 단계별 중점 사항을 체계적으로 학습한다.
- 배관 내시경 검사와 판독의 수행순서의 전 과정을 실습한다.
- 배관 내시경 검사와 판독의 내용을 이해한다.
- 배관 내시경 검사와 판독을 이해하고 숙달이 될 때까지 학습한다.

학습활동.2 평가 및 피드백

평가 준거

- 평가자는 피평가자가 수행 준거 및 평가 내용에 제시되어 있는 내용을 성공적으로 수행할 수 있는 지를 평가해야 한다.

학습내용	평가항목	성취수준		
		상	중	하
배관 내시경 검사와 판독	배관 내시경 검사와 판독를 이해할 수 있다.			

평가 방법

• 작업 포트폴리오

학습내용	평가항목	성취수준		
		상	중	하
배관 내시경 검사와 판독	배관 내시경 검사와 판독를 이해할 수 있다.			

• 필기시험

학습내용	평가항목	성취수준		
		상	중	하
배관 내시경 검사와 판독	배관 내시경 검사와 판독를 이해할 수 있다.			

• 체크리스트를 통한 관찰

학습내용	평가항목	성취수준		
		상	중	하
배관 내시경 검사와 판독	배관 내시경 검사와 판독를 이해할 수 있다.			

• 피드백

1. 작업 포트폴리오
   - 제출한 보고서를 평가한 후 주요 사항에 대하여 표시하여 돌려준다.
2. 필기시험
   - 평가 결과 성적이 저조한 학생은 보고서 제출 기회를 부여한다.
3. 체크리스트를 통한 관찰
   - 실습 과정에서 평가한 후 개선해야 할 사항 등을 정리하여 돌려둔다.

참 | 고 | 문 | 헌

1. https://luckygg.tistory.com/27
2. ㈜대우건설 · (사)대한건축학회(2012). 『건축기술지침 Rev.1(기계)』. 도서출판 공간예술사.
3. (사)대한건축학회(1995). 『건축설비』. 기문당.
4. 건축설비용어사전 편집위원회(1994). 『건축설비용어사전』. 기문당.
5. 박영순(2000). 『건축기계설비일반시공』. 도서출판 세진사.
6. 박종일 · 서기원 공저(1999). 『건축설비 설계』. 도서출판 세진사.
7. 한국종합건설 기계설비협의회(2014). 『설비 시공 개선 사례집』. 한국종합건설 기계설비협의회.
8. 00건설 건축기전팀(2011). 『일반배관작업지침』.별첨 품질관리기준.
9. 강동우 · 강민구 · 정해진 · 남상엽(2019.11.02). "스마트 시티형 다굴절 오배수관용 Push Rod 및 무선 영상전송 플랫폼," 2019년도 한국인터넷정보학회 추계학술발표대회 논문집 제20권2호.
10. 정해진. "다굴절 파이프 라인의 내부 검사를 위한 내시경 장치," 대한민국특허출원번호(10-2019-0115051), 2019.09.04.
11. 설동현 외. "DDVS 기법을 활용한 일반 구조용 탄소강관 및 강재 파이프 서포트 영상기반 변위계측," 대한건축학회연합논문집, 21권, 1호, 2019
12. 남명우. "EMD를 이용한 초음파 비파괴 평가용 3차원 영상처리 소프트웨어 개발," 한국산학기술학회 9권6호, 2008년
13. 강민구 · 남상엽 · 정해진 · 전준철(2019.10.31). "배관 네비게이션 시스템 및 이를 이용한 배관 네비게이팅 방법," 대한민국특허출원번호(10-2019-0137843).
14. http://www.pacco.co.kr/
15. http://www.tktech.kr/
16. http://hasugubaksa.kr/

학습 목표	
	1. 지능형 영상과 배관 영상 분석을 이해할 수 있다.

3-1 지능형 영상 분석

1. 디지털 영상

영상은 원래 기본적으로 아날로그 신호로 구성되어 있다. 디지털 영상은 이러한 아날로그 신호를 컴퓨터로 처리하기 위하여 디지털 형태로 변환시켜놓은 상태이다.

영상을 구성하는 기본요소를 화소(Pixel)라고 부르며, 각 화소는 이러한 2차원 배열의 영상 구조를 구성하는 기본요소가 된다.

[그림 3-1]은 영상의 기본요소인 화소의 특성을 확인할 수 있는 영상으로 영상의 특정 부분을 확대해서 관찰할 경우 우측 사진과 같이 서로 다른 밝기 값으로 구성된 격자구조의 화소들이 분포하고 있음을 확인할 수 있다. 이처럼 영상이란 밝기 값 혹은 컬러 값과 같은 수치 값을 갖는 일정 크기의 배열이라고 말할 수 있으며, 이러한 배열을 디지털 영상(Digital Image)이라 한다. 초당 프레임(FPS : Frames Per Second)은 동영상을 물리적으로 환원하면 시간상 연속된 정지

사진들의 모임인데 이 각각의 정지 사진 하나를 프레임(Frame)이라 한다. 이런 사진의 토막들이 1초에 몇 장 보이느냐, 즉 프레임이 보이는 속도(Frame Rate)이다. 예를 들면 30fps는 초장 30장 사진을 볼 수 있는 것를 의미이다.

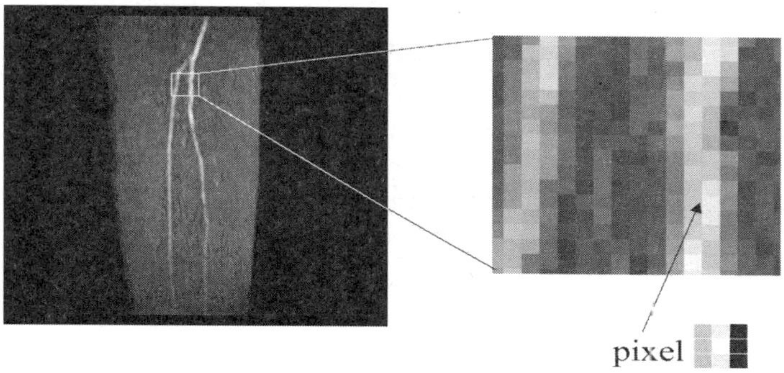

[그림 3-1] 영상 화소의 사례

코덱(Codec)은 영상이나 음성신호를 디지털로 변환하거나 반대로 변환하는 기능인 복원을 수행하는 기술로써 코더(Coder)와 디코더(Decoder)의 합성어이다.

2. 디지털 영상 저장

1) 영상압축

영상압축은 영상을 표현하는 데 필요한 방대한 양의 데이터를 축소하는 작업으로 어느 때나 원래의 영상의 질이 떨어지지 않도록 하는 것이 주 목적이다. 초당 30 프레임으로 구성된 512TIMES 512 크기의 컬러 동영상을 저장하기 위해서는 초당 23.6Mbyte(512×512×3byte×30)의 저장 공간이 필요하다. 따라서 1시간 분량의 해당 동영상을 저장하고자 한다면 무려 84.5Gbyte의 저장 공간이 필요하다. 이처럼 방대한 크기의 영상을 저장 또는 전송하기 위해서는 영상 압축이 반드시 필요하다는 것을 알 수 있다.

영상압축 방법은 영상압축 후 복원 시 원영상의 정보를 모두 유지하는가 아닌가에 따라 무손실압축과 손실압축으로 나눈다.

동영상압축의 대표적인 MPEG(Moving Picture Experts Group), 블록단위의 동영상압축 표준인 H264 혹은 MPEG-4 파트10, AVC(Advanced Video Coding)은 동영상 녹화, 압축배포를 위한 방식으로 현재 가장 보편적으로 사용되고 있는 포맷이다. 정지영상(이미지)의 압축표준은 JPEG(Joint Picture Experts Group)을 사용한다.

(1) 무손실압축

무손실압축은 영상의 코딩과 디코딩을 완벽하게 수행하여 압축된 영상을 복원 시 복원된 영상이 원영상과 완전히 일치한다.

(2) 손실압축

손실압축은 영상에서 중복되거나 상대적으로 중요하지 않은 부분의 정보를 제거함으로써 영상압축 시 압축률을 높이는 압축방법으로 복원된 영상은 원영상과 제거된 정보만큼의 차이를 갖는다.

일반적으로 영상압축 기술의 핵심 사항은 시각적으로 영상의 품질 저하 없이 영상표현에 필요한 데이터의 크기를 얼마나 감소시킬 수 있는가에 달려 있다.

[그림 3-2]는 영상압축에 사용되는 웨이블릿 변환에 의한 압축과정을 보여주는 예제이다.

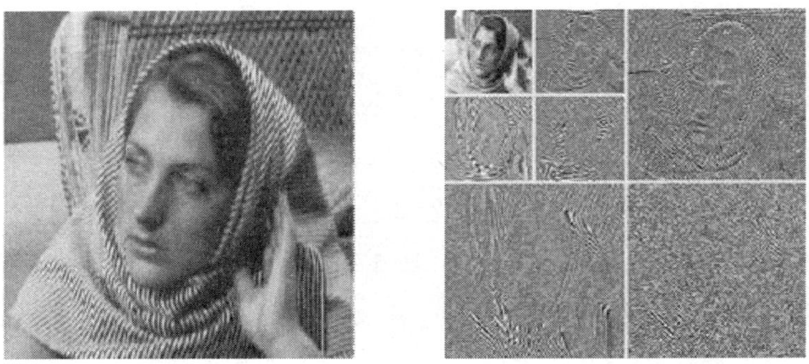

(a) 원영상 (b) 2차 웨이블릿 변환의 결과

[그림 3-2] 웨이블릿을 이용한 영상변환 과정

2) DVR

디지털 비디오 저장장치(DVR : Digital Video Recorder)는 컴퓨터 시스템의 하드디스크(HDD)를 저장 매체로 사용하기 때문에 녹화 테이프를 교체할 필요가 없고 인터넷을 통하여 실시간 영상 저장이 가능하다.

산업용 배관 내시경 시스템에서 카메라에서 촬영된 영상이 유선/무선 통신 케이블선을 통하여 DVR(녹화장치)장비까지 들어오면 DVR 안에 하드디스크에 저장이 된다.

또한 [그림 3-3]처럼 네트워크 상에 설치된 카메라나 비디오 서버 영상 녹화, 모니터링, 이벤트관리, 재생 등을 위한 전용 PC서버 IP카메라를 통해 디지털 영상을 전송받아 압축 저장하는 장치는 NVR(Network Video Recorder)이다.

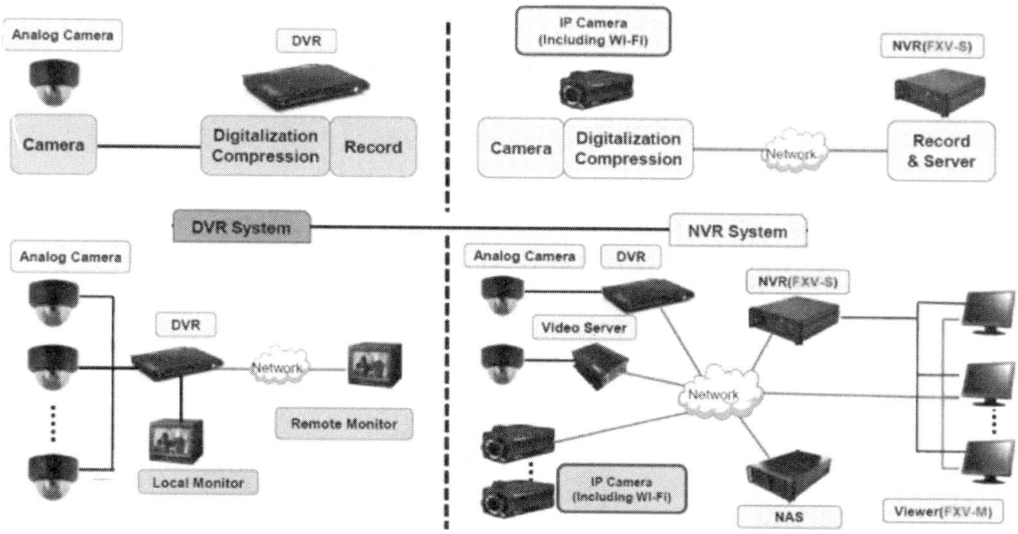

[그림 3-3] DVR과 NVR 시스템의 차이

3. 지능형 디지털 영상 분석

산업용 배관 내시경 영상 안의 대상물(이물질 및 결함 등)을 탐지/추적하고, 추적하고 있는 목적물(이물질 및 결함 등) 중에 지정한 규칙(Rule)에 따라 필터링하여 분석(사용)자가 원하는 정보를 제공한다. 움직임/정지 감지 기술(Detection)과 비교하여 탐지율과 영상 경보의 정확도를 획기적으로 개선한 기능이며 방대한 저장장치 비용을 대폭 절감할 수 있고 산업용 배관 내시경 시스템을 지능형 탐지/추적 시스템이다.

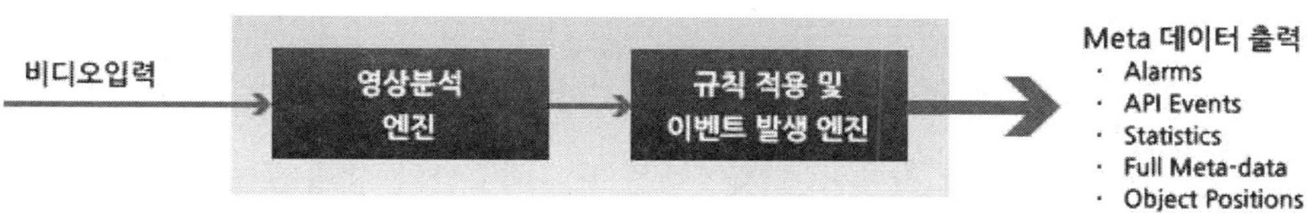

[그림 3-4] 지능형 디지털 영상 분석 시스템

[그림 3-4]처럼 지능형 영상 분석 시스템(Video Contents Analytics System)은 산업용 배관 내시경의 비디오 입력을 받게 되면 영상분석 엔진이 화면상에 의미 있는 물체만 추적하고 추적된 물체 중에서 사용자가 설정한 규칙에 위배되는 물체만 감지하여 알람 기능 등에도 메타데이터를 제공하여 추후에 경계 지역 탐지, 카메라 보정, 위치확인 및 검색이 가능하다.

3-2 배관 영상 분석

1. 오、배수관 영상의 케이블(매체) 특성

[그림 3-5]는 LED전원과 비디오영상 전송이 가능한 영상추적/판독을 위한 배관영상 검사용 케이블 형상이다.

[그림 3-5] 배관 내시경 연결용 4-P Audio/Video 케이블 형상과 전기신호

기존 산업용 내시경의 공동주택 구리 입상관용 Push Rod 케이블은 [그림 3-6]처럼 4P 광 게이블을 사용함으로써 [그림 3-7]처럼 내구성의 한계로 개선된 공동주택 다굴절 오·배수관용 Push-Rod 케이블 사용을 권장한다.

1) 공동주택 구리 입상관용 Push Rod Cable

산업용 내시경에서 사용하는 케이블은 오·배수관의 상태를 케이블에 LED카메라를 부착하여 LED조명을 이용하여 오·배수관의 상태를 영상으로 촬영하여 오·배수관의 상태를 확인한다.

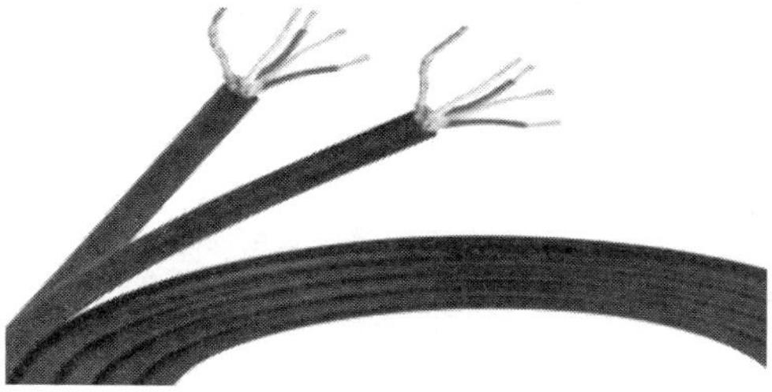

4P 케이블(전원, 영상, LED조명용)

일반용 2색 CANARE L-4E6S케이블

[그림 3-6] 입상관용 Push Rod Cabel

2) 공동주택 다굴절 오 · 배수관용 Push-Rod 케이블

스마트 시티에서 공공주택을 위한 배관공사의 특성상 각 층을 통과하는 각종 입상 수직관의 연결부를 포함한 바닥 내부에 묻혀는 있는 [그림 3-7]처럼 다양한 다굴절 형상으로 배관이 구성되어 있다.

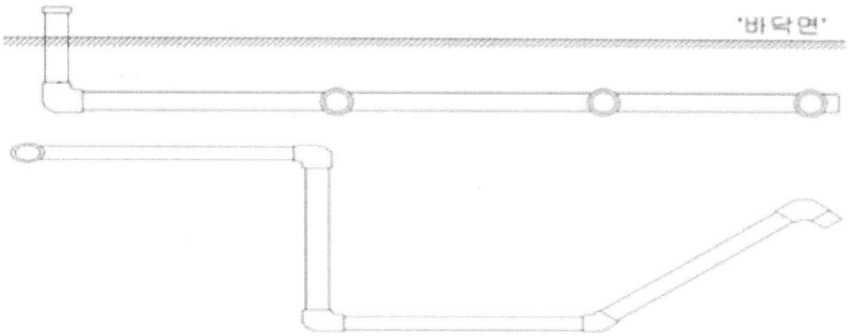

[그림 3-7] 입상 오 · 배수관의 형태

[그림 3-7]은 공공주택의 바닥면에 매립된 오 · 배수관과 다굴절 형상의 Push Rod에 의한 오 · 배수관의 연결부 불량과 미세한 균열이 파손의 원인이 될 수 있다.

[그림 3-8] 공동주택의 오 · 배수관의 관찰상태를 확인하기 위하여 적합한 Push-Rod 케이블은 기존 제품과의 차별화된 카메라 헤드모듈 설계와 연결 케이블(스테인리스, AV-4P) 제작 및 동영상 정보의 전송장치 기반의 실시간 영상 분석 플랫폼을 활용한다.

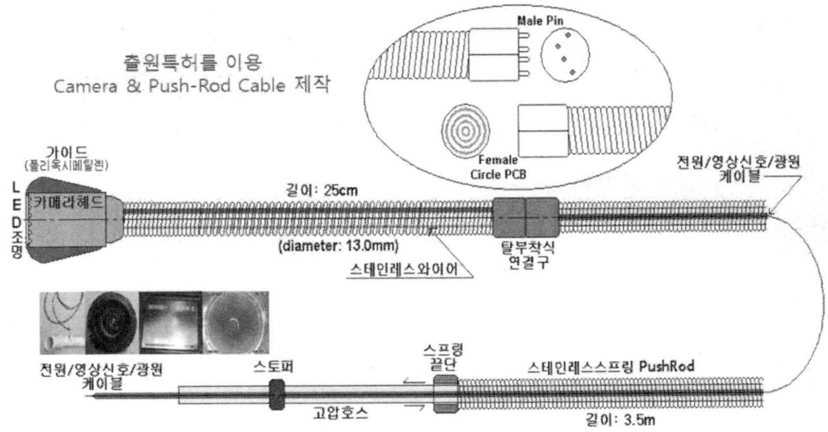

[그림 3-8] 다굴절 오 · 배수관용 Push-Rod 케이블

3) 입상관용과 오 · 배수관용 케이블 특성

〈표 3-1〉 입상관용 케이블 특성

구 성	특 성
외피/내피	외피 : PVC, 내피 : 폴리에틸렌
편조실드	Cable(Φ8.0mm, 4P)
편조밀도	96% 이상
도체 단면적	0.20mm^2(24AWG)
도체구성	40/0.08A
도체저항	9.8Ω/100m(심선), 3.0Ω/100m(실드)
선간용량	150pF/m(심-심), 185pF/m(실드)
인장강도	200kgf/cm^2, 방수: IP68

〈표 3-2〉 오 · 배수관용 케이블 특성

구 성	특 성
Stainless Spring	OD : Φ16.0mm
Stainless Wire	OD : Φ1.5mm
편조실드 Cable	Φ2.5.mm, 4P
편조밀도	93% 이상
방 수	IP68

2. 오ㆍ배수관용 카메라 모듈

공동주택의 오 · 배수관 종류에 맞는 카메라는 배관의 영상검사 대상과 오 · 배수관 종류에 따라 배관 내부에 삽입되는 〈표 3-3〉의 카메라 특성과 배관벽면과의 적절한 결상위치(Working Distance)를 결정하는 고해상도의 Lens와 배관내부와 벽면를 명확히 구분할 수 있는 LED조명의 광학계가 필요하다.

〈표 3-3〉 카메라 모듈 특성

구성내용	입상관용 특성	오 · 배수관용 특성
초점거리(Working Distance)	20mm	15mm
화각(Angle of View)	90°	100°
조명(Illumination)	1200Lux(Max.)	500Lux(Max.)

3. 오ㆍ배수관의 영상

[그림 3-9]처럼 대다수 배관 내시경은 끝단에 LED조명이 내장된 소형카메라를 PVC코팅 Fiberglass 케이블에 연결하여 조명조절장치와 영상저장장치가 내장된 제어기를 통과하여 소형 액정모니터와 연결되어 있다.

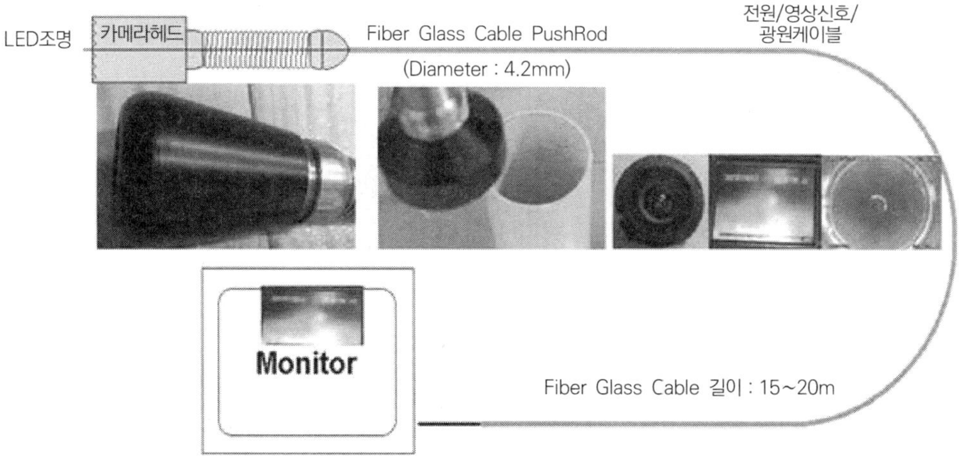

[그림 3-9] 공공주택 오 · 배수관/다굴절 형상 Push Rod 케이블

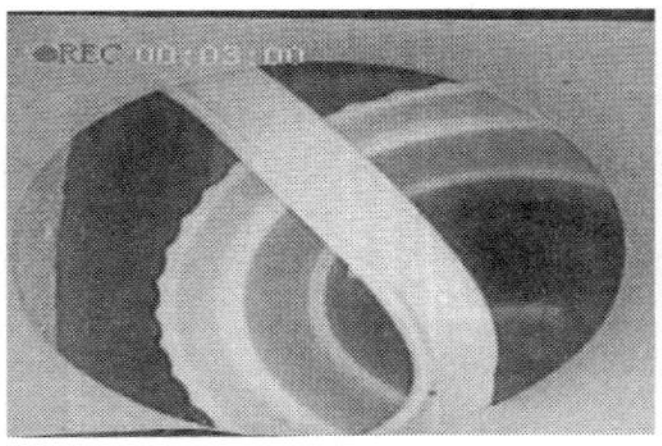

Rubber Packing이탈

이물질 막힘

이물질 막힘

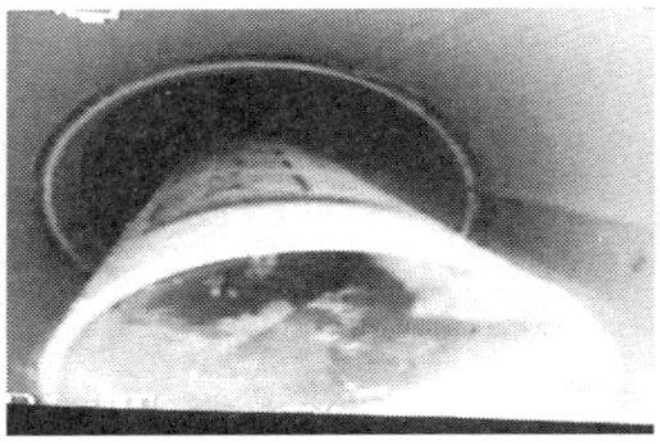

빈 실리콘 통 추락

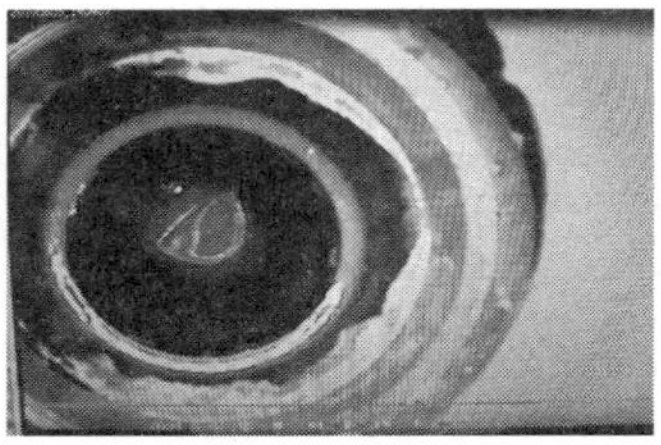

Sextia의 작업 불량

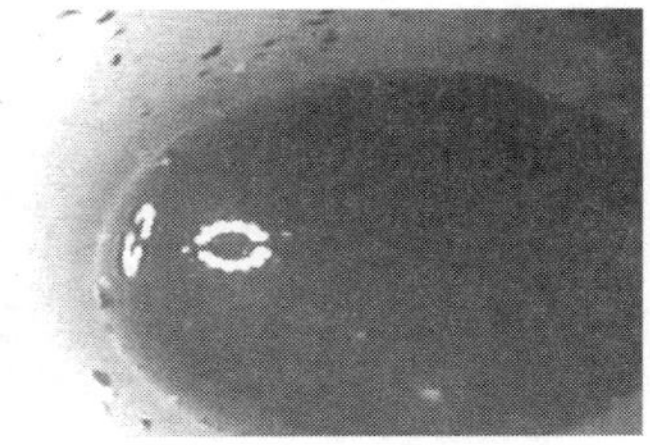

막힘에 의한 배수 불량

[그림 3-10] 배관 내시경의 영상분석을 통한 불량개소의 특징 분류

[그림 3-10]의 배관 내시경의 영상분석을 통한 불량 개소처럼 오 · 배수관의 많은 하자로 인하여 막대한 경제적 손실은 물론 브랜드 이미지에 부정적 영향을 주므로, 배관검사 필수를 내규로 정하여 신축 공동주택 모두에 적용하고 있다.

또한 모든 대형건설사 대부분이 배관공사 후 관로 내부 검사를 행하고 있어 여기에 관련된 설비업체와 시공업체에서도 배관 검사용 장비 구입이 필수가 되어 수요가 빠르게 증가하고 있다.

이는 공동주택의 다양한 형태의 오 · 배수관 내부 검사에 모두 완벽하게 실행할 수 없어 관찰 작업에 무리한 진행으로 많을 시간과 비용을 소요하게 되므로 현장 상황의 니즈를 충족시킬 수 없다.

3-3 디지털 영상 장비 분석

1. 디지털 이미지 센서의 이해

[그림 3-11]처럼 디지털 카메라 시스템에서, 이미지 센서는 렌즈 또는 다른 광학 장치를 통해 초점이 맞춰지는 입사광(광자)을 받게 된다.

센서가 CCD 또는 CMOS 인지에 따라 정보는 전압 또는 디지털 신호로서 다음 단계로 전송된다.

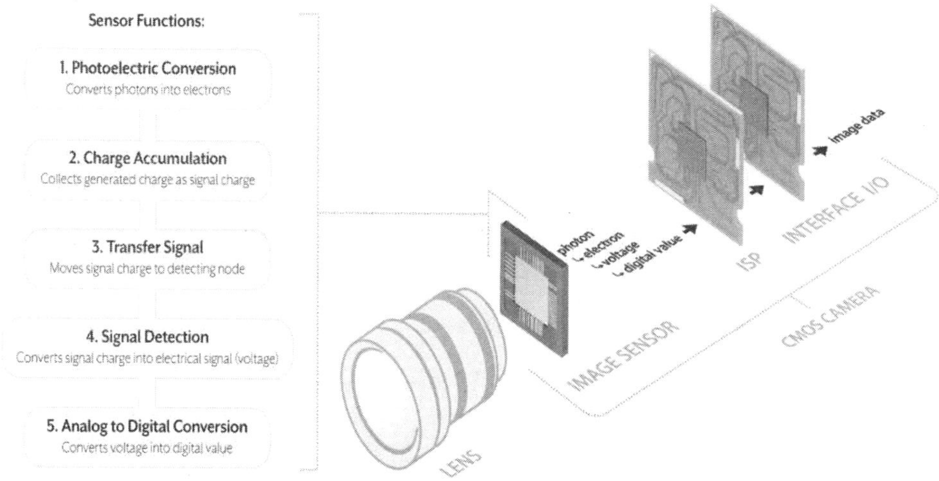

[그림 3-11] 디지털 COMS 카메라의 센서의 기능 및 레이아웃

CMOS 센서는 On-Chip ADC (Analog to Digital Convert)를 사용하여 광자를 전자로 그리고 전압으로, 마지막은 디지털 값으로 변환한다.

카메라 제조업체에 따라 사용되는 레이 아웃과 구성요소가 다르다.

이 레이 아웃의 주요 목적은 빛을 디지털 신호로 변환한 다음 분석하여 향후 작업을 트리거 하는 것이다. 소비자 수준의 카메라(㉵ 일반 DSLR 같은 카메라)는 이미지 저장(메모리 카드), 보기(Viewing : 임베디드 LCD) 및 머신 비전 카메라가 제어할 수 없는 노브(Knobs) 및 스위치를 위한 추가 구성 요소를 가지고 있다.

2. 배관 내시경의 동영상 모니터링 플랫폼 활용

공공주택 오·배수관의 동영상을 분석하기 위해서는 다양한 카메라와 케이블의 구조로 다양한 형태의 공동주택의 오수배관으로 업그레이드된 공동주택의 오수배관의 영상검사 및 판독을 위한 유·무선 통합 플랫폼이 필요하다.

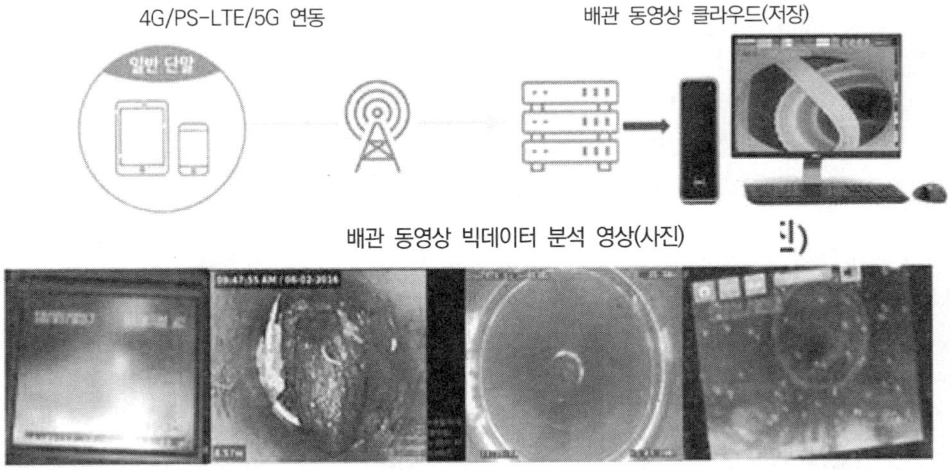

[그림 3-12] 오 · 배수관의 영상검사 및 판독을 위한 유 · 무선 통합 플랫폼

이러한 플랫폼의 배관영상을 추적하기 위해서는 4/5G 및 PS-LTE 기반의 무선전송 플랫폼은 카메라 헤드 모듈과 연동하는 오 · 배수관 GPS 모니터링 플랫 설계로 기존의 작업환경을 개선할 수 있다.

[그림 3-12]처럼 배관 파이프에 구비되는 근거리 무선통신 안테나를 해당 설계도면에 정합함에 따라 이후 내부 영상의 분석으로 거쳐 결함이 발생한 위치를 설계도면 상에서 확인함에 따라 작업자는 현장의 해당 근거리 무선통신 안테나와 통신 가능한 무선 통신장치를 통해 그 결함 위치를 간편하게 찾아낼 수 있다.

수행 내용

재료 · 자료

- 배관영상과 지능형 영상 분석 관련 자료

기기(장비 · 공구)

- 컴퓨터, 프린터, 주변기기

안전 · 유의사항

- 컴퓨터 및 주변기기의 전원을 관리한다.

수행 순서

01 디지털 이미지 센서에 대하여 분석하라.

이미지 센서는 모든 머신 비전 카메라의 중요한 구성 요소 중 하나이다.

센서의 기능은 빛을 전기 신호로 변환하는 것이지만, 모든 센서가 동일하게 구성되는 것은 아니다.

센서는 구조(CCD or CMOS), 채도(Color or Mono), 셔터(Global or Rolling Shutter)와 같은 기준으로 분류할 수 있다. 이 같은 기준들은 해상도(Resolution), 출력 속도(Frame Rate), 픽셀 크기(Pixel Size), 센서 포맷(Sensor Format)의 조건들로 다시 분류된다.

이미지 센서의 목적은 들어오는 빛(광자 : Photons)을 보이고, 분석되고 또는 저장하기 위해 전기적인 신호로 변환하는 것이다.

이미지 센서는 고체 상태(Solid-State) 장치이며, 머신 비전 카메라 내부에 가장 중요한 구성 요소이다. 빛 감도, 속도, 해상도, 센서 크기에 따라 새로운 종류의 센서들이 생산된다.

고체 상태의 이미지 센서 칩은 감광 요소, 마이크로 렌즈 및 마이크로 전기 구성 요소

(Micro Electrical Components)로 구성된 픽셀을 포함한다. 이 칩은 반도체 회사가 웨이퍼로 절단하여 제작한다. 와이어 본드는 다이(Die)의 신호를 센서 뒷면에 있는 연결 패드로 전송한다. 이 패키징은 센서 칩과 아이어 본드를 물리적 및 환경적 위험으로부터 보호하고 열 방출을 제공하며 신호 전송을 위한 상호 연결 전자 장치(Interconnecting Electronics)를 포함한다. 커버 글라스(Cover Glass)라고 불리는 패키징 전면의 투명한 창은 빛이 감광 영역에 도달하는 동안 센서 칩과 와이어를 보호한다.

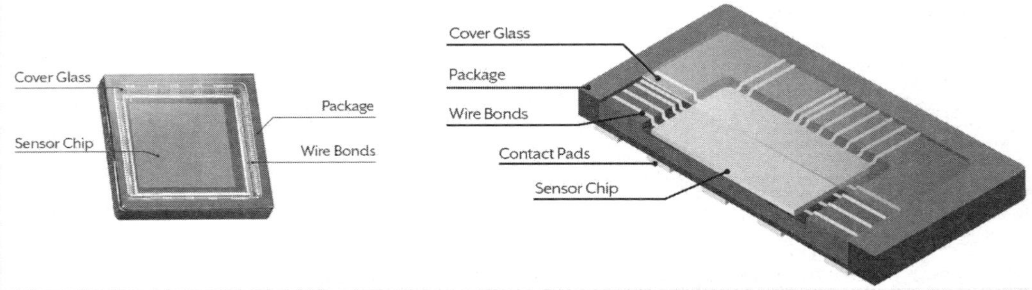

[그림 3-13] 센서의 구성요소

02 CCD와 CMOS의 차이점에 대하여 분석하라.

[그림 3-14]처럼 CCD 센서(Charged Couple Device)는 동시에 모든 픽셀이 노출을 시작 및 중지한다. 이것을 글로벌 셔터(Global Shutter)라고 한다.

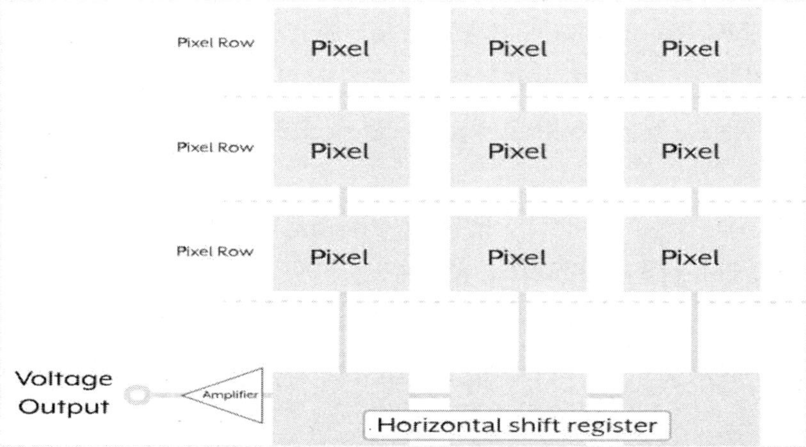

[그림 3-14] CCD 센서의 구조

그런 다음 CCD는 노출 전류를 수평 이동 레지스터(Horizontal Shift Register)로 전달하고, 여기서 플로팅(Floating) 확산 증폭기로 보낸다. 2015년에 소니는 CCD의 생산을 중단하고 2026년까지만 CCD에 대한 지원을 한다. 그래서 최근 카메라 제조사들은 다양한 종류의 CMOS 카메라를 판매하기 위해 새로운 제품을 생산하고 있다. CCD 주요 특징은 글로벌 셔터, 낮은 노이즈, HDR(High Dynamic Range), 중간 범위의 프레임 레이트, 스미어 노이즈 등이다.

과거에는 CMOS 센서(Complementary Metal-Oxide Semiconductor)는 한 번에 하나의 픽셀 행만 노출을 시작하고 중지할 수 있었다. 이를 롤링 셔터(Rolling Shutter)라고 한다. 이 센서는 오랜 시간 동안 변경되었고, 이제 시장에서 많은 글로벌 셔터 CMOS 센서를 사용할 수 있게 되었다.

[그림 3-15]처럼 CMOS 센서는 각 픽셀 열에 대해 더 작은 ADC를 사용하여 CCD보다 높은 프레임 레이트를 수행할 수 있다.

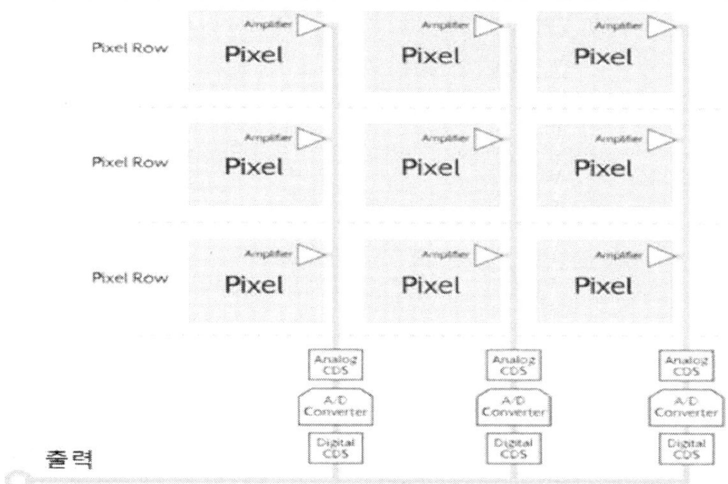

[그림 3-15] CMOS 센서의 구조

CMOS 센서는 이미지 품질, 이미지 속도 그리고 전반적인 가치를 위해 CCD와 동일하거나 더 우수한 최신 CMOS 센서를 수년에 걸쳐 크게 개선했다.

CMOS 주요 특징은 글로벌 셔터 및 롤링 셔터 모델, 낮은 노이즈, 높은 HDR, 높은 Frame Rate, FPN(Fixed Pattern Noise), 스미어 현상 없는 것이다.

학습 3

03 Mono와 컬러 센서에 대하여 분석하라.

가시광선 센서(IR, UV 또는 X-Ray가 아닌 파장대)는 컬러(Color)와 모노(Mono)의 두 가지 타입이 있다.

컬러 센서는 컬러 필터라고 불리우는 마이크로 렌즈 아래에 있는 별도의 레이어(Layer)를 가지고 있다. 이 필터는 원하지 않은 색상 파장을 흡수하여 각 픽셀이 특정 색 파장에 민감해 지도록 만든다.

모노 센서에는 컬러 필터가 없으며 각 픽셀은 모든 가시광선 파장대에 민감하다.

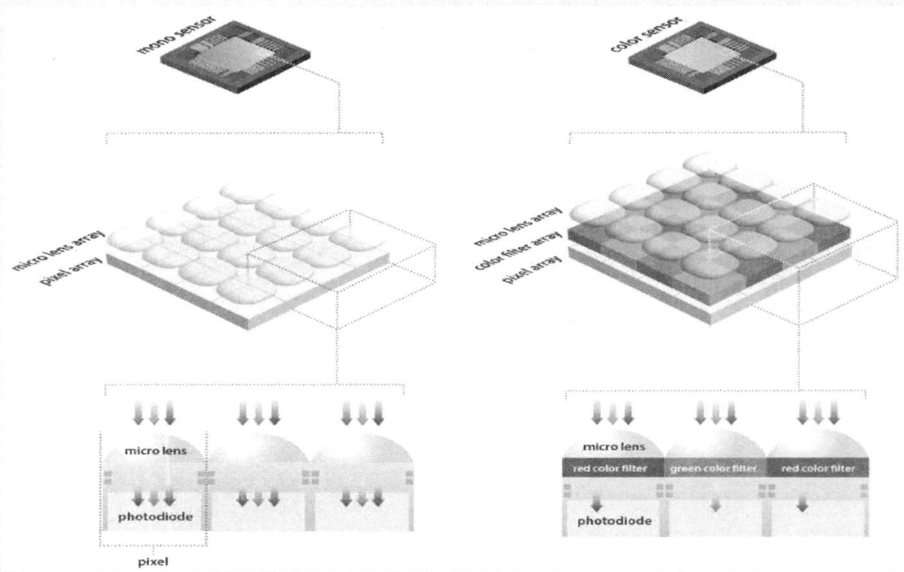

[그림 3-16] 모노 센서(왼쪽)와 베이어 패턴을 갖는 컬러 센서(오른쪽)

[그림 3-16]의 오른쪽에 보여주는 컬러 센서는 베이어 필터 패턴(Bayer Filter Pattern)이 컬러 필터 배열로 사용됐다. 이 필터 패턴은 50%는 초록색, 25%는 빨간색, 나머지 25%는 파랑색으로 배열을 사용한다.

대부분의 컬러 카메라는 Bayer Filter Pattern을 사용하지만, 다른 패턴 배열을 갖는 필터 패턴을 사용하는 것도 있다.

[그림 3-17]처럼 일부 센서, 특히 픽셀 크기가 더 작은 센서의 경우, 광자를 포토다이오드로 유도하기 위해 추가 마이크로 렌즈를 사용한다.

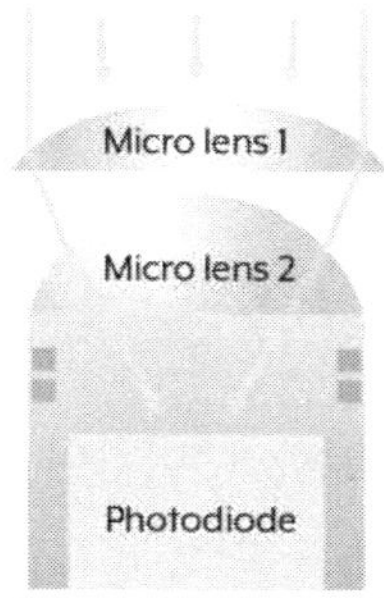

[그림 3-17] 마이크로렌즈의 사용하는 포토다이오드

학습활동.3 교수 · 학습 방법

교수 방법

- 배관 영상과 지능형 영상 분석에 대한 관련 용어, 구성, 방식 이해 정도를 파악한 후 수업을 진행한다.
- 교수자의 주도로 배관 영상과 지능형 영상 분석 등의 내용을 PPT 자료로 제시한 후 설명한다.
- 가능하면 사전에 개인별 학습 자료를 준비하여 모든 학생이 참여할 수 있는 문제 해결식 수업, 협력 수업이 가능하도록 한다.
- 배관 영상과 지능형 영상 분석 전 과정을 작업의 순서에 따라 단계적으로 실습이 이루어질 수 있도록 지도한다.
- 교재를 통해 수업을 준비하는데 있어서 필요한 모든 정보나 팁, 힌트 등 도움이 될 만한 내용들을 확인할 수 있다.
- 학생들이 만들게 될 각 모델들은 수업시간에 중점적으로 다뤄질 부분과 어휘, 질문, 답을 포함하고 있으며 또한 탐구할만한 추가적인 아이디어들도 포함하고 있다.

학습 방법

- 배관 영상과 지능형 영상 분석에 대한 관련 용어를 숙지하고, 배관 영상과 지능형 영상 분석에 대해 이해한다.
- 배관 영상과 지능형 영상 분석의 각 단계별 중점 사항을 체계적으로 학습한다.
- 배관 영상과 지능형 영상 분석의 수행순서의 전 과정을 실습한다.
- 배관 영상과 지능형 영상 분석의 내용을 이해한다.
- 배관 영상과 지능형 영상 분석을 이해하고 숙달이 될 때까지 학습한다.

학습활동.3 평가 및 피드백

평가 준거

- 평가자는 피평가자가 수행 준거 및 평가 내용에 제시되어 있는 내용을 성공적으로 수행할 수 있는 지를 평가해야 한다.

학습내용	평가항목	성취수준		
		상	중	하
배관 영상과 지능형 영상 분석	배관 영상과 지능형 영상 분석를 이해할 수 있다.			

평가 방법

• 작업 포트폴리오

학습내용	평가항목	성취수준		
		상	중	하
배관 영상과 지능형 영상 분석	배관 영상과 지능형 영상 분석를 이해할 수 있다.			

• 필기시험

학습내용	평가항목	성취수준		
		상	중	하
배관 영상과 지능형 영상 분석	배관 영상과 지능형 영상 분석를 이해할 수 있다.			

• 체크리스트를 통한 관찰

학습내용	평가항목	성취수준		
		상	중	하
배관 영상과 지능형 영상 분석	배관 영상과 지능형 영상 분석를 이해할 수 있다.			

• 피드백

1. 작업 포트폴리오
   - 제출한 보고서를 평가한 후 주요 사항에 대하여 표시하여 돌려준다.
2. 필기시험
   - 평가 결과 성적이 저조한 학생은 보고서 제출 기회를 부여한다.
3. 체크리스트를 통한 관찰
   - 실습 과정에서 평가한 후 개선해야 할 사항 등을 정리하여 돌려둔다.

참 | 고 | 문 | 헌

1. https://luckygg.tistory.com/27
2. ㈜대우건설. (사)대한건축학회(2012). 『건축기술지침 Rev.1(기계)』. 도서출판 공간예술사.
3. (사)대한건축학회(1995). 『건축설비』. 기문당.
4. 건축설비용어사전 편집위원회(1994). 『건축설비용어사전』. 기문당.
5. 박영순(2000). 『건축기계설비일반시공』. 도서출판 세진사.
6. 박종일 · 서기원 공저(1999). 『건축설비 설계』. 도서출판 세진사.
7. 한국종합건설 기계설비협의회(2014). 『설비 시공 개선 사례집』. 한국종합건설 기계설비협의회.
8. 00건설 건축기전팀(2011). 『일반배관작업지침』.별첨 품질관리기준.
9. 강동우 · 강민구 · 정해진 · 남상엽(2019.11.02). “스마트 시티형 다굴절 오배수관용 Push Rod 및 무선 영상전송 플랫폼,” 2019년도 한국인터넷정보학회 추계학술발표대회 논문집 제20권2호.
10. 정해진(2019.09.04). “다굴절 파이프 라인의 내부 검사를 위한 내시경 장치,” 대한민국특허출원번호(10-2019-0115051).
11. 설동현 외(2019). “DDVS 기법을 활용한 일반 구조용 탄소강관 및 강재 파이프 서포트 영상기반 변위 계측,” 대한건축학회연합논문집, 21권, 1호.
12. 남명우(2008). “EMD를 이용한 초음파 비파괴 평가용 3차원 영상처리 소프트웨어 개발,” 한국산학기술학회 9권6호.
13. 강민구 · 남상엽 · 정해진 · 전준철(2019.10.31). “배관 네비게이션 시스템 및 이를 이용한 배관 네비게이팅 방법,” 대한민국특허출원번호(10-2019-0137843).

학습 1	배관 내시경의 개요
학습 2	배관 내시경 검사와 판독
학습 3	배관 영상과 지능형 영상 분석
학습 4	**배관 내시경 위치파악과 영상마커**
학습 5	산업용 내시경 동향
학습 6	배관시공의 도면과 재료
학습 7	배관공구와 배관작업
학습 8	배관시공 상태 및 누설검사
학습 9	배관의 점검 및 시운전
학습 10	배관의 유지보수
학습 11	배관의 시공 및 안전
학습 12	배관의 비파괴 검사 기술

학습 목표

1. 배관 내시경 위치파악과 영상마커를 이해할 수 있다.

4-1 배관의 위치 추적용 표식방법

스마트 시티에 공동한 건축물의 배관시공시 그 배관 파이프 별로 장착된 무선(NFC, Passive RFID), 또는 영상(Bar/QR코드)마커의 식별 코드 값을 할당하고, 인식하도록 구성하여 구현한다.

신축된 건축물의 배관시공시 그 배관시공에 채용되는 다수의 배관 파이프에 대해 각 배관 파이프 별로 장착된 마커의 식별 코드 값을 획득한 후 해당 건축물의 설계도면에 대해 배관 파이프의 식별 코드 값을 정합 하도록 한다.

[그림 4-1]의 영상분석을 의한 마커(Marker)정보를 획득한 후, 해당 건축물 설계 도면에 정합한 배관 파이프의 식별코드 값을 연계하는 '배관 네비게이터' 역할을 할 수 있도록 구성하여 구현한다.

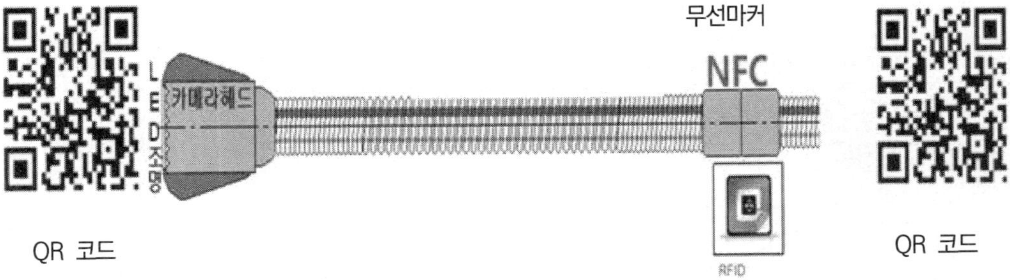

[그림 4-1] QR코드영상/무선(NFC,RFID) 배관마커 설계

[그림 4-2]처럼 배관 위치용 영상마커를 입력하여 배관의 내부를 촬영하여 획득된 내부 영상을 통해서 배관 내부의 전체적인 상태를 정확하게 확인할 수 있음은 물론 결함이 있는 배관 파이프의 위치도 정확하게 파악할 수 있다.

[그림 4-2] 배관 위치용 영상마커 입력과 데이터베이스 및 QR 영상정합 블록도

4-2 배관마커 네비게이터 속도와 마커 위치 추정

[그림 4-3] 처럼 카메라의 속도 측정은 배관 내부를 이동 중인 카메라 모듈이 인접한 마커까지 이동하는 시간을 측정함으로써 이동속도를 추정할 수 있다.

리더기가 특정 건축물의 배관시공 과정에서 각각의 배관 파이프에 부착된 마커의 식별 모드값을 획득

↓

설계도 메핑부가 특정 건축물의 설계도면을 구비하는 설계데이터베이스에 대해 식별 코드값을 매핑함에 따른 도면-코드 매핑정보를 획득

↓

설계도 매핑부가 식별코드값과 도면-코드 매핑정보를 설계데이터베이스에 저장

↓

카메라 유닛이 배관 파이프의 내부에 투입되어 배관 파이프의 내부 영상을 획득

↓

설계도 매핑부가 설계데이터베이스에 대해 내부 영상을 매핑함에 따라 영상-코드 매핑정보를 획득

↓

설계도 매핑부가 영상-코드 매핑정보와 내부 영상을 설계데이터베이스에 저장

↓

카메라 유닛이 배관 파이프의 내부에 투입되어 배관 파이프의 내부 영상을 획득

↓

배관영상 표시부는 설계데이터베이스의 실행으로 배관 파이프가 화면에 표시된 상태에서 사용자의 조직에 따라 배관 파이프의 소정 위치에 대한 배관클릭 이벤트가 발생한 경우 그 배관클릭 이벤트를 식별

↓

배관영상 표시부가 그 식별한 배관클릭 이벤트의 발생 부분에 대응하는 내부 영상을 설계데이터베이스에 조회하여 재생

[그림 4-3] 배관마커 기반의 카메라 이동시간/속도 추정

[그림 4-4]는 배관 마커 기반의 카메라 위치를 추정하고, 결함위치 를 공유하기 흐름도이다. 저장 카메라의 모듈이 배관 내부를 이동 중에 영상결함의 위치를 추정하기 위한 마커위치 및 자이로센서를 활용하고자 한다.

이로서, 배관 네비게이터용 카메라 모듈의 이동속도를 활용한 배관내부의 영상에 대응하는 배관 파이프 위치를 추정한 후, 배관의 결함 위치를 공유 할 수 있다.

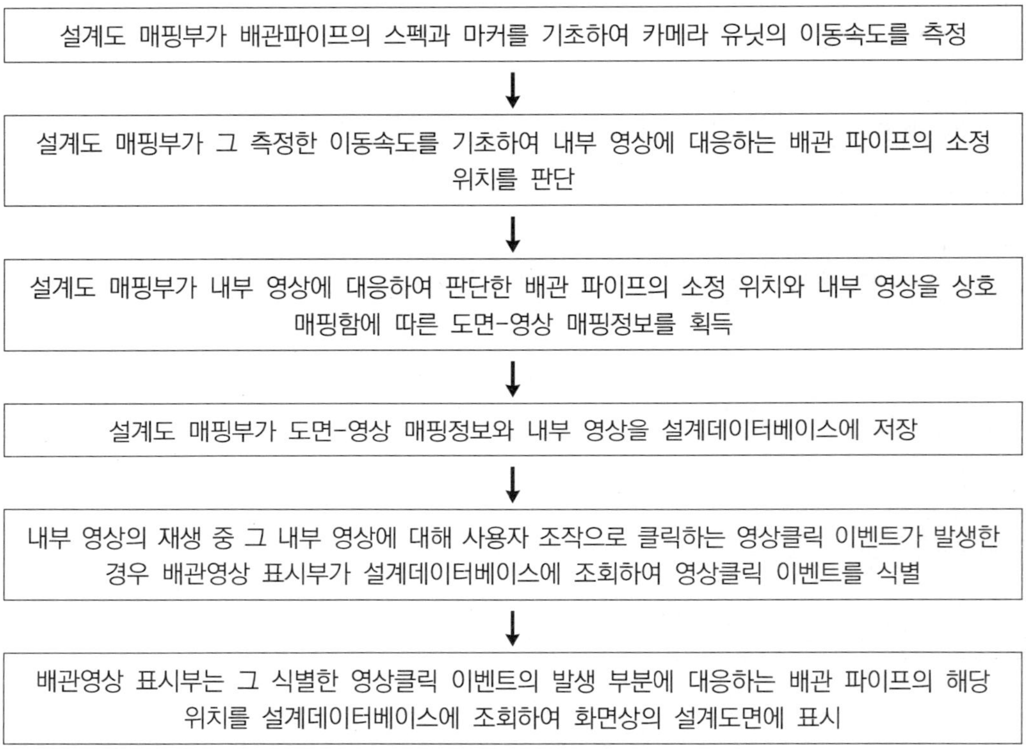

[그림 4-4] 배관마커와 네비게이션의 위치추적 설계

[그림 4-5]처럼 배관의 내부를 촬영하는 카메라 유닛의 이동속도를 측정 함에 따라 마커 간의 위치도 정확하게 특정함에 따라 배관의 소정 위치에 대한 사용자 조작의 배관 클릭이 발생한 경우 해당 위치를 내부 영상을 표시할 수 있다.

배관의 내부를 촬영과 내부 영상을 통해서 배관 내부의 상태파악 및 결함위치를 파악하는 배관 네비게이팅 역할을 한다.

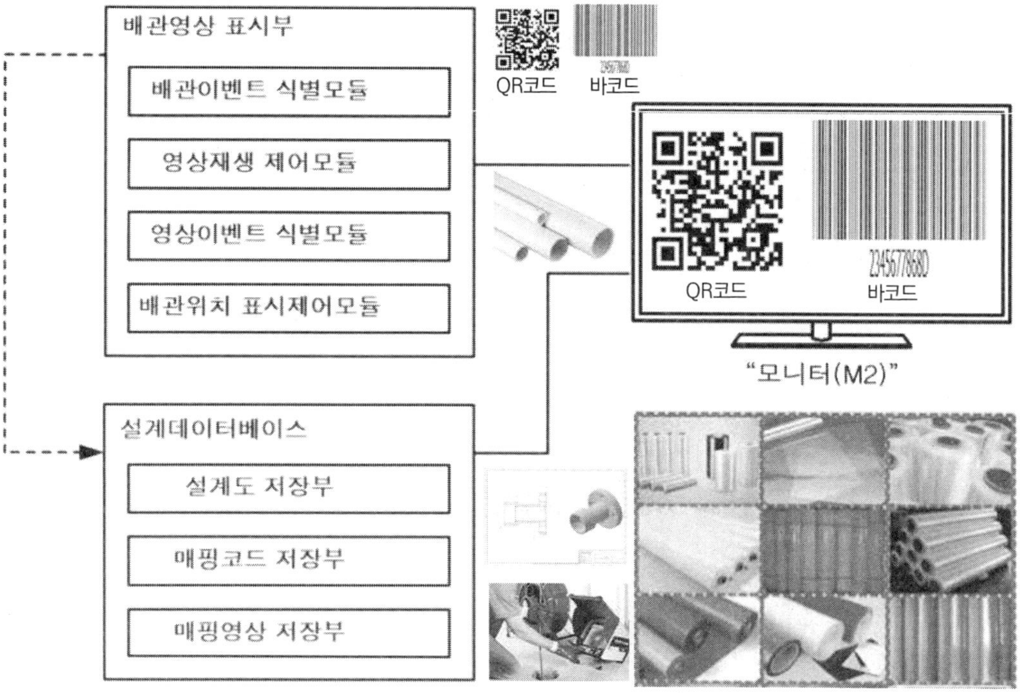

[그림 4-5] 배관마커 기반의 카메라 위치추정/DB 저장

아울러 소정의 내부 영상 재생 중에도 사용자 조작으로 해당 내부 영상에 대한 영상 클릭이 발생한 경우 해당 내부 영상에 대응하는 배관의 위치를 정확히 표시할 수 있다.

이로서 신축된 건축물의 배관시공시 그 배관시공에 채용되는 다수의 배관 파이프에 대해 각 배관 파이프 별로 장착된 마커의 식별 코드 값을 획득한 후 해당 건축물의 설계도면에 대해 배관 파이프의 식별 코드 값을 정합한다.

따라서 이후 배관의 내부를 촬영하여 획득된 내부 영상을 통해서 배관 내부의 전체적인 상태를 정확하게 확인할 수 있음은 물론 결함이 있는 배관 파이프의 위치도 정확하게 파악할 수 있다.

이로서 대형 공동주택용 오·배수관의 시공 점검이 건설업체 필수로 점검 장비로 옥상입상관 점검용, 세대별 오·배수관점검용, 기존 공동주택의 오·배수관의 하자 이행 점검에 관한 수요가 급증할 것이다.

4-3 오 · 배수 처리의 오 · 배수관 계통

1. 오 · 배수의 처리를 위한 오 · 배수 계통

오 · 배수관의 시공 흐름은 관로설정 → 시공도 검토 → 자재 및 인력수급 → 측량 → 터파기 → 기초 → 관부설 및 접합 → 검측(경사, 수밀, 표식설치) → 맨홀 설치 → 되메우기 → 내부검사 순으로 되어 있다.

오 · 배수관은 폐쇄, 역류 및 누수를 방지할 수 있는 구조이어야 한다.

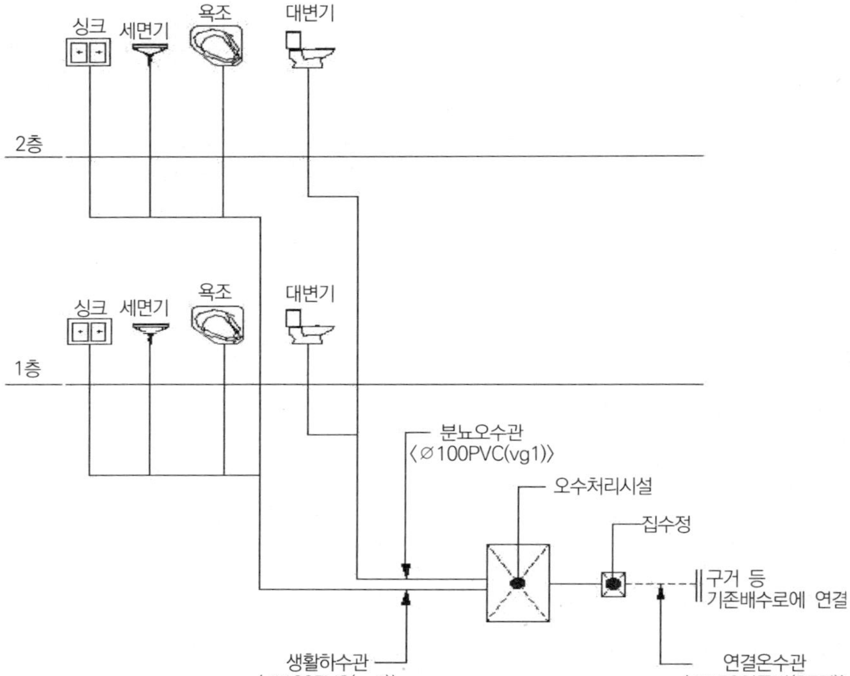

[그림 4-6] 오수처리 시설 배수 계통도(하수처리 구역외)

[그림 4-6]처럼 오수처리시설은 하수처리 구역외 지역중 수변구역, 상수도보호구역 등에는 모든 시설물이 의무적으로 적용된다. 하수처리 구역외 지역에서 1일 오수발생량이 2제곱미터를 초과하는 건물 시설 등을 설치하고자 하는 경우는 오수처리시설을 설치하여야 하고 2세제곱미터 이하인 건물 등은 설치하고자 하는 경우는 수세식 변기에서 발생하는 오수처리를 위한 정화조를 설치하여야 한다.

배수설비 설치는 공공하수관 설치된 하수처리 구역인 도시지역 등에 적용된다.

2. 오 · 배수관 매핑 위치 파악

오 · 배수 및 환기설비와 옥상/지하 각종 배관 등 설비부분 도면 중 오 · 배수관 계통도와 단위세대와 지붕층 위생 배관이다. 세대에는 각종 오 · 배수관들이 있다. 욕실에는 변기가 연결된 오수관과 세면대와 욕조, 바닥 배수구가 연결된 배수관 앞 발코니에 세척용 수전의 배수관과 옥상층의 루프드레인(빗물)과 연결된 우수관 뒤 발코니에는 세탁기 및 손세탁, 보조 씽크대의 배수관 주방에는 씽크대가 연결된 배수관이다.

[그림 4-7]의 도면에서 약어로는 오수는 S, 배수는 D, 우수(빗물)는 R로 표기한다.

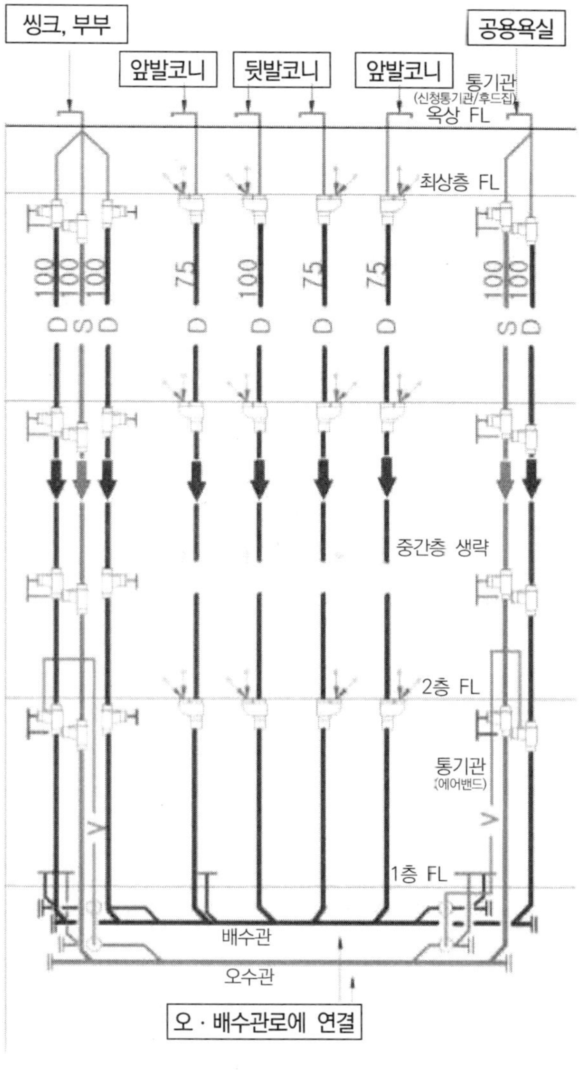

[그림 4-7] 아파트 45평형 오 · 배수관

수행 내용

재료 · 자료

- 배경 내시경 위치파악과 영상 관련 자료

기기(장비 · 공구)

- 컴퓨터, 프린터, 주변기기

안전 · 유의사항

- 컴퓨터 및 주변기기의 전원을 관리한다.

수행 순서

01 위생설비의 배관 계통도에 대하여 분석하라.

위생배관은 인간 생활에 필요한 음용수와 연관된 모든 배관 설비를 통한다. 생활용수를 공급하는 상수도관, 강우 또는 강설을 모아 배수하는 우수배관, 생활하수와 분뇨를 모아 배수하는 오 · 수배관 등으로 구분하며 용도에 알맞은 적절한 재료의 배수관을 선택하여 사용한다.

그리고 지방자치단체에서 설치한 공용 배관에 연결시기 전에 대지 안에 맨홀을 설치하여 침전물을 관리하여야 한다.

[그림 4-8]처럼 상수와 중수 2 계통 급수에 의한 위생설비이다. 이 위생배관의 유형은 다음과 같다.

① 급수배관 : 식수(냉온수) /냉난방수 /조경수 등을 위한 배관
② 배수배관 : 생활배수 /일반배수 /간접 배수 등을 위한 배관
③ 오수배관 : 변기/ 세면기/ 세탁배관/ 싱크대 등을 위한 배관
④ 우수배관 : 지붕 우수 /지표수/ 조경배수 등을 위한 배관

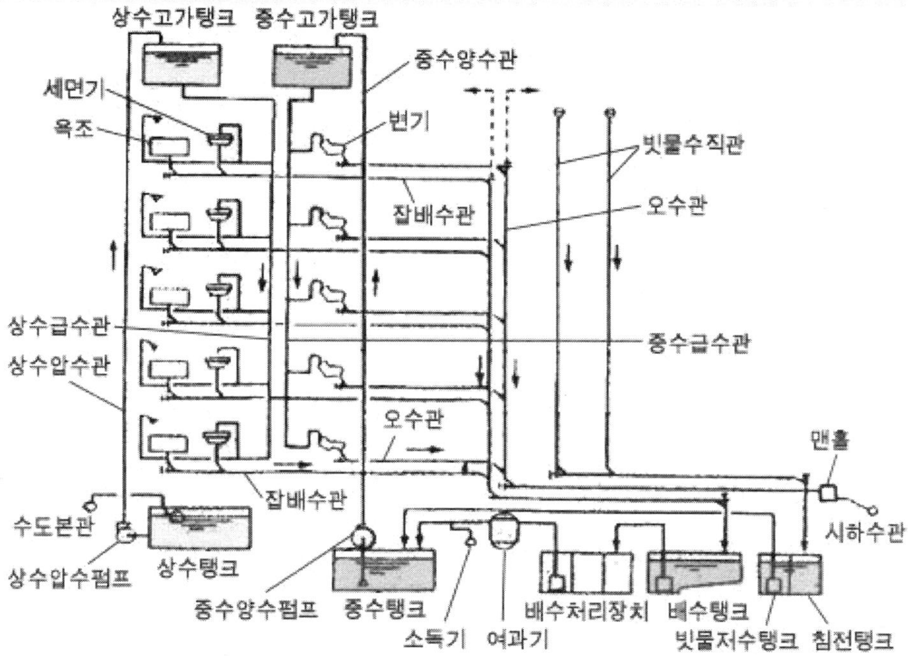

[그림 4-8] 위생배관의 계통도

02 QR코드에 대하여 분석하라.

1. QR코드의 개요

QR코드(QR Code : Quick Response Code)은 흑백 격자무늬 패턴으로 정보를 나타내는 매트릭스 형식의 이차원 바코드이다. QR코드는 주로 한국, 일본, 중국, 영국, 미국 등에서 많이 사용되며 명칭은 덴소 웨이브의 등록 상표 'Quick Response'에서 유래하였다. 종래에 많이 쓰이던 바코드의 용량 제한을 극복하고 그 형식과 내용을 확장한 2차원의 바코드로 종횡의 정보를 가져서 숫자 외에 문자의 데이터를 저장할 수 있다. 보통 디지털카메라나 전용 스캐너로 읽어 들여 활용한다.

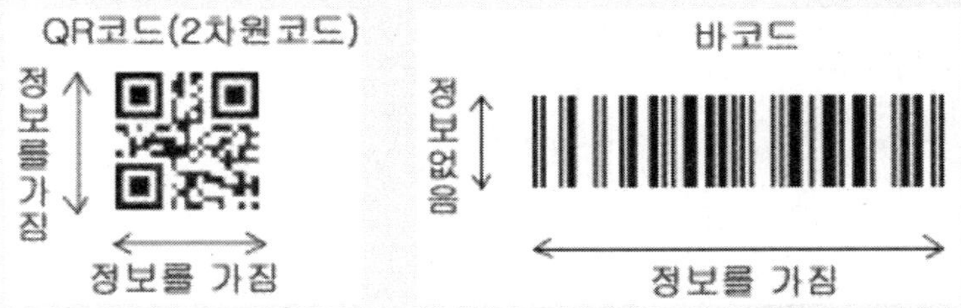

[그림 4-9] QR코드와 바코드 비교

2. QR코드의 특징

QR코드의 구조 일반 바코드는 단방향, 즉 1차원으로 숫자나 문자 정보가 저장 가능한데 QR코드는 종횡으로 2차원 형태를 가져서 더 많은 정보를 가질 수 있으며, 사진, 동영상, 지도, 명함 등 다양한 정보를 더 편리하게 담아낼 수 있다.

버전1부터 버전40까지 다양한 버전을 지원하고 버전마다 최대로 포함할 수 있는 정보와 크기가 다르다. QR코드에는 데이터의 표현과 읽기를 수월하게 하고자 콰이어트 존, 위치 검출 패턴(분리자 포함), 타이밍 패턴, 정렬 패턴, 포맷 정보, 버전 정보, 데이터 영역(에러 정정 코드 영역 포함) 등의 영역이 나뉘어 있다.

QR코드는 숫자 최대 7089자, 영문자와 숫자[코드표가 따로 존재] 최대 4296 자, 8비트 바이트 최대 2953바이트, 한자 1817자를 담을 수 있다.

3. QR코드의 활용

건물 위 광고판에 있는 QR코드를 사용자가 휴대전화 단말기로 찍어 인터넷 검색이 가능하다. 초기에는 자동차 부품 생산관리 등 상품관리에 널리 이용되어 기존 바코드를 대체하는 개념으로 많이 보급되었다. 이후 일본에서는 카메라폰을 이용하여 QR코드를 다양한 인쇄 매체에 인쇄하여 연결된 인터넷 정보를 검색하기 쉽게 하려는 수단으로 발전하였다. 예컨대 잡지 광고에 삽입하여 카메라 폰으로 찍으면 코드를 인식하고 웹 사이트로 연결하여 더 자세한 정보를 보여준다든지 QR코드를 명함에 인쇄하여 개인 정보 입력을 쉽게 한다든지 다양한 활용 방법이 발달하였다. 현재 일본에서 판매되는 카메라폰 대부분이 이것을 지원하고 스마트폰에서도 이것을 지원하는 애플리케이션이 있다.

03 무선 NFC와 RFID에 대하여 분석하라.

1. NFC

10cm 이내의 가까운 거리에서 다양하게 무선 데이터를 주고받는 무선 태그 기술로써 근거리 무선통신기술이다. 주파수 대역은 13.56MHz를 사용하고 전재태그(RFID : Radio Frequency Identification)에 담겨진 정보를 단말기 간에 전송하는 등 각종 오·배수 영상 데이터를 전송하는데 사용하는 비접촉식 통신기술이다.

ISO에서 지정한 여러 통신 표준 중에서 RFID를 기반에 둔 여러 표준들이 존재하며, 그 중 ISO 14443이 일상에서 쉽게 볼 수 있는 NFC(Near Filed Communication) 카드에서 사용하는 표준이다. 2004년에는 ISO 14443 타입 A와 14443 타입 C에 추가되지 못했던 Felica 라는 기술을 포함해서 ISO 18092 표준을 제정했는데, 이것이 NFC 라는 기술의 공식적인 첫 표준이다. (NFC IP-1 이라 부르고, 추가로 기존에 ISO 14443 에는 없던 기기간 통신 기술 내용이 추가되었다) 2005년에는 ISO 14443 타입 B와 ISO 15693 그리고 ISO 18092(NFC IP-1)를 포괄하는 ISO 21481 표준을 제정했으며, 이는 NFC IP-2 라고 부른다. 이를 통해 13.56MHz 를 쓰는 비접촉식 통신 기술을 모두 NFC 범주에 포함시키게 되었다.

2. RFID

RFID는 사용 주파수와 통신 방식에 따라 장거리에서도 사용 가능하지만, NFC는 13.56MHz 주파수로 고정되어 있기 때문에 최대 10cm로 거리가 짧다. RFID는 리더와 태그가 따로 구성되지만, NFC는 한 NFC 장치가 리더와 태그 기능을 모두 할 수 있다. RFID 태그는 능동형(Active) 또는 수동형(Passive) 중 하나이다.

능동형 RFID 태그는 최대 100 미터의 판독 거리에서 방송할 수 있는 자체 전원을 포함한다. 판독 거리가 길어 능동형 RFID 태그는 위치 및 기타 물류 개선이 중요한 많은 산업 분야에 이상적이다.

수동형 RFID 태그에는 자체 전원이 없다. 대신 RFID 리더에서 전송된 전자기 에너지에 의해 전원이 공급된다. 전파가 태그에 전력을 공급할 수 있을 정도로 강해야 하므로 수동 RFID 태그는 가까운 접촉 거리에서 최대 25 미터의 판독 거리를 가진다. 수동형 RFID 태그는 주로 3가지 주파수 범위에서 작동한다.

① Low Frequency(LF) 125~134kHz

② High Frequency(HF) 13.56MHz

③ Ultra High Frequency(UHF) 856MHz to 960MHz

〈표 4-1〉는 NFC와 RFID 비교 설명한다.

〈표 4-1〉 NFC와 RFID 비교

NFC	RFID(일반)
• 고주파 대역 • 13.56MHz • 단거리 인식(약 10cm) • 비접촉식 • 다양한 분야에 활용 가능 • 스마트카드와 연동형태로 활용	• 극초단파대역(Ultra High Frequency) • 900MHz • 원거리 인식(수미터 가능) • 비접촉식 • 유통 물류 분야에서 주로 활용 • 특수 목적을 위해서 제한적 활

근거리 무선 통신 (NFC) 장치는 고주파(High Frequency) RFID 리더 및 태그와 동일한 주파수(13.56MHz)에서 작동한다. NFC 형식의 표준 및 프로토콜은 ISO/IEC 14443, FeliCa에 요약된 RFID 표준 및 ISO/IEC 18092의 일부 규격을 기반으로 한다. 이러한 표준은 근접식 카드에서 RFID 사용에 대한 표준을 처리한다.

NFC 장치는 HF RFID의 하위의 버전으로서 무선 주파수의 짧은 판독 범위 한계를 이용했다. NFC 장치는 일반적으로 수 센티미터 이하의 서로 근접해야 하므로 스마트폰과 같은 소비자 장치 간의 보안 통신에 널리 사용된다.

학습활동.4 교수 · 학습 방법

교수 방법

- 배관 내시경 위치파악과 영상마커에 대한 관련 용어, 구성, 방식 이해 정도를 파악한 후 수업을 진행한다.
- 교수자의 주도로 배관 내시경 위치파악과 영상마커 등의 내용을 PPT 자료로 제시한 후 설명한다.
- 가능하면 사전에 개인별 학습 자료를 준비하여 모든 학생이 참여할 수 있는 문제 해결식 수업, 협력 수업이 가능하도록 한다.
- 배관 내시경 위치파악과 영상마커 전 과정을 작업의 순서에 따라 단계적으로 실습이 이루어질 수 있도록 지도한다.
- 교재를 통해 수업을 준비하는데 있어서 필요한 모든 정보나 팁, 힌트 등 도움이 될 만한 내용들을 확인할 수 있다.
- 학생들이 만들게 될 각 모델들은 수업시간에 중점적으로 다뤄질 부분과 어휘, 질문, 답을 포함하고 있으며 또한 탐구할만한 추가적인 아이디어들도 포함하고 있다.

학습 방법

- 배관 내시경 위치파악과 영상마커에 대한 관련 용어를 숙지하고, 배관 내시경 위치파악과 영상마커에 대해 이해한다.
- 배관 내시경 위치파악과 영상마커의 각 단계별 중점 사항을 체계적으로 학습한다.
- 배관 내시경 위치파악과 영상마커의 수행순서의 전 과정을 실습한다.
- 배관 내시경 위치파악과 영상마커의 내용을 이해한다.
- 배관 내시경 위치파악과 영상마커을 이해하고 숙달이 될 때까지 학습한다.

학습활동.4 평가 및 피드백

평가 준거

- 평가자는 피평가자가 수행 준거 및 평가 내용에 제시되어 있는 내용을 성공적으로 수행할 수 있는 지를 평가해야 한다.

학습내용	평가항목	성취수준		
		상	중	하
배관 내시경 위치파악과 영상마커	배관 내시경 위치파악과 영상마커를 이해할 수 있다.			

학습 4

평가 방법

• 작업 포트폴리오

학습내용	평가항목	성취수준		
		상	중	하
배관 내시경 위치파악과 영상마커	배관 내시경 위치파악과 영상마커를 이해할 수 있다.			

• 필기시험

학습내용	평가항목	성취수준		
		상	중	하
배관 내시경 위치파악과 영상마커	배관 내시경 위치파악과 영상마커를 이해할 수 있다.			

• 체크리스트를 통한 관찰

학습내용	평가항목	성취수준		
		상	중	하
배관 내시경 위치파악과 영상마커	배관 내시경 위치파악과 영상마커를 이해할 수 있다.			

• 피드백

1. 작업 포트폴리오
   - 제출한 보고서를 평가한 후 주요 사항에 대하여 표시하여 돌려준다.
2. 필기시험
   - 평가 결과 성적이 저조한 학생은 보고서 제출 기회를 부여한다.
3. 체크리스트를 통한 관찰
   - 실습 과정에서 평가한 후 개선해야 할 사항 등을 정리하여 돌려둔다.

참 | 고 | 문 | 헌

1. https://luckygg.tistory.com/27
2. ㈜대우건설. (사)대한건축학회(2012). 『건축기술지침 Rev.1(기계)』. 도서출판 공간예술사.
3. (사)대한건축학회(1995). 『건축설비』. 기문당.
4. 건축설비용어사전 편집위원회(1994). 『건축설비용어사전』. 기문당.
5. 박영순(2000). 『건축기계설비일반시공』. 도서출판 세진사.
6. 박종일 · 서기원 공저(1999). 『건축설비 설계』. 도서출판 세진사.
7. 한국종합건설 기계설비협의회(2014). 『설비 시공 개선 사례집』. 한국종합건설 기계설비협의회.
8. 00건설 건축기전팀(2011). 『일반배관작업지침』.별첨 품질관리기준.
9. 강동우 · 강민구 · 정해진 · 남상엽. "스마트 시티형 다굴절 오배수관용 Push Rod 및 무선 영상전송 플랫폼," 2019년도 한국인터넷정보학회 추계학술발표대회 논문집 제20권2호, 2019.11.02
10. 정해진(2019.09.04). "다굴절 파이프 라인의 내부 검사를 위한 내시경 장치," 대한민국특허출원번호 (10-2019-0115051)
11. 설동현 외(2019). "DDVS 기법을 활용한 일반 구조용 탄소강관 및 강재 파이프 서포트 영상기반 변위 계측," 대한건축학회연합논문집, 21권, 1호
12. 남명우(2008). "EMD를 이용한 초음파 비파괴 평가용 3차원 영상처리 소프트웨어 개발," 한국산학기술학회 9권6호
13. 강민구 · 남상엽 · 정해진 · 전준철(2019.10.31). "배관 네비게이션 시스템 및 이를 이용한 배관 네비게이팅 방법," 대한민국특허출원번호(10-2019-0137843),
14. https://smartits.tistory.com/108 [Smart ITs]
15. 위키백과

학습 1	배관 내시경의 개요
학습 2	배관 내시경 검사와 판독
학습 3	배관 영상과 지능형 영상 분석
학습 4	배관 내시경 위치파악과 영상마커
학습 5	**산업용 내시경 동향**
학습 6	배관시공의 도면과 재료
학습 7	배관공구와 배관작업
학습 8	배관시공 상태 및 누설검사
학습 9	배관의 점검 및 시운전
학습 10	배관의 유지보수
학습 11	배관의 시공 및 안전
학습 12	배관의 비파괴 감사기술

학습 목표

1. 산업용 내시경의 동향을 이해할 수 있다.

5-1 산업용 내시경의 개요

1. 산업용 오·배수관 내시경의 특징

산업용 내시경(Endoscope)은 '파이버스코프(Fiberscope)'라 불리는 내시경의 형태는 직경 10~20미크론의 유리섬유를 10만 개 이상 묶인 것으로 이 섬유의 끝에 연결된 카메라를 통해 인체 내부의 상태를 화상으로 전달할 수 있게 되어 있다.

산업용으로는 사람이 출입할 수 없는 기계 및 장치 후면의 육안검사를 하기 위하여 플랙시블관 끝에 유리를 부착, 조명을 비추어 관찰범위 내에서 사용한다.

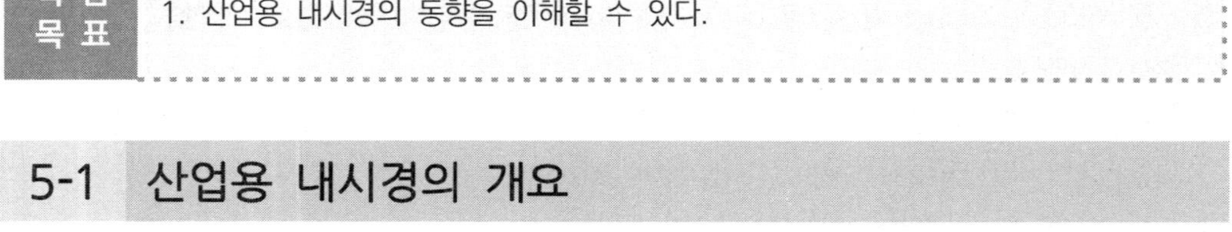

[그림 5-1] 다굴절 배관 내시경 케이블의 연결과 LED/카메라 활용 및 구조도

최근의 산업용은 반사경 관찰범위의 한계극복 및 편리성을 위하여 고해상도의 초소형 카메라를 약 20~50m길이의 PVC코팅된 파이버 글래스(Fiberglass) 케이블 끝단에 연결시켜 모니터에 영상을 전달 및 저장하는 형태의 산업용내시경으로 대중화 되어 있다.

배관 내시경의 주요시장은 산업체 기계점검용 그리고 차량엔진 사용으로 사용되어 왔으며 생활오폐수 및 우수배관 막힘 공사에서 내부 관찰용으로 사용된다.

[그림 5-2] 국내외 배관 내시경용 장비와 케이블

〈표 5-1〉은 배관 내시경용 제품의 규격과 특징비교로써 산업용 배관 내시경의 끝단에 LED조명이 내장된 소형카메라를 PVC코팅 파이버 글래스 케이블에 연결하여 조명 조절장치와 영상 저장장치가 내장된 콘트롤러를 통과하여 소형 액정 모니터와 연결된 구조이다.

〈표 5-1〉 배관 내시경용 제품의 규격과 특징비교

제조사(국가)	제품명	제품별 영상규격과 케이블 특징
RIGID (USA)	SeeSnake Mini Video Inspection System	Pipe Size : Φ40~150mm 카메라 : 648×488(NTSC), 648×576(PAL) Illumination : 6pcs LED Push 케이블 : Φ6.0mm×30m Push Core : Φ3.0mm Fiber Glass
FiberScope (USA)	FDR-X3000	Ø 23mm(1.0″) Standard 카메라 해드 High-resolution Color CCD 카메라 with a Scratch-proof Sapphire Glass Lens Illumination: 12pcs Super White LED Lights 9″ TFT LCD Display in a Waterproof Case Image (JPEG) / Video (AVI) File Recording Video Output to a TV 모니터 SD Memory Card for File Capture Push 케이블: Φ6.0mm-20meter

제조사(국가)	제품명	제품별 영상규격과 케이블 특징
지앤지테크 (한국)	G700S	7" TFT Color 모니터(720×480(NTSC), 720×576(PAL) 동영상, 사진 저장기능 Push 케이블: Φ7.0mm-30meter
China	PS-IEC7040	7" TFT Color 모니터, 800×480/30(fps) Illumination : 12pcs LED 화각 : 100° 이미지/동영상포맷 : JPS/ASF Push 케이블 : Φ3.6mm~20/30/40/50m(선택)

2. 산업용 오ㆍ배수관 내시경의 구성

〈표 5-2〉 산업용 배관 내시경 사양

항 목	내 용
Charger	AC 100~240V DC12.6V 1000MA
Battery	리티움 배터리 12V 4500MA
배터리 연속 사용 시간	약 6시간
투입 깊이	20m(라인 길이 선택 가능)
재료	높은 강도의 광튜브
카메라 광 소스	고휘도백색 6LED
카메리 동작 전압	3.3V
광원 동작 전압	12V
방 수	IP68
카메라 재질	스테레스 강
카메라 보호 커버 재질	강 철
카메라 가시 거리	약 2~200Cm
카메라 사진	컬 러
동작 온도	-20°~60℃
저장 온도	-50°~60℃
알루미늄 박스 크기	390×320×150mm
패키지 크기	410×369×160mm
스위치보드 네트 중량	4.5Kg
패키징 기계 중량	5Kg

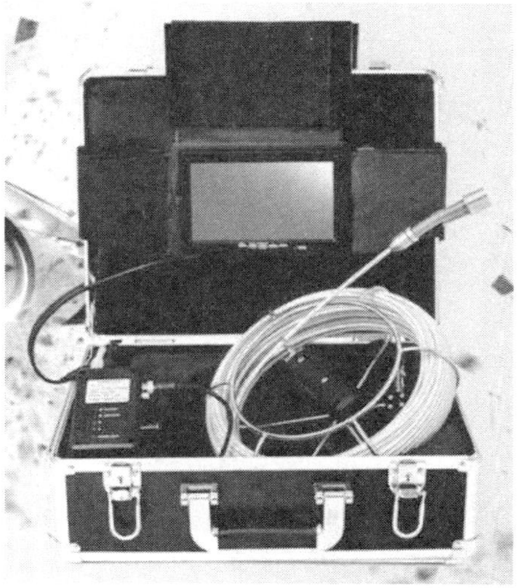

[그림 5-3] 산업용 배관 내시경 시스템

1) 카메라

카메라는 스텐리스강의 외관과 금속외관으로 되어 있다.

[그림 5-4]는 ① Metal Contact Chip, ② 스프링(Spring), ③ 고휘도 백색 LED, ④ 카메라 렌즈로 구성되어 있다.

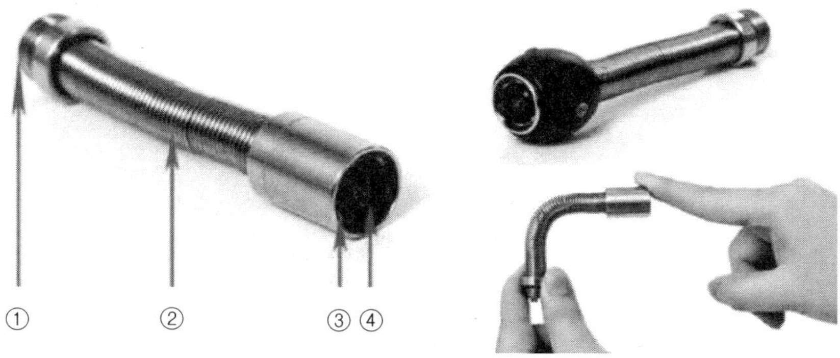

[그림 5-4] 카메라의 구성

2) 코일(Coil)

[그림 5-5]처럼 코일은 ① 카메라 선 인터페이스, ② 코일박스에 연결 코일 플러그, ③ 손잡이(Hand Shank), ④ 코일(Coil) ⑤ 광섬유 로브 케이블(Fiberglass Rob Cable)로 구성되어 있다.

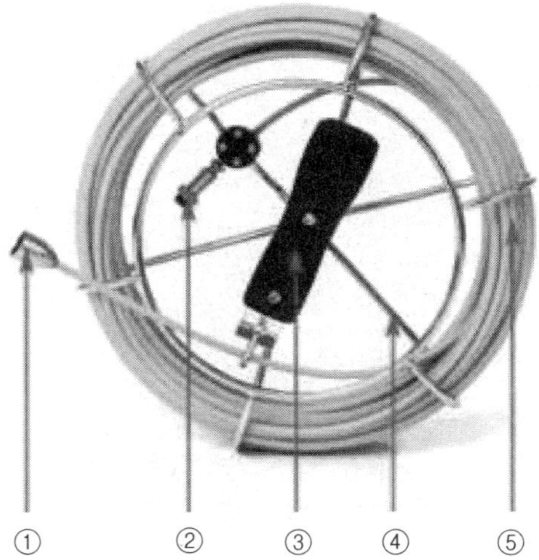

[그림 5-5] 코일

3) 코일 박스

[그림 5-6]처럼 코일 박스는 ① 모니터 비디오(Monitor Video), ② 모니터의 전원(Power of Monitor), ③ 인접코일 플러그(Adjacent Coil Plug), ④ AV 출력(Output), ⑤ 배터리 표시기(Battery Indicator), ⑥ 충전을 위한 전원입력(Power input for charger), ⑦ 백색광 LED를 위한 광도 조절기(Light-degree Adjustment for White light LED), ⑧ 전원스위치(Power Switch), ⑨ Power Light으로 구성되어 있다.

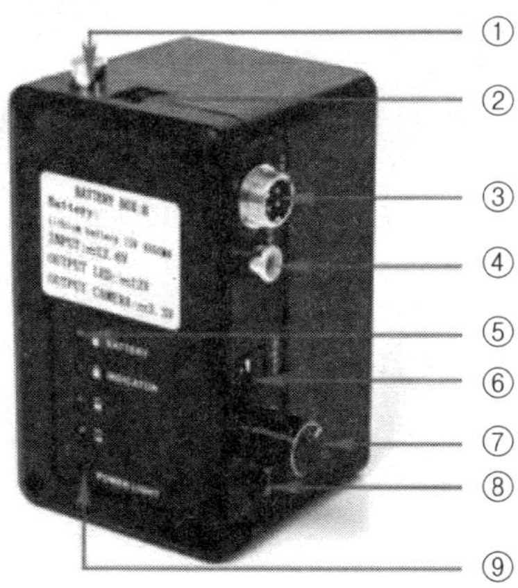

[그림 5-6] 코일박스

4) 시스템 설치과정

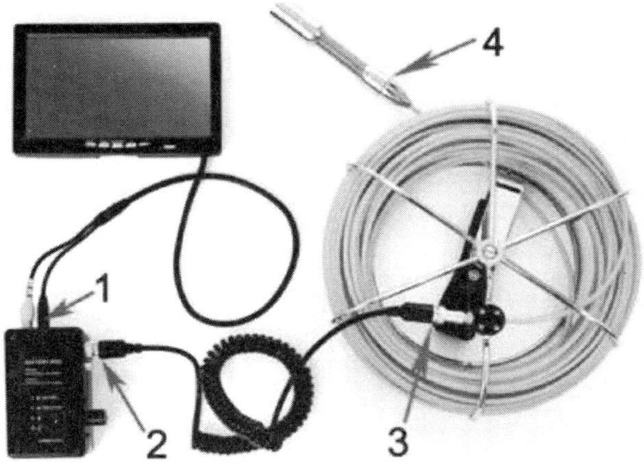

[그림 5-7] 산업용 배관 내시경 시스템 설치순서

학습 5

5-2 산업용 배관 내시경의 기술현황

1. 산업용 오·배수관 내시경의 주요기술

1) 컨트롤러(모니터링, DVR, 컨트롤러)

① 산업현장의 거친 환경에 적합한 HPX소재 채택, 휴대, 이동에 편리한 가방 형태

② 8″ 산업용 모니터로 모니터링과 동시에 동영상녹화 및 사진 촬영, 동작감지 녹화 가능

③ 영상저장 품질 720X480 D1급 이상, SD카드 4GB 연속녹화 4시간내외

④ PC에서 보고서로 편집시 압축화상의 손실율 최소화

⑤ 본사 카메라인 IRC-500, 400, 230, 120, 800, 550을 장착하여 사용이 가능하며 타사의 내시경 카메라도 호완이 가능함(단 LED 조명은 항상 Maximum 유지)

⑥ 용도에 맞는 변경, 기구물 추가 등 특수제품 주문제작 가능하고 OEM 제작도 가능함

⑦ Li-Ion 배터리 내장으로 3시간 내외 전원 공급없이 촬영 가능

2) 모니터 영상 디스플레이

항 목	사양내용
화면 크기(Screen Size)	8″ TFT Monitor LED Backlight
화면 밝기(Brightness)	500cd/m^2
해상도(Resolution)	NT 720*480, PAL 720*576
비디오 포맷(Video Format)	MPEG4/AVI
사진 포맷(Picture Format)	AI, JPEG
화이트 밸런스(White Balance)	4G(up to 32G) Micro SD
정격전압(Rated Voltage)	DC 12V
영상출력(Video Out)	BNC,RCA
크기(Dimension)	220mm×60mm×140mm(WXDXH)
중량(Weight)	1.9KG

2. 산업용 내시경의 애로 및 개선

〈표 5-3〉처럼 종래의 산업용 배관 내시경에 의한 관찰의 불편함과 구조적 모순을 볼 수 있다. 그러므로 이러한 고장으로 인한 비효율과 구조적 모순을 개선을 통하여 다굴절 오 · 배수관 내부 검사용 퓨시 로드(Push Rod) 및 영상 모니터링 시스템을 통하여 이러한 부분을 개선할 수 있을 것이다.

〈표 5-3〉 종래의 산업용 내시경의 비효율 및 모순

항 목	비효율 및 모순
배관 종류에 따른 관찰 작업	관찰작업의 비효율성
카메라 및 케이블의 배관 내부 삽입/배출	관찰 영상의 오판 및 해석
번거로운 사용 및 작동	작업자의 노동력 소모
내구성의 한계	잦은 고장으로 관찰 작업 중단에 의한 비용손실 및 수리비용 부담

〈표 5-4〉처럼 공동주택 오 · 배수관의 특성에 맞는 관찰목적과 관찰작업의 효율적인 능력을 발휘할 수 있는 Camera와 Cable을 최적의 조합으로한 구조 설계가 필요하다. 즉, 관찰 작업중 발생하는 기구적 내구성을 최대화가 필요하다.

〈표 5-4〉 오 · 배수관 관찰작업현장의 애로점 및 개선

항 목	관찰작업자의 애로사항	개선사항
옥상 입상관	• Camera - Illumination : 어두운 조명 - Working Distance : 짧은 초점 • Cable - 인장강도 : 늘어짐에 의한 단선 및 합선 - 삽입/배출 : 삽입부의 높은 마찰력	• Camera - Illumination : LED추가 장착 - Working Distance : 적절한 초점 • Cable - 높은 인장력과 내구성을 갖춘(Canare/일본산)한국산 Cable 개발
오 · 배수용 배관	• Camera와 Cable의 삽입/배출 작업중 배관내부 저항으로 연결부의 늘어짐에 의한 영상전원선의 단선 • 직진성이 강한 Fiberglass Cable의 다굴절 배관 내부에서의 물리적인 한계	Stainless Spring Cable의 시제품 제작으로 상용화
지하횡관	지하실 상부에 위치한 횡관의 관찰 작업 환경에 의한 상부 배관위치(높이 : 약 3m)까지 오르내림을 위한 필수 장비사용과 추락의 위험성 호소	3층의 입상관을 통하여 지하횡관까지 Camera와 Cable을 삽입할 수 제품개발

공동주택의 배관 종류에 따른 관찰 환경에 부합할 수 있는 조명장치와 Lens의 초점을 Camera설계에 반영하여 최적의 영상품질과 내구성을 갖춘 제품 제작 및 기술 개발이 절대적으로 필요하다.

5-3 산업용 배관 내시경의 응용현황

1. 산업용 오 · 배수관 내시경의 현황

배관공사의 특성상 각 층을 통과하는 각종 입상 수직관의 연결부를 포함한 바닥 내부에 묻혀는 있는 오 · 배수관의 연결부 불량, 미세한 균열, 파손이 발생하는 경우는 누수의 대부분이 즉시 표면에 나타나지 않고 공동주택의 누수로 인한 목재마루 바닥이나 가구 손상 및 천정과 벽지의 얼룩에 의한 피해를 주는 원인이 된다.

대형건설사들은 배관공사 시공 후 모든 배관내부 상태를 촬영 · 녹화하여 저장 데이터를 제출하도록 하여 관련 설비업체와 시공업체가 고가 외산 산업용내시경

으로 배관검사를 한다.

최근에는 대형건설사 'P'건설사는 오·배수관의 많은 하자로 막대한 경제적 손실은 물론 브랜드 이미지에 부정적 영향을 받아, 배관검사 필수를 내규로 정하여 신축 공동주택 모두에 적용하고 있다. 또한 모든 대형건설사 대부분이 배관 공사 후 관로 내부검사를 행하고 있어 여기에 관련된 설비업체와 시공업체에서도 배관 검사용 장비구입이 필수가 되어 수요가 빠르게 증가하고 있다.

〈표 5-5〉 주요 건설업체 내시경 검사 시행현황

건설업체	내시경 검사 범위		적용 시기
	입상관	횡주관	
삼성건설	O	O	'13년부터 시행 중
현대건설	X	O	'10년부터 시행 중
대림건설	O	X	'14년부터 시행 중
현대산업개발	O	O	'18년부터 시행 중
포스코건설	O	O	'17년부터 시행 중
GS건설	O	X	'08년부터 시행 중
대우건설	O	O	'18년부터 시행 중

2. 산업용 오·배수관 내시경의 성능확보 방안

오·배수 및 우수의 세대 내 역류사고 예방을 위해 배관내 이물질 유입 여부 확인과 원활한 배수성능 확보 방안을 마련한다. 즉 배관 내부 내시경 검사, 배수성능 확인 검사, 선제적 하자 예방 조치 등이다.

1) 배관 내부 내시경 검사

① 검사계획 : 수급인은 내시경 검사시행 계획서를 검사 10일전 전까지 감독자에게 제출

② 검사시기 : 세대 내 욕실, 발코니 및 현관 등 타일공사 완료후 준공 10일 전까지 완료

③ 검사범위 : 全동 오수, 배수, 우수 입상 배관(전체구간) 및 지하연결 횡지관 접속부로 부터 1m구간

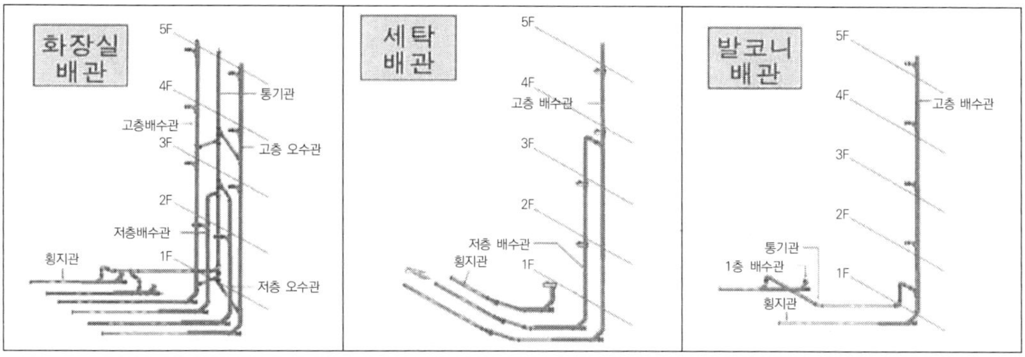

[그림 5-6] 검사범위 예시

〈표 5-6〉 입상배관 수 예시

유 형	계단식	복도식
평 면	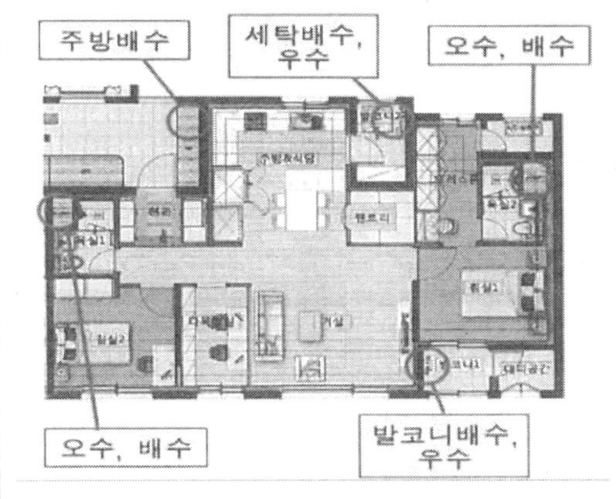	
배관수	9가닥(기준층)	5가닥(기준층)

④ 검사방법

- 검사주관 : 건 · 기 · 토 수급인(기계 주계약자 해당지구는 기계 수급인)
- 검사방법 : 내시경 카메라를 이용하여 배관내부 이상여부 조사
  - 이물질 유무 및 막힘 여부 확인
  - 배관손상, 부속체결 불량 등 이상여부 확인
- 배관 내 이상 발견시 조치후 재검사 실시
  - 재검사 비용은 수급인이 자체부담

⑤ 적용방법 : 기계공사 발주내역에 반영, 기 발주지구는 현장설계변경

2) 배수성능 확인 검사

① 검사계획 : 수급인은 배수성능 검사 계획서를 검사 10일 전 까지 감독자에게 제출

② 검사시기 : 조경 준공 후 즉시 시행

③ 검사범위 : 동호 라인별 오수, 배수관(세대-옥외맨홀까지) 및 우수관 全세대

④ 검사방법 : 건기토 수급인 주관

- 오 · 배수관 : 검사단위(6~10개층)별 분할하여 검사 시행
- 우수관 : 옥상 드레인마다 물 50L 이상 일시배수 후 확인

⑤ 적용방법 : 공가관리원 포함 추가 인건비 및 수도료 공가관리비 책정

⑥ 검사절차

위치별 검사인력 및 장비 배치	배치인력 : 총괄 1인, 검사세대당 1인, 옥외맨홀 1인, 동피트 1인(현장 여건에 따라 조정 가능) 검사장비 : 무전기(인원수), 카메라(휴대폰 가능)
⇩	
검사시행	해당 오 · 배수관 유입 옥외맨홀 뚜껑 개방 해당세대 내 욕실, 주방, 발코니 등 수전 전체 개방 검사단위 별 세대 내 욕실 양변기 일시 배수 * 총괄자는 무전신호를 통해 각 세대 배치 인력에게 작업 지시
⇩	
이상유무 확인 및 재검사	세대 배치인력은 각 배수구의 배수상태 및 양변기 역류 등 이상여부 확인 (이상 발생 시 조치 후 재검사 및 조치전 · 후 사진 및 동영상 촬영)
⇩	
결과 기록	옥외 맨홀 배치인력은 맨홀 배수 이상여부 확인 후 사진 및 동영상 촬영

3) 선제적 하자예방 조치

(1) 설계단계 조치(설계기준 개선 등)

① 배관설계 : 오 · 배수 및 우수 횡주관 관로 설계 시 굴곡 개소를 최소화 하고, 배관길이, 굴곡 개소 및 구배 등 고려한 관경 선정

② 기준개선 검토 : 배관막힘에 의한 역류하자 사전 확인 · 조치 가능한 부속 사용 등 기준 개선 관로 굴곡개소 최소화 및 배관길이 등 고려한 관경 선정 등

(2) 시공단계 수급인 조치

① 입상관과 지하 수평배관 연결부속(엘보) 체결을 세대 타일, 도기 등 습식공사 완료 후 시행(기존 지하배관 작업 시 체결)

② 지하층 배관 전 구간에 대하여 구배 적정여부(1/100 이상) 확인 후 결과를 감독자에게 제출

③ 공사 중 몰탈, 쓰레기 등 이물질을 배수구 및 오수배관(양변기 포함)에 투입하지 않도록 기능공 교육 및 관리 철저

④ 준공 및 입주청소 시 배수구(트랩) 내 · 외부 이물질 제거 확인 철저 : 지하배관 연결시기 조정, 구배 적정여부 확인, 배수관 이물질 투입방지 교육, 관리 및 준공청소 시 이물질 제거

학습 5

(3) 입주이후 조치

① 수급인 원인으로 역류하자 발생에 따른 집단민원, 언론보도 등의 경우 해당 수급인 제재조치(품질미흡통지서, 벌점부과 등)

※ 건설기술진흥법 시행령

가. 건설업자, 주택건설등록업자 및 건설기술자에 대한 벌점 측정기준

번 호	주요부실내용	벌 점
1.5	배수상태의 불량 - 배수구의 관리가 불량한 경우	1

4) 적용시기 및 예산

① 문서시행일 이후 全 지구, 단 내시경 검사는 토목준공일 이전지구, 배수성능 확인 검사는 입주개시일 15일 이전지구 적용

② 소요예산 : 연간 12억원(내시경 : 9.6억원, 배수성능 확인 : 2.5억원)

5-4 산업용 배관 내시경의 미래

1. 산업용 배관 내시경의 미래

1) 산업용 로봇 배관 내시경

엘보 마스터(Elbow Master)는 배관 내 검사 시스템으로 배관 내의 부식, 마모 등의 배관 내면 상태를 검사하는 로봇이다. 배관의 재질이나 형상에 관계없이 배관 내부를 자유로이 주행할 수 있어 소형, 경량이면서 카메라의 영상으로 배관 내를 관찰할 수가 있다. 이 엘보 마스터는 내경 φ350~φ600mm의 연속적인 변화에 대응할 수 있고, 엘보 부에서 주행 및 회전도 가능하다.

자율형 배관검사 로봇은 배관 상의 장애물 검출 센서, 온도 센서, 카메라, 머니풀레이터(Manipulator) 등을 탑재하고 있다. 이 배관검사 로봇을 대상으로 하여 인간 조작자에 의해 배관 상의 검사지점이 지정되면 그 검사지점까지의 최적 이동경로 및 로봇이 배관 위를 이동하기 위한 기본 제어명령의 생성과 온도 센서, 카메라 등에 의한 메타 지시 값 등의 시각정보에 따라 검사결과를 이상으로 판단했을 경우에 그 원인 추정을 하기 위한 센싱 플래닝(Sensing Planning) 전문가 시스템을 구축한다.

미국 MIT에서는 연구원들이 지하 배관을 돌아다니면서 균열과 부식을 탐색하는 작은 달걀 모양의 로봇을 개발하였는데, 이 로봇은 카메라를 갖추고 있어 실시간으로 이미지를 전송할 수 있다. MIT의 Asita 교수와 그의 연구 팀은 로봇에 무선 수중 통신장치를 탑재하여 레이저로 100m 거리까지 실시간으로 이미지를 전송하고 있다. 또한, 연구팀은 로봇이 정지된 상태에서 카메라가 좌우상하로 움직일 수 있는 팬 앤드 틸트(Pan and Tilt) 안구 메커니즘을 개발하였다.

종래의 배관검사는 수동으로 내시경을 배관 내부에 진입시켜 육안검사를 하거나 결함이 예상되는 부분의 외부에서 X-선, 초음파를 이용하는 방식이었다. 하지만 이러한 방식은 정확성이 떨어지고 검사 거리가 짧아 검사 범위가 한정되는 단점이 있었다. 그런데 우리나라의 원자력연구원은 원자력 융합기술 개발부 김승호 박사 팀이 화력발전소 배관 내부에 존재하는 1mm 이하의 이물질, 파임, 돌출 등 미세 결함을 탐지할 수 있는 비파괴 검사 로봇을 개발하였다.

수행 내용

재료 · 자료

- 산업용 내시경의 동향 관련 자료

기기(장비 · 공구)

- 컴퓨터, 프린터, 주변기기

안전 · 유의사항

- 컴퓨터 및 주변기기의 전원을 관리한다.

학습 5

수행 순서

01 오·배수관 등 배수성능 확보방안에 따른 공사비에 대하여 분석하라.

1. 검사비용 산출

1) 내시경 검사비용 : 계단식(14,400천원), 복도식(10천원/단지)

* 산출기준 : (계단식) 800호, 20층, 4호조합, 10개동
(복도식) 800호, 20층, 8호조합, 5개동 기준으로 산출

(1) 입상 배관 내시경 촬영 비용(호당 단가)

구 분		적용 단가(호당)	비 고
계단식	16층 이상	14,570	'신규일위대가', '비용산출근거'시트 참조
	15층 미만	14,010	
복도식	16층 이상	8,250	
	15층 미만	7,910	

* 세대당(계단식)18천원, (복도식)10천원 예상(간접비 30% 포함)

2) 배수성능확인 검사비용 : 계단식(3.7백만원/단지), 복도식(2.3백만원/단지)

* 산출기준 : (계단식) 800호, 20층, 4호조합, 10개동,

(복도식) 800호, 20층, 8호조합, 5개동 기준으로 산출

(1) 검사비용

① 인건비 : (계단식) 3,308천원/단지, (복도식) 2,067천원/단지

② 수도료 : (계단식) 397천원/단지, (복도식) 264천원/단지

(2) 인건비 산출근거

<table>
<tr><th rowspan="2">구 분</th><th rowspan="2">필요인력</th><th colspan="2">투입인력(비용)</th></tr>
<tr><th>공가관리원
(직영인부)</th><th>추가인력</th></tr>
<tr><td>계단식(800호)
20층, 4호조합,
10개동</td><td>(1일투입인력)10명
(총괄1인은 수급사)
(총작업량)4라인×10개동
=40개라인
(소요일수)4일(1일 10개라인)</td><td rowspan="2">800호/300
=3명/일
(기준 : 300세대당
1인)</td><td rowspan="2">7명/일 추가필요(공가관리원
3인 제외)
⇒계단식 : 보통인부 기준 4일
투입시
7×4×118,130
=3,307,640원 소요
⇒복도식 : 보통인부 기준 2일
투입시
7×2.5×118,130
=2,067,275원 소요
(보통인부 노임 : 118,130원)</td></tr>
<tr><td>복도식(800호)
20층, 8호조합,
5개동</td><td>(1일투입인력)10명(총괄1인은
수급사)
(총작업량)4라인×10개동
=40개라인
(소요일수)25일(1일 15개라인)</td></tr>
</table>

(3) 수도료 산출근거

구 분	수도량	수도료
계단식(800호) 20층, 4호조합, 10개동	0.3톤/세대	800호x0.3x1,653원=396,720원/단지
복도식(800호) 20층, 8호조합, 5개동	0.2톤/세대	800호x0.2x1,653원=264,480원/단지

2. 연간 추정 공사비

2018년 준공 83개단지(계단식 41개, 복도식42개)기준

① 공분, 공임 : 41개단지, 34,769호(계단식)

② 장기 임대 : 42개단지, 29.626호(복도식)

⇒ 총금액 : 9.6억원(내시경)+2.5억(배수성능)=12.1억원

02 오·배수관 및 우수관의 배수성능 확인에서 검사단위 선정과 검사방법에 대하여 분석하라.

1. 검사단위 선정

현장 실사결과 및 동시사용율을 고려하여 검사시행은 동 전체 층수의 40% 내외 층수를 검사단위로 라인별 2~3차 분할 시행

층 수		15층 이하	16~18층	19~21층	22~24층	25~29층
검사단위		6개층	7개층	8개층	9개층	10개층
검사차수	1차	1~6층	1~7층	1~8층	1~9층	1~10층
	2차	7~12층	8~14층	9~16층	10~18층	11~20층
	3차	13층 이상	15층 이상	17층 이상	19층 이상	21층 이상

☞ 검사단위 층수는 최소 6개층으로 하며, ±1개층 조정하여 검사차수 축소 가능

2. 검사방법

1) 오·배수관 검사방법

구 분	검사방법	확인사항
배수관	검사단위 별 세대 내 욕실, 주방, 발코니 등 전체 수전 OPEN	• 각 검사세대 배수구, 양변기 역류 등 이상여부 확인 • 지하층 배관 누수여부 육안 확인 • 옥외맨홀 유입수 육안확인
오수관	검사단위 별 세대 내 양변기 일시 배수	

2) 우수관 검사방법

구 분	검사방법	확인사항
우수관	동 옥상 각 우수 드레인마다 물 50L 이상 일시배수	• 각세대 역류 등 이상 유무확인 • 옥외 맨홀 유입수 육안 확인(사진 및 동영상활용)

학습 5

03 배수성능 확인검사 현장조사결과 사례에 대하여 분석하라.

1. 시흥 00 지구

지구현황	15층에서 29층까지 구성		
검사방법	전체층의 약 1/3개층 단위로 3차 분할 검사시행		
검사결과	29층 동의 10개층 동시 배수 검사시 3층 세대에서 양변기 역류하여 지하오수관 해체후 확인한 결과 배관 막힘 발견		
관련사진	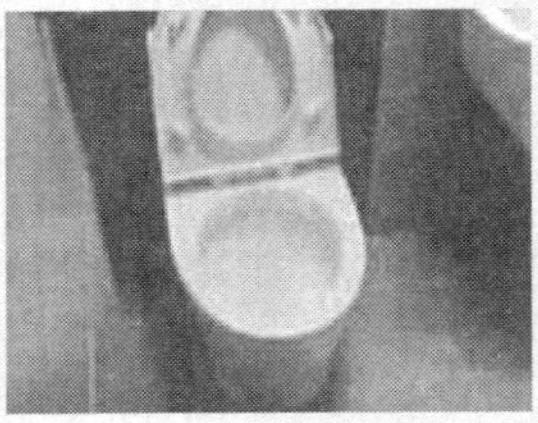		
	양변기 역류	배관막힘(몰탈)	엘보부위 막힘

2. 창원 00지구

지구현황	15층 동일층으로 구성		
검사방법	10개층, 6개층 단위로 검사시행		
검사결과	- 10개층 단위 검사 시 1층세대 양변기 역류,발코니 배수불량 ⇒ 배관내부 확인시 이상없음(배수 과부하로 검사단위 과다판단) - 6개층 단위로 재검사 시 양변기, 발코니 배수 등 이상없음		
관련사진			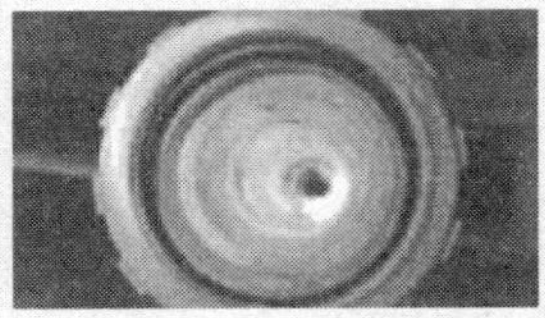
	양변기 역류	발코니 배수불량	배관내부 확인

3. 대구 00지구

지구현황	12층에서 15층으로 구성		
검사방법	6~7개층 단위로 검사 시행		
검사결과	6~7개층 단위로 검사 시행 시 양변기,발코니 배수 등 이상없음		
관련사진			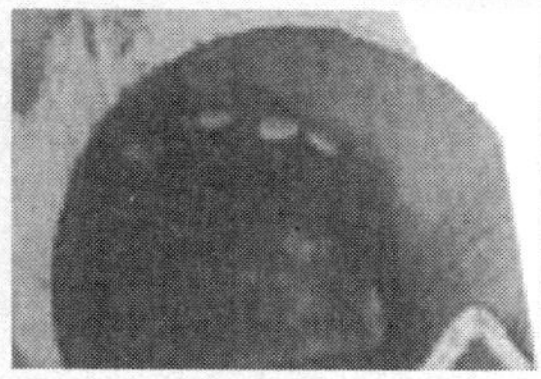
	양변기 이상없음	발코니배수 이상없음	맨홀 배수유입 확인

04 배수 부하(동시 사용율) 검토에 대하여 분석하라.

① 이 검사가 여러 세대가 동시에 배수하는 극한 테스트인 점을 감안하여 동시사용율을 고려한 검사단위 선정이 필요하다.

② 배수관 관경 선정시 기구별 동시사용율을 적용 한 가구별 배수부하단위(FU)값을 누계하여 구간별 유량에 따른 관경 선정한다.

③ 욕실 등 환기용 AD설계 시 약 40%의 동시사용율 적용하고 있음을 감안하여 오·배수관 검사단위 선정 시 동시가용율 40% 적용이 적정하다.

학습활동.5 교수 · 학습 방법

교수 방법

- 산업용 내시경 동향에 대한 관련 용어, 구성, 방식 이해 정도를 파악한 후 수업을 진행한다.
- 교수자의 주도로 산업용 내시경 동향 등의 내용을 PPT 자료로 제시한 후 설명한다.
- 가능하면 사전에 개인별 학습 자료를 준비하여 모든 학생이 참여할 수 있는 문제 해결식 수업, 협력 수업이 가능하도록 한다.
- 산업용 내시경 동향 전 과정을 작업의 순서에 따라 단계적으로 실습이 이루어질 수 있도록 지도한다.
- 교재를 통해 수업을 준비하는데 있어서 필요한 모든 정보나 팁, 힌트 등 도움이 될 만한 내용들을 확인할 수 있다.
- 학생들이 만들게 될 각 모델들은 수업시간에 중점적으로 다뤄질 부분과 어휘, 질문, 답을 포함하고 있으며 또한 탐구할만한 추가적인 아이디어들도 포함하고 있다.

학습 방법

- 산업용 내시경 동향에 대한 관련 용어를 숙지하고, 산업용 내시경 동향에 대해 이해한다.
- 산업용 내시경 동향의 각 단계별 중점 사항을 체계적으로 학습한다.
- 산업용 내시경 동향의 수행순서의 전 과정을 실습한다.
- 산업용 내시경 동향의 내용을 이해한다.
- 산업용 내시경 동향을 이해하고 숙달이 될 때까지 학습한다.

학습활동.5 평가 및 피드백

평가 준거

- 평가자는 피평가자가 수행 준거 및 평가 내용에 제시되어 있는 내용을 성공적으로 수행할 수 있는 지를 평가해야 한다.

학습내용	평가항목	성취수준		
		상	중	하
산업용 내시경 동향	산업용 내시경 동향를 이해할 수 있다.			

평가 방법

• 작업 포트폴리오

학습내용	평가항목	성취수준		
		상	중	하
산업용 내시경 동향	산업용 내시경 동향를 이해할 수 있다.			

• 필기시험

학습내용	평가항목	성취수준		
		상	중	하
산업용 내시경 동향	산업용 내시경 동향를 이해할 수 있다.			

• 체크리스트를 통한 관찰

학습내용	평가항목	성취수준		
		상	중	하
산업용 내시경 동향	산업용 내시경 동향를 이해할 수 있다.			

• 피드백

1. 작업 포트폴리오 - 제출한 보고서를 평가한 후 주요 사항에 대하여 표시하여 돌려준다. 2. 필기시험 - 평가 결과 성적이 저조한 학생은 보고서 제출 기회를 부여한다. 3. 체크리스트를 통한 관찰 - 실습 과정에서 평가한 후 개선해야 할 사항 등을 정리하여 돌려둔다.

참 | 고 | 문 | 헌

1. https://luckygg.tistory.com/27
2. ㈜대우건설 · (사)대한건축학회(2012). 『건축기술지침 Rev.1(기계)』. 도서출판 공간예술사.
3. (사)대한건축학회(1995). 『건축설비』. 기문당.
4. 건축설비용어사전 편집위원회(1994). 『건축설비용어사전』. 기문당.
5. 박영순(2000). 『건축기계설비일반시공』. 도서출판 세진사.
6. 박종일 · 서기원 공저(1999). 『건축설비 설계』. 도서출판 세진사.
7. 한국종합건설 기계설비협의회(2014). 『설비 시공 개선 사례집』. 한국종합건설 기계설비협의회.
8. 00건설 건축기전팀(2011). 『일반배관작업지침』.별첨 품질관리기준.
9. 강동우 · 강민구 · 정해진 · 남상엽(2019.11.02). "스마트 시티형 다굴절 오배수관용 Push Rod 및 무선 영상전송 플랫폼," 2019년도 한국인터넷정보학회 추계학술발표대회 논문집 제20권2호.
10. 정해진(2019.09.04). "다굴절 파이프 라인의 내부 검사를 위한 내시경 장치," 대한민국특허출원번호(10-2019-0115051).
11. 설동현 외(2019). "DDVS 기법을 활용한 일반 구조용 탄소강관 및 강재 파이프 서포트 영상기반 변위계측," 대한건축학회연합논문집, 21권, 1호.
12. 남명우(2008). "EMD를 이용한 초음파 비파괴 평가용 3차원 영상처리 소프트웨어 개발," 한국산학기술학회 9권6호.
13. 강민구 · 남상엽 · 정해진 · 전준철(2019.10.31). "배관 네비게이션 시스템 및 이를 이용한 배관 네비게이팅 방법," 대한민국특허출원번호(10-2019-0137843).

학습 1	배관 내시경의 개요
학습 2	배관 내시경 검사와 판독
학습 3	배관 영상과 지능형 영상 분석
학습 4	배관 내시경 위치파악과 영상마커
학습 5	산업용 내시경 동향
학습 6	**배관시공의 도면과 재료**
학습 7	배관공구와 배관작업
학습 8	배관시공 상태 및 누설검사
학습 9	배관의 점검 및 시운전
학습 10	배관의 유지보수
학습 11	배관의 시공 및 안전
학습 12	배관의 비파괴 검사 기술

학습 목표

1. 배관시공의 도면과 재료를 이해할 수 있다.

6-1 배관의 종류와 재질

배관의 종류에는 온수배관, 난방배관, 오·배수배관, 소화배관, 냉방배관 등 종류가 많다. 배관의 재질은 금속관인 강관, 동관, 스텐레스관, 엑셀(xl)관과 비금속관인 PVC관, PB관, 메타폴관 등으로 구분한다.

1. 강 관

강관은 수도관, 소화관, 가스관, 난방관 등으로 가장 많이 쓰이고 여러 장소에 사용하고 현장 시공이 용이하며 내구성이 좋다.

〈표 6-1〉 강관의 종류

강관의 종류	사용처
백 관	수도관(아파트 입상), 소화관, GAS관
흑 관	난방용 등

부식으로 인한 녹물 및 스케일, 물때 등 오염이 잘되는 수도관으로 발생전에 미리 정기적인 청소를 하는 것이 좋다. 1994년도 이후 사용이 금지된 아연도강관의 경우 아직도 그 분포가 많은 상태이며, 부식도가 높아 더욱 세심한 관리를 필요로 한다.

[그림 6-1] 강 관

2. 동 관

동관은 열전도율이 좋아 열교환기용이나 난방코일에 많이 사용되나, 외부 충격에 약하고 수축팽창이 심하고 숙련된 기술자의 용접이나 작업이 요구되고 굵기와 강도에 따라 K.L.M.N TYPE 등으로 구분한다. 주로 아파트나 빌딩 등의 수도 냉 · 난방배관에 많이 사용되고 배관법에 따라 후레아법, 솔더링, 브레이징 등이 있다. 특히 무게가 가볍고, 알카리에 강하다.

[그림 6-2] 동 관

오존 및 유기퇴적물 등에 의한 이온작용으로 물이 푸른 빛을 띄는 청수현상이 나타나는데 물을 끓여도 잘 날아가지 않는다. 수도관 청소를 통하여 이러한 증상을 사전에 방지하는 것이 좋다.

3. 스텐레스관

스텐레스관은 녹이 잘 슬지 않아 수도관 등에 많이 사용되고 충격에 강하다.

녹이 잘 슬지 않는 철과 주석이 합금된 금속으로 충격에 강하고 몰크법, 용접법 등이 있다.

[그림 6-3] 스텐레스관

강관이나 동관에 비해 부식에 대한 내성이 좋지만, 외부에서 유입되는 오염물질이 퇴적되거나 물때가 쌓이면 부식이 생길 수 있으므로 일정한 기간을 두고 깨끗하게 세척을 하는 것이 좋다.

4. 엑셀관

엑셀(xl)관은 난방관에 주로 사용하고 물에 부식되지 않으나 햇빛에 노출되면 약하다. 녹이 잘 슬지 않고 잘 휘어져 가공이 쉬운 것이 장점이다.

난방관으로 주로 사용되는 수도관으로 지속적으로 물이 순환되어 물에 섞여있는 다양한 오염물질들이 수도관 내부 표면에 스케일이나 슬라임 형태로 누적되어 난방효율을 떨어뜨린다. 난방관 청소를 정기적으로 하는 것이 에너지 절약에 도움이 된다.

[그림 6-4] 엑셀관

5. 비금속관

1) PVC관

PVC관은 내식성이 크고 산, 알카리, 염류 등의 부식에 강하며 가격이 싸고 가공 및 접합이 용이하며 열팽창이 크고 신축이 심해서 온수관에 부적합하다. 부식이 되지 않으나 충격에 약하고 분기되는 곳은 누수 되기 쉽다. 현재는 오/배수배관에 사용되고 저온에 특히 약하고, 용재 및 아세톤에 침식된다.

[그림 6-5] PVC관

2) PB관

PB관은 에이콘이라고도하고 수도 난방 등 매입배관용에 주로 사용하고, 부드러워 자유자재로 휘어지며 가공이 쉬고 잘 찌그러지고 충격에 약하다.

[그림 6-6] PB관

3) 메타폴관

메타폴관은 수도, 난방용으로 주로 사용하고 플라스틱 재질 관 위에 알루미늄관을 입힌다. 석유류 제품의 관을 입힌 3중 재질로써 금속의 단점인 녹을 막고 석유류 제품의 햇빛 부식을 막는다는 것이 장점이고, 시공시 휘거나 이음을 끼고 빼는데 힘이 많이 들어가고 가격이 비싼 것이 단점이다.

금속재질이 아닌 수도관은 녹이 발생되지 않지만 외부에서 유입되는 각종 유기화학 물질들이 수도관 내부에 슬라임, 물때 등의 형태로 쌓이게 되어 수질을 저하시키는 요인이 되므로 역시 청소를 필요로 한다.

[그림 6-7] 메타폴관

〈표 6-2〉 배관의 종류와 재질

	배관명	배관 재질	비 고
공종별	냉각수 배관	백강관, 스테인리스강관	관경이 커서 공사비 증가로 백강관을 사용하는 경우가 많음
	냉수 배관	백강관, 동관, 스테인리스강관	건물 내 설치로 동관을 사용하는 경우가 많음
	온수 배관	백강관, 동관, 스테인리스강관	건물 내 설치로 동관을 사용하는 경우가 많음
	급수 배관	동관, 스테인리스강관, PE관	동관보다는 스테인리스강관을 사용하는 경우가 많음
	급탕 배관	동관, 스테인리스강관	동관 또는 스테인리스강관을 사용함
	오 · 배수 배관	주철관, PVC관	PVC관을 사용하는 경우가 많음
	소화수 배관	배강관, 스테인리스강관	정체된 물로 부식 정도가 적고, 공사비를 고려를 고려하여 백강관을 주로 사용함
	가스 배관	가스용 강관	가스용 강관을 사용함

6-2 배관 기호와 도면 파악하기

1. 배관의 범례 및 도면 표시

배관의 종류 표시 방법은 영문자 및 기호로 표시하고 배관의 화살표는 유체의 흐름 방향을 표시하고, 샤프트에서서 입상관 상 · 하 연결표시는 배관으로 표시한다. 배관의 관경은 mm로서 단위는 별도로 표기하지 않고 배관의 크기는 선의 굵기로 표시하지 않으나 오 · 배수관은 급수 · 급탕 배관과 구분하기 위해 약간 굵게 표시하는 게 일반적이다.

〈표 6-3〉 배관 도면 표시 기호

기 호	명 칭	일반적인 재질
—— CS ——	냉각수 공급 배관	동관, 스테인리스 강판, 아연 도금 강판
—— CR ——	냉각수 환수 배관	동관, 스테인리스 강판, 아연 도금 강판
—— CWS ——	냉수 공급 배관	동관, 스테인리스 강판, 아연 도금 강판
—— CWR ——	냉수 환수 배관	동관, 스테인리스 강판, 아연 도금 강판
—— HWS ——	온수 공급 배관	동관, 스테인리스 강판, 흑강판
—— HWR ——	온수 환수 배관	동관, 스테인리스 강판, 흑강판
—— SS ——	스팀 배관	흑강판
—— SR ——	응축수 배관	흑강판
—— · ——	급수 배관	동관, 스테인리스 강판, 합성수지관
—— ·· ——	급탕 배관	동관, 스테인리스 강관
—— ··· ——	환탕 배관	동관, 스테인리스 강관
—— S ——	오수 배관	주철관, PVC관, 스테인리스 강관
—— D ——	배수 배관	주철관, PVC관, 스테인리스 강관
—— PD ——	우수 배관	주철관, PVC관, 스테인리스 강관
—— V ——	통기 배관	PVC관
—— H ——	옥내 소화전 배관	아연 도금 강판, 스테인리스 강판
—— SP ——	스프링클러 배관	아연 도금 강판, 스테인리스 강판
—— SC ——	연결송수관 배관	아연 도금 강판, 스테인리스 강판
—— G ——	가스배관	가스용 강관

2. 오 · 배수관 계통도 및 평면도

오수와 배수는 분리하여 배수하며 각 위생 기구에서 정화조, 간이 정화조, 하수 종말 처리장으로 연결되는 건물 내 배관을 나타내고 우수 배관은 옥상 우수 배수관으로 지상 옥외 우수로에 연결한다.

수평 배관의 경우 도면에는 나타나 있지 않지만 시방서를 기준으로 중력 배수를 원활히 하기 위해서는 적절한 구배를 주어야하고, 적정한 구배를 위하여 천장 내 설치 높이를 항상 고려하여야 한다. 100mm 오 · 배수관이 50m 수평을 설치할 경우 처음과 시작점은 0.5m 높이 차이로 시공할 수 있는 천장 공간이 있어야 한다.

〈표 6-4〉 배수관 기울기

관 지름(mm)	기울기
65 이하	최소 1/50
75, 100	최소 1/100
125	최소 1/150
150 이상	최소 1/200

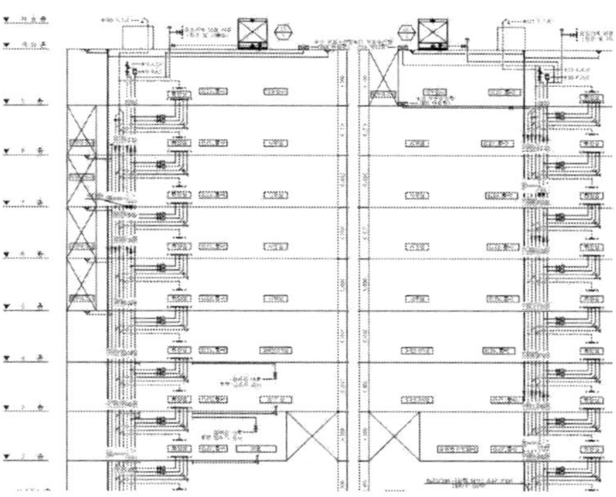

오 · 배수 배관 계통도

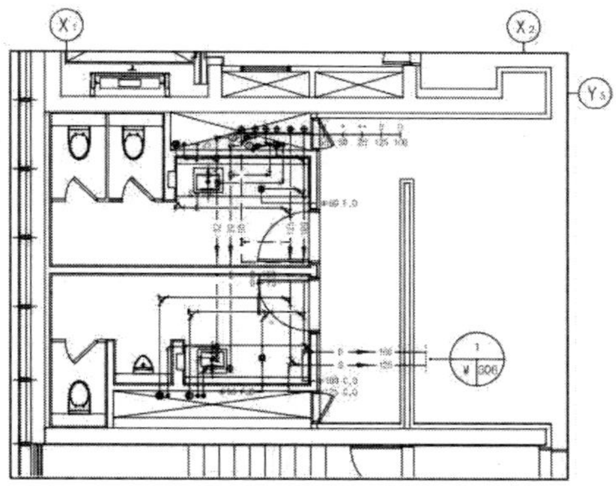

화장실 오 · 배수 배관 평면도

[그림 6-8] 오 · 배수설비 도면

수행 내용

재료 · 자료

- 배관시공의 도면과 재료 관련 자료

기기(장비 · 공구)

- 컴퓨터, 프린터, 주변기기, 공학용 계산기, 스케일자

안전 · 유의사항

- 설계 계획서, 설계 설명서 등이 설비 설계 도면 및 시방서와 부합되는지를 확인하여야 한다.
- 배관 크기가 보편적인 경험 수치와 차이가 클 경우 전체 계산 과정을 확인하여야 한다.
- 배관 관경 계산서 등의 산출 프로그램 Input Data에 오류가 없는지 유의하여야 한다.
- 배관의 신기술, 신공법이 적용되었을 경우 외국 사례 또는 시험 성적서에만 의존하지 말고 실제 설치되고 시간이 경과하여 검증되었는지 확인한다.
- 배관 재질이 공종별 용도와 부합하는지를 검토한다.
- 배관의 내구 연한이 공정별 너무 차이가 있어 추후 배관 교체의 어려움이 없는지 확인한다.
- 배관 교체시 교체 공간 확보 등 현 설계 도면에 문제가 없는지 확인한다.

수행 순서

01 오 · 배수관에 대하여 분석하라.

① 위생 설비에서 오수 배관은 화장실이나 욕실의 대변기, 소변기, 비데의 세척수를 의미하며 정화조, 하수 종말 처리장으로 배출하도록 설치되어 있다.

② 위생 설비에서 배수 배관은 욕조, 세면기, 씽크, 바닥 배수 등 오수를 제외한 모든 세척수를 의미하며 정화조, 하수 종말 처리장으로 배출하도록 설치되어 있다.

③ 집수정이나 트렌치(Trench)에서 배수, 우수 배수는 정화하지 않고 단지 내 배수관으로 배출하도록 설치되어 있다.

02 오 · 배수관의 적합 여부에 대하여 분석하라.

① 배관의 재질은 주철관, 합성 수지관(PVC관)을 사용하였는지 적합 여부를 판단한다.

② 이물질이 정체되지 않도록 적절한 구배가 확보될 수 있는지 길이에 따른 구배 높이가 천장 공간에서 설치가 가능한지 적합 여부를 판단한다.

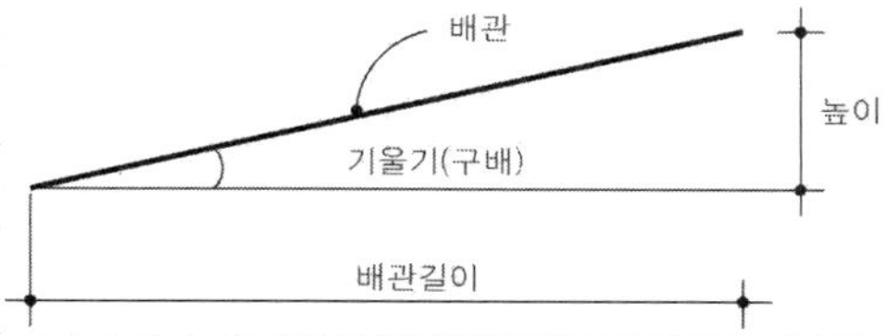

기울기(구배)

$$\text{배관길이m} \times \text{구배}\left(\frac{1}{100}\right) = \text{높이 m}$$

구배 공식

[그림 6-9] 오 · 배수관 기울기 및 구배 공식

③ 통기관은 유체 흐름에 따른 오 · 배수관 내의 공기압을 적절히 유지할 수 있도록 배출 및 유입할 수 있도록 설계되었는지 적합 여부를 판단한다.

④ 통기관의 냄새가 거주 공간이 유입되지 않도록 위치가 적절한지 적합 여부를 판단한다.

⑤ 통기관의 높이는 옥상 바닥에서 그 지방의 최대 적설량 이상의 높이로 설계되었는지 적합 여부를 판단한다.

⑥ 통기관에 내식성 방충망이 설치되어 있는지, 빗물 유입이 없도록 설치되어 있는지 적합 여부를 판단한다.

2011년 국토교통부 건축 기계 설비 표준 시방서

3.7 통기구

(1) 적설 지역 이외의 지붕을 관통하는 통기관은 지붕면으로부터 150mm이상 높이 올려서 대기 중에 방출한다. 적설 지역의 지붕을 관통하는 통기관은 지붕에서 최고 적설높이 이상으로 높이 올려서 대기 중에 방출한다.

학습 6

(2) 지붕을 정원, 운동장, 세탁 건조장 등으로 사용하는 경우의 통기관은 옥탑까지 연장하거나 옥상 바닥으로부터 수직으로 높이 2m 이상 높여서 대기 중에 방출한다.

(3) 통기구가 본 건물 및 인접 건물의 출입구, 창, 급 · 배기구, 환기구 등의 부근에 있는 경우에는 그 개구부 상단으로부터 600mm 이상 높여서 설치한다. 또, 개구부 상단으로부터 600mm 이상을 수직으로 높이지 못할 경우에는 개구부에서 수평으로 3m 이상 떨어지도록 설치한다.

(4) 외벽면을 관통하여 연장하는 통기관의 통기구는 하향으로 설치한다.

(5) 통기구는 건물 돌출 부분의 하부에 설치하지 아니한다.

(6) 통기구가 동결에 의해서 폐쇄되는 염려가 있는 경우에는 통기구의 지름을 75mm 이상으로 하고 통기구의 지름을 늘리는 경우에는 지붕 또는 외벽의 끝면으로부터 300mm 이상 거리를 두어 건물 내부에서 관지름에 확대되도록 한다.

옥상 통기관

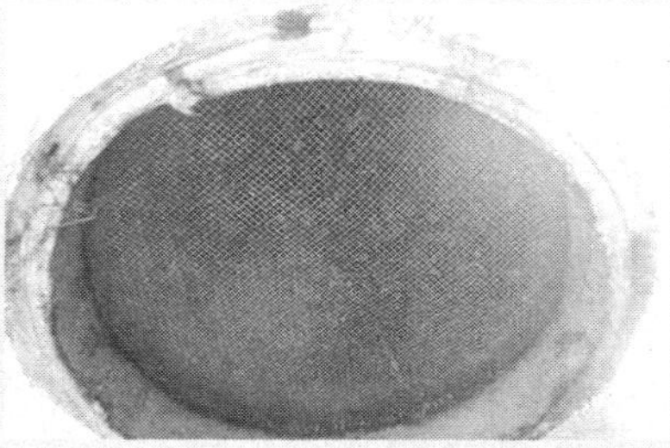

옥상 통기관 방충망

[그림 6-10] 옥상 통기관 설치 모습

03 배관 용도별 재질의 적합성에 대하여 분석하라.

배관 재질의 적합성 여부는 초기 투자비, 위생성, 유체 온도 및 압력, 내구 년한, 시공성, 하자 가능성, 소음 등 용도에 따라 중요도가 다르다.

〈표 6-5〉 배관 용도별 재질의 적합성

배관 용도	초기 투자기	위생성	유체온도	유체압력	내구년한	시공성	하자기능성	소음
냉각수 배관	◎	△	△	○	◎	◎	●	△
냉수 배관	◎	△	△	○	◎	◎	●	△
온수 배관	◎	△	◎	○	◎	◎	●	△
스팀 배관	◎	△	●	●	◎	◎	●	◎
급수 배관	◎	●	△	○	◎	◎	●	△
급탕 배관	◎	●	◎	○	◎	◎	●	△
오 · 배수 배관	◎	×	△	×	◎	◎	●	◎
소화 배관	◎	×	△	○	◎	◎	●	△
도시가스 배관	◎	△	△	○	◎	◎	●	△

※ 매우 중요 ● 중요 ◎ 약간 중요 ○ 의미 적음 △ 의미 없음 ×

• 건물이 초고층일 경우 하부 층에서는 유체의 압력이 [매우 중요 ●]하다.

04 오 · 배수 도면의 배관 기능과 용도에 대하여 분석하라.

1. 배수 배관

① 배수 배관 (— D —)은 종류가 다양하나 건물에서의 배수는 욕실, 화장실, 주방 등의 배수로 Drain의 약자인 D를 사용한다. 그러나 상가 건물, 복합 건물 등에서 주방 배수를 구분하고자 할 경우는 (— KD —)라고 별도로 표기하기도 한다.

② 집수정에서 펌핑(Pumping)하는 배수 배관은 펌핑 배수관(— PD —)으로 펌핑을 의미하는 P를 표시한다.

③ 옥상 빗물 배수는 우수 배관(— RD —)으로 Roof를 의미하는 R를 표시한다.

④ 중력 배수 배관은 모두 적절한 기울기(구배)를 두어 자연스럽게 흐를 수 있도록 하여야 한다.

〈건축 기계 설비 표준 시방서 : 국토 교통부 발행〉
02020 배수 통기 설비공사
3.10.1 일반 배수관
(20) 배수 수평관은 요철이 없이 시공하고 구배는 다음 표에 의한다.

관 지름(mm)	기울기
65 이하	최소 1/50
75, 100	최소 1/100
125	최소 1/150
150 이상	최소 1/200

[그림 6-11] 배관의 기울기

2. 오수 배관

① 오수 배관 (S)은 단순히 욕실, 화장실 등의 대변기, 소변기만의 배수를 의미하며 soil의 약자인 S를 사용한다.

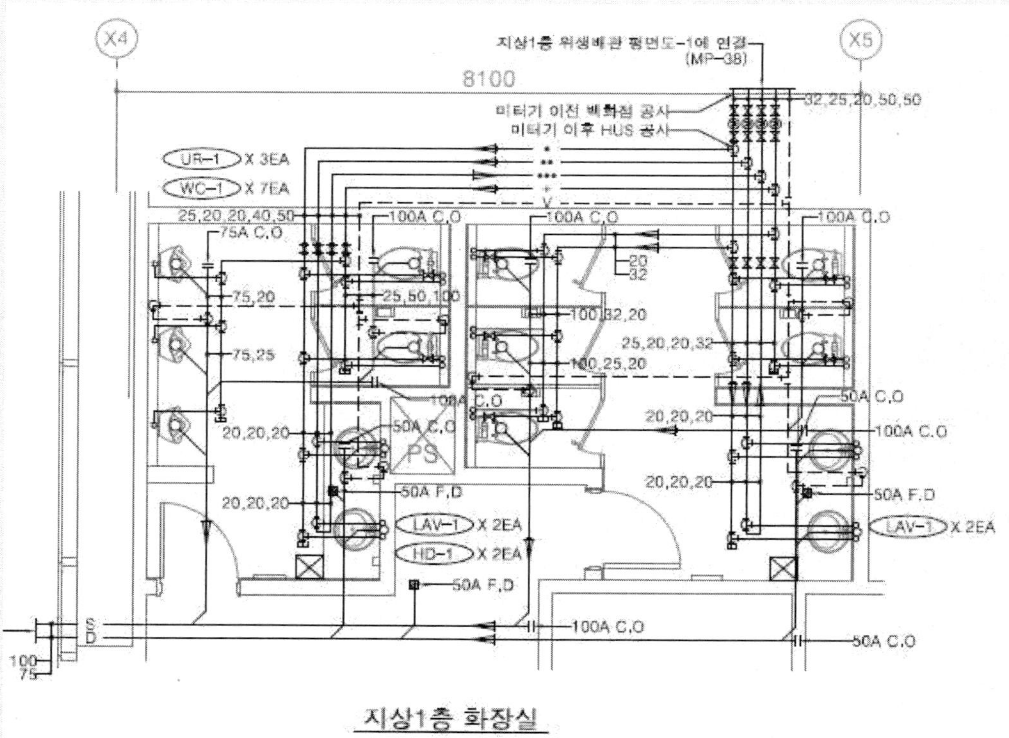

[그림 6-12] 오 · 배수관 도면(화장실 평면도)

② 정화조에서 펌핑(Pumping)하는 오수 배관은 펌핑 오수관(— PS —)으로 펌핑을 의미하는 P를 표시한다.

③ 중력 배수 배관은 모두 적절한 기울기(구배)를 두어 자연스럽게 흐를 수 있도록 하여야 한다.

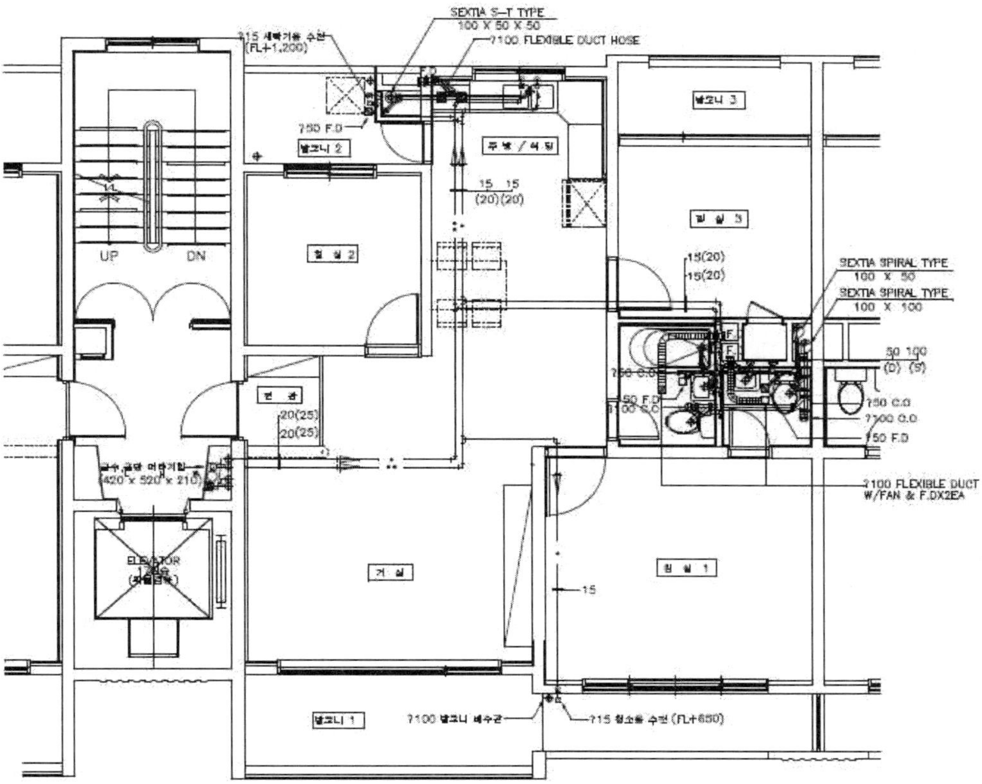

33평형 (N형) 단위세대 위생 배관 평면도 (기준층)
SACLE : 1 / 40

[그림 6-13] 오 · 배수관 도면(화장실 평면도)

[그림 6-14] 배수 배관 설치 모습(아파트 천장속. 큰 배관은 오수관, 작은 배관은 배수관)

[그림 6-15] 오수 배관 설치 모습(주철관)

3. 통기 배관

① 오 · 배수관의 입상 및 수평 배관의 공기의 유통을 위해 설치하는 배관으로 관내압을 일정하게 유지함으로서 오 · 배수의 흐름을 원활하게 한다.

② 우리나라의 경우 화장실은 개별 통기 방식을 하지 않고 루프(Roof) 통기 방식을 적용하고 있으며 입상관은 일반 건물은 입상 통기관을 설치하나 공동 주택은 최상층에서 오 · 배수관을 연결하는 신정 통기 방식으로 옥상에 옥상 통기 배관을 설치하고 있다.

③ 통기 배관은 다습한 공기로 인해 결로수가 고여 막히지 않도록 오 · 배수 배관쪽으로 흐르도록 적절한 구배를 주어야 하며 장애물 등으로 U자 형태의 배관이 있으면 안 된다.

④ 통기 배관(— v —)으로 Vent을 의미하는 V를 표시한다.

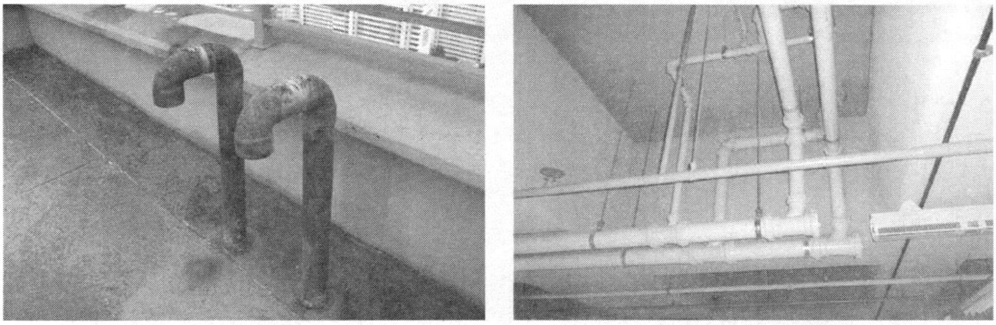

(제일 적은 ↱ 형 배관)

[그림 6-16] 통기 배관 설치 모습

학습활동.6 교수 · 학습 방법

교수 방법

- 배관시공의 도면과 재료에 대한 관련 용어, 구성, 방식 이해 정도를 파악한 후 수업을 진행한다.
- 교수자의 주도로 배관시공의 도면과 재료 등의 내용을 PPT 자료로 제시한 후 설명한다.
- 가능하면 사전에 개인별 학습 자료를 준비하여 모든 학생이 참여할 수 있는 문제 해결식 수업, 협력 수업이 가능하도록 한다.
- 배관시공의 도면과 재료 전 과정을 작업의 순서에 따라 단계적으로 실습이 이루어질 수 있도록 지도한다.
- 교재를 통해 수업을 준비하는데 있어서 필요한 모든 정보나 팁, 힌트 등 도움이 될 만한 내용들을 확인할 수 있다.
- 학생들이 만들게 될 각 모델들은 수업시간에 중점적으로 다뤄질 부분과 어휘, 질문, 답을 포함하고 있으며 또한 탐구할만한 추가적인 아이디어들도 포함하고 있다.

학습 방법

- 배관시공의 도면과 재료에 대한 관련 용어를 숙지하고, 배관시공의 도면과 재료에 대해 이해한다.
- 배관시공의 도면과 재료의 각 단계별 중점 사항을 체계적으로 학습한다.
- 배관시공의 도면과 재료의 수행순서의 전 과정을 실습한다.
- 배관시공의 도면과 재료의 내용을 이해한다.
- 배관시공의 도면과 재료를 이해하고 숙달이 될 때까지 학습한다.

학습활동.6 평가 및 피드백

평가 준거

- 평가자는 피평가자가 수행 준거 및 평가 내용에 제시되어 있는 내용을 성공적으로 수행할 수 있는 지를 평가해야 한다.

학습내용	평가항목	성취수준		
		상	중	하
배관시공의 도면과 재료	배관시공의 도면과 재료를 이해할 수 있다.			

평가 방법

• 작업 포트폴리오

학습내용	평가항목	성취수준		
		상	중	하
배관시공의 도면과 재료	배관시공의 도면과 재료를 이해할 수 있다.			

• 필기시험

학습내용	평가항목	성취수준		
		상	중	하
배관시공의 도면과 재료	배관시공의 도면과 재료를 이해할 수 있다.			

• 체크리스트를 통한 관찰

학습내용	평가항목	성취수준		
		상	중	하
배관시공의 도면과 재료	배관시공의 도면과 재료를 이해할 수 있다.			

• 피드백

1. 작업 포트폴리오
   - 제출한 보고서를 평가한 후 주요 사항에 대하여 표시하여 돌려준다.
2. 필기시험
   - 평가 결과 성적이 저조한 학생은 보고서 제출 기회를 부여한다.
3. 체크리스트를 통한 관찰
   - 실습 과정에서 평가한 후 개선해야 할 사항 등을 정리하여 돌려둔다.

학습 6

참 | 고 | 문 | 헌

1. https://pipecare.tistory.com/entry/배관의-종류-및-특성.
2. 김남규(2000,12). 사무소 건물 설비시스템의 통합적 성능 개선방법에 관한 연구. 중앙대학교대학원 논문.
3. 주택 재건축사업의 안전 진단 매뉴얼.(2015.05.29). 한국시설안전공단.
4. http://www.con114.com
5. http://www.myoung119.com

학습 1	배관 내시경의 개요
학습 2	배관 내시경 검사와 판독
학습 3	배관 영상과 지능형 영상 분석
학습 4	배관 내시경 위치파악과 영상마커
학습 5	산업용 내시경 동향
학습 6	배관시공의 도면과 재료
학습 7	**배관공구와 배관작업**
학습 8	배관시공 상태 및 누설검사
학습 9	배관의 점검 및 시운전
학습 10	배관의 유지보수
학습 11	배관의 시공 및 안전
학습 12	배관의 비파괴 검사 기술

학습 목표

1. 배관공구와 배관작업을 이해할 수 있다.

학습 7

7-1 배관공구의 준비

1. 나사 배관작업 공구의 종류

관에 나사를 제작하는 방법에는 동력 나사 절삭기(동력 이용)와 나사 절삭 공구(수작업)를 이용하는 방법이 있다.

1) 동력 나사 절삭기 : 파이프 머신

(1) 오스터형(Oster Type)

가장 간단하여 운반이 쉬우며, 50A 이하 작은 관에 주로 사용한다.

(2) 호브형(Hob Type)

호브와 커터를 함께 장착하면 관의 나사 절삭과 절단을 동시에 할 수 있으며, 관지름 50A 이하, 65A~150A, 80A~200A의 나사 내기 종류가 있다.

(3) 다이헤드형(Die Head Type)

관 절단, 나사 절삭, 거스러미 제거 등 연속적으로 작업할 수 있기 때문에 현장에서 가장 많이 사용하는 공구이며, 관지름 15A~100A, 25A~150A까지 사용되고 있다.

오스터형 호브형 다이헤드형

[그림 7-1] 동력 나사 절삭기 종류

2) 나사 절삭 공구

(1) 리드형(Reed Type)

소구경의 나사 절삭에 사용된다.

(2) 오스터형(Oster Type)

대구경 나사 절삭에 사용된다.

[그림 7-2] 수동 나사 절삭기 종류(오스타(좌), 오스타 핸들(우))

[그림 7-3] 수동 나사 절삭기 종류(파이프 머신(좌), 수동 오스타 다이스와 탭(우))

2. 관 공작용 공구

1) 바이스

관의 절단과 나사 절삭, 및 조립시 관을 고정하는데 사용하는 공구이다. 고정식과 이동식이 있으며, 고정 가능한 관의 치수를 기준으로 크기가 정해진다.

〈표 7-1〉 바이스의 호칭과 사용 범위

공 구	호칭번호	#0	#1	#2	#3	#4
수평 바이스	사용범위 (mm)	6~50	6~65	2~90	6~115	50~150
파이프 바이스		1/8~2	1/8~2 1/2	1/8~3 1/2	1/8~4 1/2	1/8~6

[그림 7-4] 파이프 바이스

2) 파이프 커터

관 절단시 사용하며, 3개 날만 있는 것, 2개 날에 1개의 롤러가 있는 것, 1개 날에 2개의 롤러가 있는 것 등이 있다.

〈표 7-2〉 파이프 커터의 절단 능력

공 구	호칭번호	1	2	3	4	5
1개날	파이프 지수	6~32A	6~50A	25~75A		
2개날			15~50A	32~75A	65~100A	100~150A

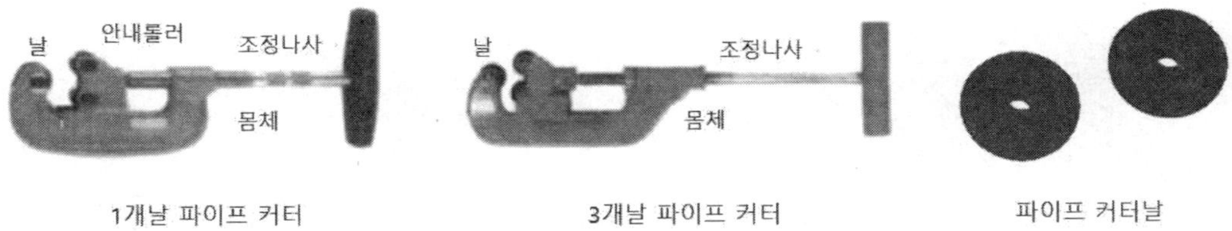

[그림 7-5] 파이프 커터

3) 파이프 리머

관 절단 후 관 내에 생기는 철 거스러미를 제거하는 공구이다.

[그림 7-6] 파이프 리머

4) 파이프 렌치

관 접합부의 부속류 이음 및 분해에 사용한다. 보통형, 강력형, 체인형 등이 있다.

〈표 7-3〉 파이프 렌치 치수

호칭 치수		사용 관경
150mm	6inch	6A(1/6 B)~15A(1/2 B)
200mm	8inch	6A(1/6 B)~20A(3/4 B)
250mm	10inch	6A(1/6 B)~25A(1 B)
300mm	12inch	6A(1/4 B)~32A(1 1/4 B)
350mm	14inch	8A(1/6 B)~40A(1 1/2 B)
450mm	18inch	8A(1/6 B)~50A(2 B)
600mm	24inch	8A(1/6 B)~65A(2 1/2 B)
900mm	36inch	15A(1/6 B)~95A(3 1/2 B)
1200mm	48inch	25A(1/6 B)~125A(5 B)

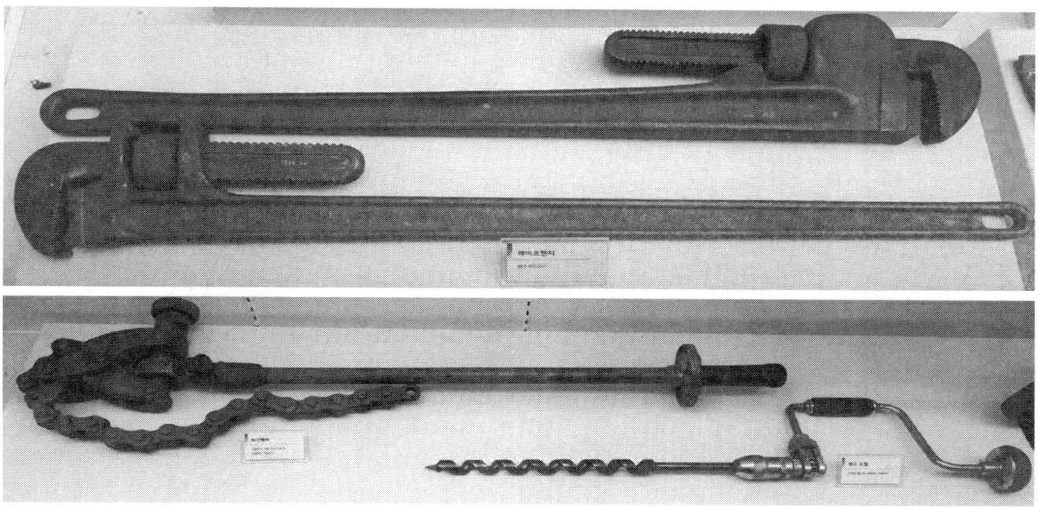

[그림 7-7] 파이프 렌치(상), 체인 렌치(하(좌)), 핸드 드릴(하(우))

7-2 오 · 배수관의 배관

1. 오 · 배수관의 개요

① 건물 내 주로 대변기 및 소변기와 연결된 배관을 오수 배관, 세면기, 욕조, 싱크대 등에 연결된 생활배수를 일반적으로 잡배수관이라고 한다.

② 두 가지 배관 연결 공사를 오 · 배수 배관 공사라 하며, 건물 내부에서 건물

외부 경계면의 공공 하수관으로 연결되어 하수 처리장으로 흘러간다.

③ 중력으로 흘러가지 못하게 되는 건물 지하층의 오 · 배수는 펌프를 이용하여 공공 배수관에 연결시킨다.

2. 오 · 배수관의 특성과 자재

오 · 배수관은 세대내 및 입상관은 PVC관이며 주기란을 보면 발코니 등 노출 배관은 컬러 PVC 복층관이나 PVC 삼중 배관으로 할 수 있다. 지하 횡주 배관은 고층인 경우는 주철 배관을, 중층 이하는 PVC 배관을 사용한다.

오 · 배수관은 일반 건물이나 공동 주택의 지하 피트 메인관은 주철관(사진 왼쪽)을 사용하며, 사진 오른쪽의 PVC관은 일반 건물이나 공동 주택의 가장 많이 사용한다.

재료 명칭 : 주철관
사용 용도 : 오 · 배수관(건물)

[그림 7-8] 주철관 및 PVC관 설치 모습

재료 명칭 : PVC관(VG1, VG2)
사용 용도 : 오 · 배수관(일반용), 급수관(수도용)

[그림 7-9] PVC관 설치 모습

〈표 7-4〉 오 · 배수관 특성 및 자재

배관 공종	투입 자재 특성 검토	투입 자재의 예
오 · 배수관 공수	• 저소음 배관이 바람직하다. • 내구성이 있어야 한다. • 시공성이 양호하여야 한다.	주철관, PVC관, 아연 도금 강관

3. PVC관의 이음 재료

오 · 배수관에 주로 많이 사용되며 엘보, Y관, YT관, 캡이 주로 사용되며 관경 및 물량을 파악하여 준비한다.

〈표 7-5〉 PVC관 이음 재료 준비

명 칭	준비 방법
엘보(Elbow)	• 내역서를 보고 관경 및 물량을 파악한다. • 배관 도면을 보고 90°엘보의 관경 및 층별 물량을 확인한다.
Y관	• 내역서를 보고 관경 및 물량을 파악한다. • 배관 도면을 보고 Y 분기 관경까지 층별 물량을 확인한다.
Y-T관	• 내역서를 보고 관경 및 물량을 파악한다. • 배관 도면을 보고 Y-T 분기 관경까지 층별 물량을 확인한다.
캡(Cap)	• 내역서를 보고 관경 및 물량을 파악한다. • 배관 도면을 보고 말단 관경 및 층별 물량을 확인한다.
소켓(Socket)	• 내역서를 보고 관경 및 물량을 파악한다. • 배관 도면을 보고 직관 연결 층별 물량을 확인한다.
이경 소켓	• 내역서를 보고 관경 및 물량을 파악한다. • 배관 도면을 보고 관경 변경 크기 및 층별 물량을 확인한다.
P트랩	• 내역서를 보고 관경 및 물량을 파악한다. • 화장실 배관 도면을 보고 화장실별 물량을 확인한다.
역류 방지 밸브	• 내역서를 보고 관경 및 물량을 파악한다. • 배관 도면을 보고 설치 장소를 확인하여 물량을 확인한다.

학습 7

4. 오 · 배수관 재료

1) 주 재료

주 재료는 배관 직관으로 공사 시방서에 따라 선정된 배관이다. 아연 도금 강관, 주철관, 스테인리스강관, PVC 관 등이 있으며 필요 용도에 따른 재질별로 구분한다.

2) 강관 이음 재료

강관 이음 재료는 엘보, 티, 레듀셔, 캡, 소켓 등이 있으며 주철관 및 PVC관은 엘보, Y관, Y-T관, 소켓, 캡 등이 있으며 주 배관 재질에 따라 구분한다.

3) 부속 장치

부속 장치는 후렉시블 조인트가 토출 측 1개가 필요하다. 계기류는 압력계가 있다.

[그림 7-10] 밸브류 준비

[그림 7-11] 이음쇠 준비

[그림 7-12] 각종지지 가대용 슈(shoe) 준비-1

[그림 7-13] 각종지지 가대용 슈(shoe) 준비-2

[그림 7-14] 용접 이음쇠 준비

[그림 7-15] 그루브 조인트 이음쇠 준비

7-3 합성 수지관의 배관

1. PVC관의 특징

① PVC관은 석회석, 석탄, 소금 등을 원료로 하기 때문에 가격이 싸고 내산, 내알카리성, 내식성이 우수하다.

② 비중이 1.4로 가볍고 가공이 쉽기 때문에 시공이 용이하고, 마찰 저항이 작다.

③ -20℃ 이하에서는 취약하고, 80℃에서는 연화되므로 사용 온도는 5~50℃ 정도로 제한적이다.

④ 경질과 연질 2 종류가 있으며 주로 경질관이 급배수, 전선과 약액 송수관에 사용된다.

⑤ PVC관 이음은 열간과 냉간 이음으로 구분하며, 냉간 이음은 TS식과 나사식이 있다.

2. PVC관 가열 및 삽입 방법

① PVC관은 온도가 너무 높으면 탄화되기 쉬우므로 토치 램프 불꽃이 가급적 직접 관에 닿지 않게 하고, 관을 회전시키면서 고르게 가열한다.

② 삽입 접합 시 삽입 길이는 1.5~2D 정도이며, 가열이 균일하게 되지 않으면 굽힘 또는 삽입 시 관이 파열될 수 있다.

〈표 7-6〉 PVC관 KS 규격

KS 번호	규격명	적용 범위
M 3401 : 2015	수도용 경질 폴리염화비닐관	사용 압력 1.0 MPa 이하의 수도 배관에 사용하는 경질 폴리염화비닐관 및 내충격성 경질 폴리염화비닐관에 대하여 규정한다.
M 3404 : 2016	일반용 경질 폴리염화비닐관	일반 유체 수송 배관에 사용되는 경질 폴리염화비닐관에 대하여 규정한다.

3. PVC관 이음법

① PVC관 이음은 냉간과 열간 이음법이 있으며, 소구경관에서는 비교적 용이한 열간 삽입 이음이 많이 사용되고 있다.

② 냉간 이음에는 접착제가 많이 사용되며, 접착제에는 속건성과 악건성이 있

다. 보통 속건성을 사용하는데, 온도가 높아서 건조가 빠른 여름이나 시공 경험이 적은 경우에는 악건성을 사용한다.

③ 접착제를 사용한 다음에는 반드시 뚜껑을 닫고 냉암소에 보관한다.

④ 접착제는 염화 비닐을 위발성 용제로 용해한 것이므로 얇게 바르도록 하며, 그렇지 않을 경우, 접착 속도가 느려지고 유해 가스가 관내에서 발생한다.

〈표 7-7〉 PVC관 접착제의 종류 및 용도

구 분	이음법	비 고
냉간 이음	TS관 이음	접착제를 바른 관을 테이퍼 소켓관에 삽입하여 이음
	나사 이음	밸브 소켓과 밸브 등 관 이음쇠나 부품끼리의 이음
	고무링 이음	소켓에 고무링을 삽입한 편수 컬러관을 이용한 이음
	가열 삽입 이음	이음관을 사용하거나 같은 직경의 관에 소켓을 만들면서 이음하는 방법
열간 이음	플랜지 이음	가열된 금형으로 PVC관 끝을 나팔 모양으로 확관하여 플랜지를 끼워서 이음하는 방법
	용접 이음	열가소성 수지에 사용되며 열풍 용접 등이 대표적인 용접법임

4. PVC 배수용 이음관

① 냉간 삽입식 이음관이다.

② 배수가 원활하게 흐르도록 곡률 반지름이 크게 되어 있다.

③ 분기 및 합류 부분에 Y관, 90°Y관을 사용하여 배수가 잘 되도록 되어 있다.

④ 이음하였을 때, 관 안쪽에 턱이 생기지 않게하여 배수의 흐름을 원활히 할 수 있도록 되어 있다.

⑤ 배수용 이음관의 특징을 이해하여 이음관이 유체 흐름 방향의 반대 방향으로 접합 되지 않도록 한다.

〈표 7-8〉 PVC 배수용 KS 규격

KS 번호	규격명	적용 범위
M 3600 : 2016	배수 및 하수용 비압력 매설용 구조형 폴리염화비닐(PVC)관— 이중 벽관 및 리브관	비압력 조건에서 매설용으로 사용하는 배수 및 하수용 구조형 폴리염화비닐(PVC)관 중 이중벽관 및 리브관에 대하여 규정한다.

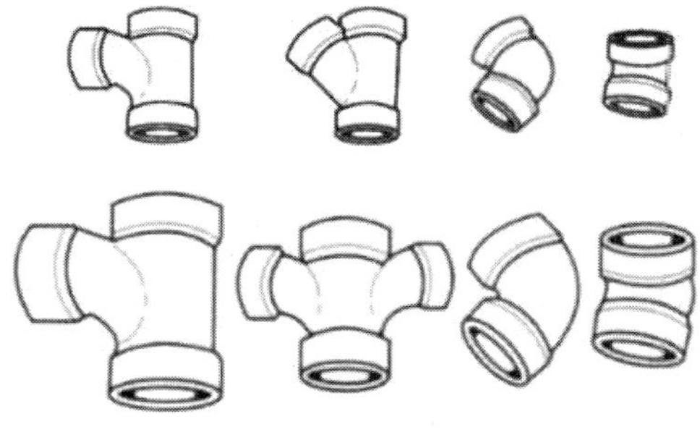

[그림 7-16] PVC 배수용 이음관 종류

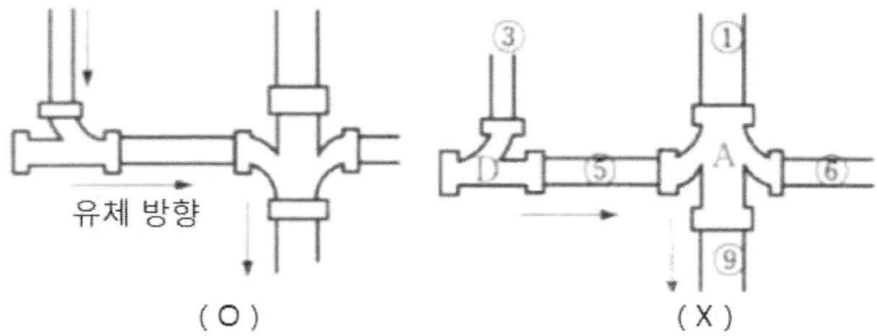

[그림 7-17] PVC 이음관 연결 방법

5. PVC관 용접과 열풍 용접기

① PVC관은 열가소성 수지로서 용접이 가능하며, 대구경의 경우 주로 용접 이음을 한다.

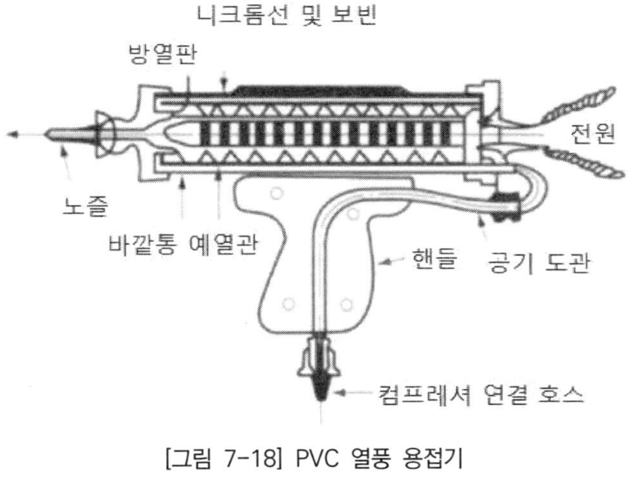

[그림 7-18] PVC 열풍 용접기

② 용접이 가능한 열가소성 수지는 염화 비닐, 폴리에틸렌, 폴리프로필렌, 불소수지 등이고 용접이 되지 않는 열경화성 수지는 페놀, 요소, 멜라민, 폴리에스테르, 규소 등이다.

③ PVC 용접시 열풍 용접기의 가열시 열풍 온도는 100~300℃ 범위이고, PVC관이 연화하기 시작하는 온도는 70~80℃, 관의 가공(구부리기, 삽입) 온도는 120~130℃가 적당하다.

수행 내용

재료 · 자료

- 배관의 장비와 배관작업 관련 자료

기기(장비 · 공구)

- 컴퓨터, 프린터, 주변기기

안전 · 유의사항

- 컴퓨터 및 주변기기의 전원을 관리한다.

수행 순서

학습 7

01 공종별 배관작업에 대하여 분석하라.

1. 공종별 순서를 결정

순위		고려 사항
1순위 : 오 · 배수관 공사(중력 배수)	⇨	• 중력 기울기로 배수되기 때문에 우선 고려
↓ 2순위 : 소화 배관 공사	⇨	• 화재 안전 성능 확보 때문에 우선 고려
↓ 3순위 : 냉각수 배관 공사	⇨	• 배관 관경이 크기 때문에 우선 고려
↓ 4순위 : 관경 큰 배관 우선	⇨	• 감리단에서 공종별 우선 순위 경정
↓ 5순위 : 관경이 적은 배관 나중	⇨	• 감리단에서 공종별 우선 순위 경정

[그림 7-19] 공종별 배관 순서

배관의 공종별 순서는 반드시 기울기를 필요로 하는 중력 오 · 배수관이 제일 먼저 공사 하여야 한다. 배관 설치 위치(Lay Out)는 다른 공정의 시설물 예를 들면 공조 및 배기

덕트, 배관 관경이 큰 배관 등의 위치를 고려하여 지장을 주지 않도록 하는 고려할 필요가 있다.

2. 배관 재료 시공 순서를 결정

1) 지지 가대 및 헹거를 투입

① 콘크리트 타설시 천정에 부착 될 배관 지지용 인서트 및 가대 설치용 인서트 플레이트(Insert Plate)를 설치한다.

②) 배관도에 따라 지지 가대 설치를 위해 ㄱ형강, ㄷ형강을 설치한다.

③ 행거용 환봉을 설치한다.

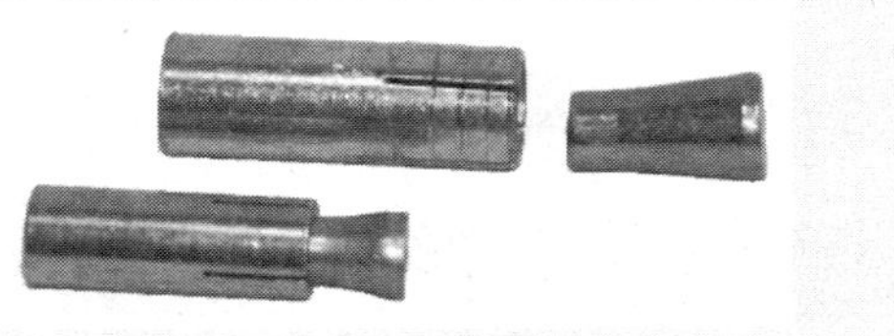

스트롱 앙카

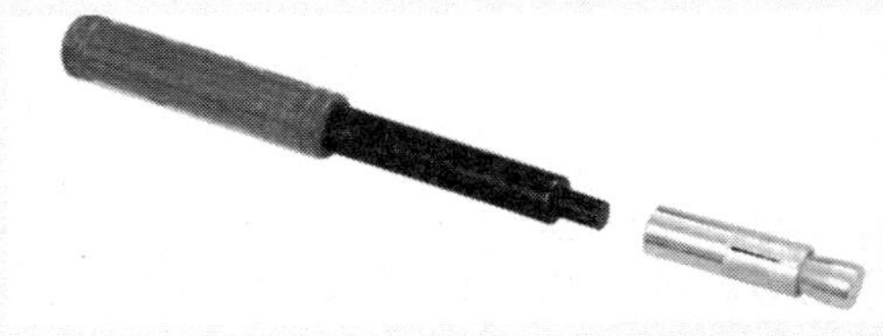

스트롱 앙카 펀치

인서트 플레이트

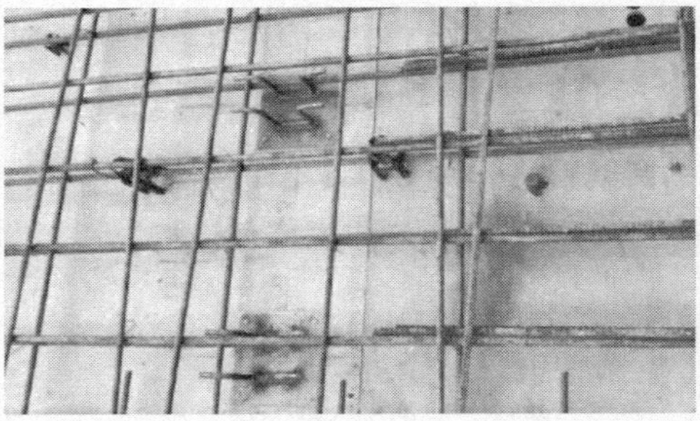

인서트 및 플레이트 시공

[그림 7-20] 배관지지 인서트 및 인서트 플레이트(헹거 및 지지 가대)

헹거

지지 가대

[그림 7-21] 배관 헹거 및 지지 가대 시공 현장

2) 배관 설치

〈표 7-9〉 배관 투입

공정별	용도별	재질별(예)	배관 투입
급수 · 급탕 배관 공사	급수 배관	스테인리스 강관	헹거 및 지지 가대 설치 후 배관을 설치한다.
	급탕 · 환탕 배관	동관	
오 · 배수 배관 공사	오 · 배수관	주철관	타 공정에 지장이 없도록 Lay-Out을 정하고 설치한다. 기울기 때문에 가장 우선하여 설치한다.
		PVC관	
	통기 배관	아연 도금 강관	
		PVC관	
공조 배관 공사	냉각수 배관	아연 도금 강관	타 공정에 지장이 없도록 Lay-Out을 정하고 설치한다. 큰 배관 먼저 설치한다.
		스테인리스 강관	
	냉수 배관	아연 도금 강관	타 공정에 지장이 없도록 Lay-Out을 정하고 설치한다.
		스테인리스 강관	
	온수 배관	아연 도금 강관	타 공정에 지장이 없도록 Lay-Out을 정하고 설치한다.
		스테인리스 강관	
		동관	
	배수 배관	아연 도금 강관	타 공정에 지장이 없도록 Lay-Out을 정하고 설치한다. 구배 때문에 가장 우선하여 설치한다.
		PVC관	
소화 배관 공사	소화수 배관	아연 도금 강관	- 화재 안전 성능을 위해 우선하여 설치한다. - 타 공정에 지장이 없도록 Lay-Out을 정하고 설치한다.
		동관	
	가스계 배관	아연 도금 강관	
가스 배관 설치 공사	가스 배관	가스용 강관	타 공정에 지장이 없도록 Lay-Out을 정하고 설치한다.

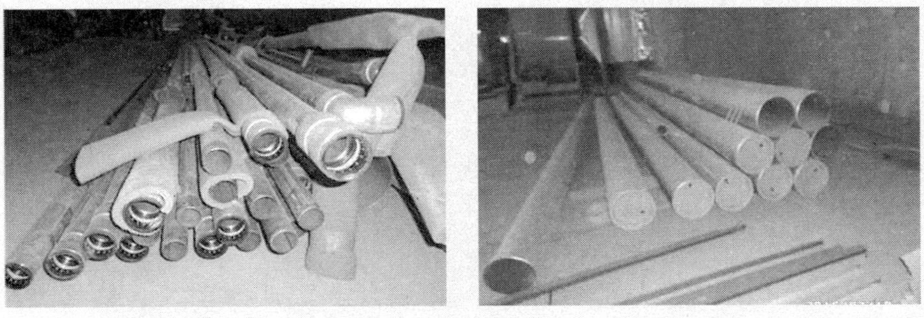

[그림 7-22] 배관 투입

3) 이음쇠 및 부속 장치를 설치

배관 설치 동시에 이음쇠 및 부속 장치, 밸브류를 설치한다.

[그림 7-23] 배관 이음쇠 설치

[그림 7-24] 배관 부속장치 설치

[그림 7-25] 배관 밸브류 설치

4) 보온재 및 마감재를 투입

배관 공사 완료 후 관련 규정에 따라 배관 종류별로 층 또는 부분적으로 수압 시험을 실시한다. 수압 시험에 합격한 부위부터 순차적으로 보온 작업을 시작한다.

02 오 · 배수관의 배관작업에 대하여 분석하라.

1. PVC관을 삽입 · 접합하고 90° 구부린다

1) 작업 준비

① 공구 및 재료를 준비한다.

② 토치 램프를 준비한다.

③ 냉각용 물걸레를 준비한다.

2) 삽입 접합

① 관을 필요한 길이만큼 관 축에 대하여 직각으로 절단하고, 줄로 가공한다.

② 안 관의 바깥쪽과 바깥 관의 안쪽을 줄로 모따기하고, 이음 부분의 표면을 깨끗이 닦는다.

③ 바깥 관의 이음부를 토치 램프로 고르게 가열한다.

④ 가열 길이는 삽입 길이의 1.5배로 하고, 가열 온도는 120~130℃ 정도로 하여 완전히 연화될 때 까지 가열한다.

⑤ 삽입 길이는 관 지름의 1.5배 정도이므로 안관의 삽입부에 PVC용 접착제를 바른다.

⑥ 연화된 바깥 관에 안 관을 약간 회전시키듯 밀면서 삽입한다.

⑦ 관의 중심선을 일직선으로 맞추고, 냉각시키며 경화시킨다.

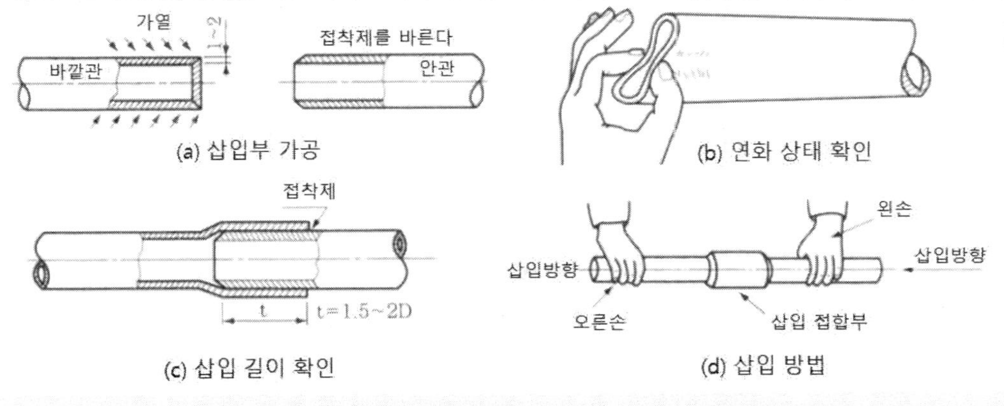

[그림 7-26] 삽입 접합 방법

3) PVC관을 90° 구부림

① PCVC관 굽힙용 직각 판을 준비한다.

② PVC관의 한쪽을 나무 마개로 막고 모래를 채운다. 이때 타봉으로 밑에서부터 위로 골고루 두드려 주되, 충격을 세게 주면 관이 깨질 수 있으므로 주의한다.

③ 구부림 길이를 계산한다. 실제 가열 길이는 양쪽을 10~20mm 더 가열해주므로 $1 = 1.6R + (20 \sim 40)$이 된다.

④ 계산된 가열 길이를 관에 표시한다.

⑤ 토치 램프 불꽃을 약하게 하여 PVC관을 회전시키면서 대각선 방향 또는 길이 방향으로 토치 램프를 흔들며 고르게 가열한다.

⑥ 관을 가열하면서 충분히 연화되었는지를 구부려 보아서 확인한 후 굽힘을 시작한다.

⑦ 연화된 PVC관을 직각판 위에 올려놓고 오른발로 오른쪽을 살며시 밟고, 오른손으로 R 게이지를 관 내측에 직각으로 갖다 대고 왼손으로 R을 조절한다.

⑧ R 게이지로 R을 맞추어 가며 물걸레로 충분히 냉각한다.

⑨ 완전히 냉각될 때까지 움직이지 말아야 하며, 완전히 냉각되면 파이프 속의 모래를 빼낸다.

4) 치수에 맞게 절단

5) 치수 및 가공 상태를 검사

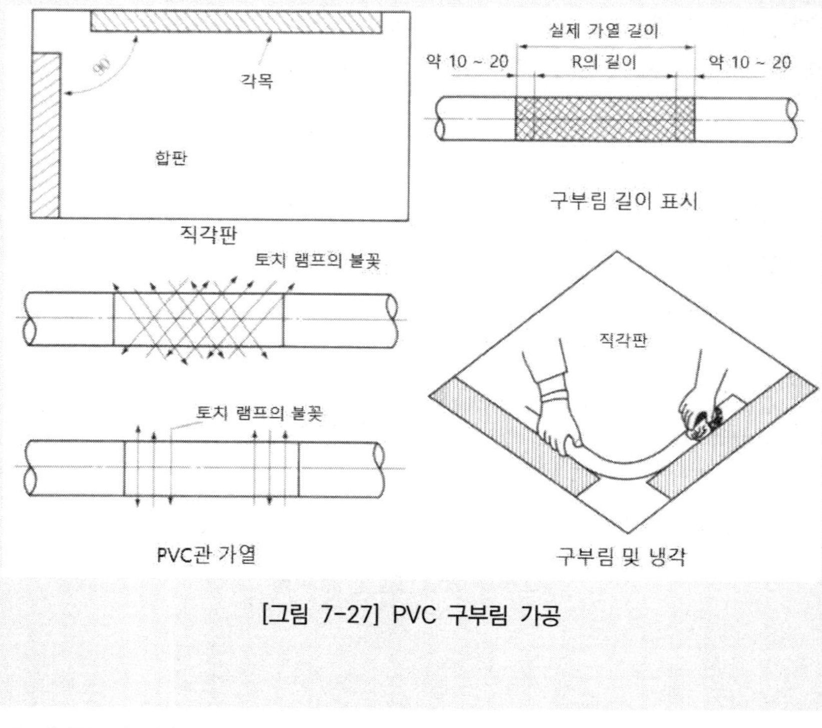

[그림 7-27] PVC 구부림 가공

① 치수와 R이 맞는지 검사한다.

② 변색 및 탄화된 부분 또는 찌그러진 부분이 있는지 검사한다.

2. PVC 배수관을 연결

1) 작업 준비

① PVC관과 공구를 준비한다.

② 도면에 표기된 배수용 이음관을 준비한다.

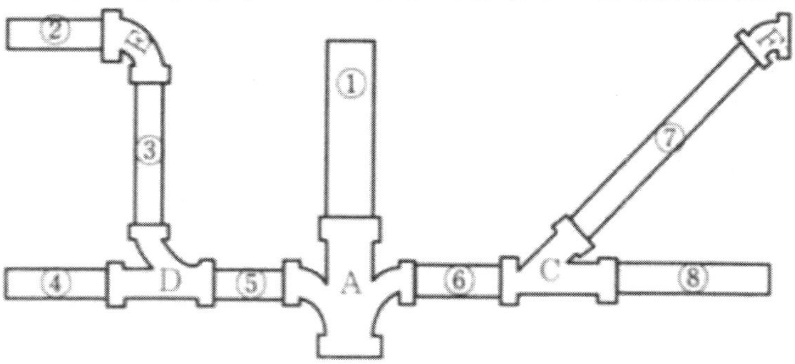

[그림 7-28] PVC 배수관 도면

학습 7

2) 관과 이음관을 연결

① 이음관의 여유 치수를 고려하여 PVC관의 길이를 산출한다.

② 관 끝을 축에 직각이 되도록 절단한 후, 이음관 속으로 삽입될 PVC관 끝 단면을 60°정도로 모따기 한다.

③ 절단면과 내부를 깨끗이 닦은 후, 이음관의 내면과 PVC관의 외면에 접착제를 바른다.

④ 1/2 정도 비틀어 삽입한 후 이음관과 PVC관의 중심이 일치되도록 20~30초 정도 눌러준다.

⑤ 상기 (1)~(4)의 방법으로 [그림 7-28]의 A이음관에 ⑤번 관을 접합하고 이 ⑤번 관에 D의 YT 이음관을 접합한다. 이때 YT 이음관의 방향에 주의한다.

⑥ 동일한 방법으로 D의 YT 이음관에 ④번 관과 ③번 관을 연결하고, ③번 관에는 E 엘보를 접합한 후 ②번 관을 연결한다. 계속해서 ⑥번 관 → C의 Y관 → ⑦, ⑧번관 → ⑦번 관에 E 45°엘보까지 연결을 계속한다.

3) 검 사

PVC 배수관의 연결이 유체의 흐름 방향에 맞게 연결이 되었는지 확인한다.

3. PVC관을 용접

1) 작업 준비

① 재료 및 공구를 준비한다.

② PVC관을 도면 치수에 맞게 절단한다.

③ 용접부의 양 끝을 60°정도의 V형이 되도록 홈 가공을 하고, 루트면 간격을 1mm 정도로 한다.

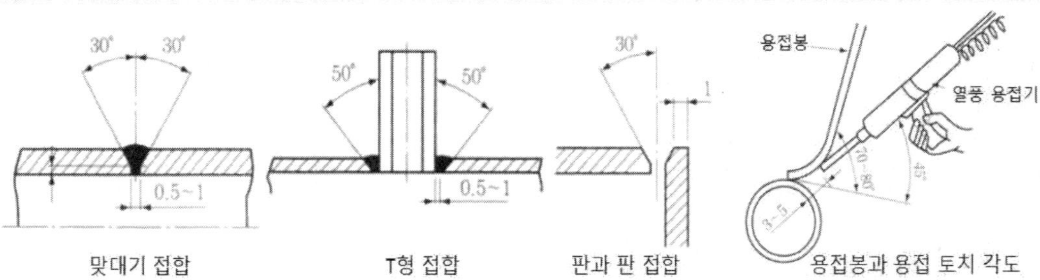

[그림 7-29] 용접 각도

2) PVC 용접 조건을 선정

① 용접기의 분출 압력을 0.25~0.40kg/cm^{2}로 조절한다.

② 열풍의 온도와 공기의 분출 압력을 손바닥으로 감지한다.

③ 열풍으로 인해 PVC 용접봉 끝에 기포 형태가 생기면 4~5초 동안에 보라색으로 변화되므로 주의한다.

3) PVC 용접 이음

① PVC 용접부를 가열한다.

② 용접봉의 각도는 용접면에 대해 70~80°정도, 노즐부는 용접면에 대해 45°정도의 각도을 유지시킨다.

③ 용접봉은 ∅3.2mm의 염화비닐 수지봉을 사용한다.

④ 모재와 용접봉 사이에 뜨거운 바람을 넣어 모재 이음부의 표면과 용접봉을 녹이고, 균일한 가압력으로 용접봉을 이음부 표면에 압접한다.

⑤ 용접을 진행시, 용접봉을 늘리면 균열이 발생하므로 주의한다.

⑥ 1차 용접이 끝나면 2차, 3차에 걸쳐 용접봉을 차례로 용접한다.

⑦ 1개소 용접이 끝나면 작업을 반복하여 용접한다.

4) 용접 부위를 검사

03 배관 단열 마감의 보온재 두께에 대하여 분석하라.

1. 급수관, 배수관의 보온재 및 보온 두께

① 일반적인 경우(조건 : 관내 수온 15℃, 주위 온도 : 30℃, 상대 습도 : 75%미만)

〈표 7-10〉 일반적인 경우 급수관, 배수관의 보온재 및 보온 두께

종 별	관지름(A)	15~80A	100A 이상
1	미네랄울 보온통, 보온대 1호	25	40
2	유리면 보온통, 보온판 24k	25	40
3	발포 폴리스틸렌 보온통 3호	25	40
4	고무발포 보온통, 보온판 1종	13	19

② 다습한 장소(조건 : 관내 수온 15℃, 주위 온도 : 30℃, 상대 습도 : 75% 이상)

〈표 7-11〉 다습한 장소의 경우 급수관, 배수관의 보온재 및 보온 두께

종 별	관지름(A)	15~25A	32~300A	300A 이상
1	미네랄울 보온통, 보온대 1호	25	40	50
2	유리면 보온통, 보온판 24k	25	40	50
3	발포 폴리스틸렌 보온통 3호	25	40	50
4	고무발포 보온통, 보온판 1종	19	25	32

2. 급탕관, 온수관, 증기관의 보온재 및 보온 두께

1) 일반적인 경우

① 조건 : 관내 수온 61~90℃, 주위 온도 : 20℃, 표면 온도 : 40℃ 이하

〈표 7-12〉 일반적인 경우 급탕관, 온수관, 증기관의 보온재 및 보온 두께

종 별	관지름(A)	15~40A	50~125A	150A 이상
1	미네랄울 보온통, 보온대 1호	25	40	50
2	유리면 보온통, 보온판 24k	25	40	50
3	발포 폴리스틸렌 보온통 3호	25	40	50
4	고무발포 보온통, 보온판 1종	25	32	40

② 조건 : 관내 수온 91~120℃, 주위 온도 : 20℃, 표면 온도 : 40℃ 이하

〈표 7-13〉 일반적인 경우 급탕관, 온수관, 증기관의 보온재 및 보온 두께

종 별	관지름(A)	15~40A	50~125A	150A 이상
1	미네랄울 보온통, 보온대 1호	25	50	75
2	유리면 보온통, 보온판 24k	25	50	75
3	발포 폴리스틸렌 보온통 3호	25	50	75

2) 고온의 경우

① 조건 : 관내 수온 121~175℃, 주위 온도 : 20℃, 표면 온도 : 40℃이하

〈표 7-14〉 고온의 경우 급탕관, 온수관, 증기관의 보온재 및 보온 두께

종 별	관지름(A)	25A 이하	32~65A	80~300A	350A 이상
	보온 두께(mm)	40	50	75	100
1	보온재	미네랄울 보온통			
2		유리면 보온통			
3		발수성 펄라이트 보온통, 규산칼슘 보온통			

② 조건 : 관내 수온 220℃, 주위 온도 : 20℃, 표면 온도 : 40℃ 이하

〈표 7-15〉 고온의 경우 급탕관, 온수관, 증기관의 보온재 및 보온 두께

종 별	관지름(A)	32~65A	80~300A	350A 이상
	보온 두께(mm)	50	75	100
1	보온재	미네랄울 보온통		
2		유리면 보온통		
3		발수성 펄라이트 보온통, 규산칼슘 보온통		

3. 냉수관, 냉온수 관의 보온재 및 보온 두께

1) 일반적인 경우

① 조건 : 관내 수온 5℃, 주위 온도 : 30℃, 표면 온도 : 75℃ 미만

〈표 7-16〉 일반적인 경우 냉수관, 냉온수관의 보온재 및 보온 두께

(단, 종별3은 냉수관에만 적용)

종 별	관지름(A)	15~25A	32A 이상
1	미네랄울 보온통, 보온대 1호	25	40
2	유리면 보온통, 보온판 24k	25	40
3	발포 폴리스틸렌 보온통 3호	25	40
4	고무발포 보온통, 보온판 1종	19	25

② 조건 : 관내 수온 10℃, 주위 온도 : 30℃, 표면 온도 : 75℃미만

〈표 7-17〉 일반적인 경우 냉수관, 냉온수관의 보온재 및 보온 두께

(단, 종별3은 냉수관에만 적용)

종 별	관지름(A)	15~50A	65A 이상
1	미네랄울 보온통, 보온대 1호	25	40
2	유리면 보온통, 보온판 24k	25	40
3	발포 폴리스틸렌 보온통 3호	25	40
4	고무발포 보온통, 보온판 1종	13	19

2) 다습한 장소의 경우

① 조건 : 관내 수온 5℃, 주위 온도 : 30℃, 표면 온도 : 75℃ 이상

〈표 7-18〉 다습한 장소의 냉수관, 냉온수관의 보온재 및 보온 두께

(단, 종별3은 냉수관에만 적용)

종 별	관지름(A)	15~32A	40~100A	125A 이상
1	미네랄울 보온통, 보온대 1호	40	50	75
2	유리면 보온통, 보온판 24k	40	50	75
3	발포 폴리스틸렌 보온통 3호	40	50	75
4	고무발포 보온통, 보온판 1종	32	40	50

② 조건 : 관내 수온 10℃, 주위 온도 : 30℃, 표면 온도 : 75℃ 이상

〈표 7-19〉 다습한 장소의 냉수관, 냉온수관의 보온재 및 보온 두께

(단, 종별3은 냉수관에만 적용)

종 별	관지름(A)	15~32A	40~100A	125A 이상
1	미네랄울 보온통, 보온대 1호	40	50	75
2	유리면 보온통, 보온판 24k	40	50	75
3	발포 폴리스틸렌 보온통 3호	40	50	75
4	고무발포 보온통, 보온판 1종	25	40	40

4. 공조용 냉매관의 보온재 및 보온 두께

〈표 7-20〉 일반적인 경우 냉수관, 냉온수관의 보온재 및 보온 두께

종 별		보온 두께(mm)										
		관지름(mm)										
		6.35	9.52	12.7	15.88	19.05	22.22	25.4	28.58	31.8	34.92	38.1
압축기 옥외 히트펌프	가스관	20	20	20	20	20	20	20	20	20	20	20
	액관	7.5	7.5	10	10	10	10	10	10	10	10	10
압축기 옥외 냉방전용	가스관	20	20	20	20	20	20	20	20	20	20	20
	액관	7.5	7.5	10	10	10	10	10	10	10	10	10
압축기 옥내 히트펌프	가스관	20	20	20	20	20	20	20	20	20	20	20
	액관	7.5	7.5	10	10	10	10	10	10	10	10	10
압축기 옥내 냉방전용	가스관	7.5	7.5	10	10	10	10	10	10	10	10	10
	액관	7.5	7.5	10	10	10	10	10	10	10	10	10
보온재		발포 폴리에틸렌, 고무 발포 보온재 1, 2종										

학습활동.7 교수 · 학습 방법

교수 방법

- 배관장비와 배관작업에 대한 관련 용어, 구성, 방식 이해 정도를 파악한 후 수업을 진행한다.
- 교수자의 주도로 배관장비와 배관작업 등의 내용을 PPT 자료로 제시한 후 설명한다.
- 가능하면 사전에 개인별 학습 자료를 준비하여 모든 학생이 참여할 수 있는 문제 해결식 수업, 협력 수업이 가능하도록 한다.
- 배관장비와 배관작업 전 과정을 작업의 순서에 따라 단계적으로 실습이 이루어질 수 있도록 지도한다.
- 교재를 통해 수업을 준비하는데 있어서 필요한 모든 정보나 팁, 힌트 등 도움이 될 만한 내용들을 확인할 수 있다.
- 학생들이 만들게 될 각 모델들은 수업시간에 중점적으로 다뤄질 부분과 어휘, 질문, 답을 포함하고 있으며 또한 탐구할만한 추가적인 아이디어들도 포함하고 있다.

학습 방법

- 배관장비와 배관작업에 대한 관련 용어를 숙지하고, 배관장비와 배관작업에 대해 이해한다.
- 배관장비와 배관작업의 각 단계별 중점 사항을 체계적으로 학습한다.
- 배관장비와 배관작업의 수행순서의 전 과정을 실습한다.
- 배관장비와 배관작업의 내용을 이해한다.
- 배관장비와 배관작업을 이해하고 숙달이 될 때까지 학습한다.

학습활동.7 평가 및 피드백

평가 준거

- 평가자는 피평가자가 수행 준거 및 평가 내용에 제시되어 있는 내용을 성공적으로 수행할 수 있는 지를 평가해야 한다.

학습내용	평가항목	성취수준		
		상	중	하
배관장비와 배관작업	배관장비와 배관작업을 이해할 수 있다.			

평가 방법

• 작업 포트폴리오

학습내용	평가항목	성취수준		
		상	중	하
배관장비와 배관작업	배관장비와 배관작업을 이해할 수 있다.			

• 필기시험

학습내용	평가항목	성취수준		
		상	중	하
배관장비와 배관작업	배관장비와 배관작업을 이해할 수 있다.			

• 체크리스트를 통한 관찰

학습내용	평가항목	성취수준		
		상	중	하
배관장비와 배관작업	배관장비와 배관작업을 이해할 수 있다.			

• 피드백

1. 작업 포트폴리오
   - 제출한 보고서를 평가한 후 주요 사항에 대하여 표시하여 돌려준다.
2. 필기시험
   - 평가 결과 성적이 저조한 학생은 보고서 제출 기회를 부여한다.
3. 체크리스트를 통한 관찰
   - 실습 과정에서 평가한 후 개선해야 할 사항 등을 정리하여 돌려둔다.

참 | 고 | 문 | 헌

1. 김남규(2000,12). 사무소 건물 설비시스템의 통합적 성능 개선방법에 관한 연구. 중앙대학교대학원 논문.
2. 주택 재건축사업의 안전 진단 매뉴얼. (2015.05.29.) 한국시설안전공단.
3. 김동우 · 황교선(2015). 『최신 배관공학』. 세진사.
4. 한국산업인력공단(2013). 『배관공작실기』. 한국산업인력공단(www.훈련교재.한국).
5. 한국산업인력공단(2010). 『건축배관』. 한국산업인력공단(www.hrdkorea.kr).

학습 1	배관 내시경의 개요
학습 2	배관 내시경 검사와 판독
학습 3	배관 영상과 지능형 영상 분석
학습 4	배관 내시경 위치파악과 영상마커
학습 5	산업용 내시경 동향
학습 6	배관시공의 도면과 재료
학습 7	배관공구와 배관작업
학습 8	**배관시공 상태 및 누설검사**
학습 9	배관의 점검 및 시운전
학습 10	배관의 유지보수
학습 11	배관의 시공 및 안전
학습 12	배관의 비파괴 검사 기술

학습 목표

1. 배관시공 학인 및 누설검사를 이해할 수 있다.

8-1 배관시공 상태 검사

1. 배관 육안 검사, 비파괴 검사

배관 시험 및 검사에 대한 이해가 필요하며 육안 검사, 비파괴 검사를 통하여 배관의 시공 상태를 파악한다.

1) 배관 육안 검사

배관 내·외부의 청소 상태 및 배관 설비의 설치 상태의 확인을 육안으로 검사하여 검사능력을 배양한다.

2) 비파괴 검사

현장 배관 공사에서는 용접 작업이 50% 이상 차지한다. 용접 작업을 잘 관리하는 현장은 성공리에 공사를 잘 마무리하나 잘못 관리하면 공사 지연의 원인으로 작용하는 사례가 많으므로 용접 관리에 최선을 다해야한다. 지상 및 지하 배관에 대하여 실시하며, 일반 건축용 저압 설비 배관에는 적용하지 않는다.

2. 배관 검사 체크 리스트

배관 검사 체크 리스트를 이용하여 배관 부품 및 지지 장치를 확인한다. 수압, 기압, 가스(질소)압 등을 이용하여 누설 여부를 확인한다. 관련 법규, 검사 기관 규칙 및 관련 규정과 시험 기준서 및 품질 기준서, 배관 도면의 종류, 용도, 관경, 구배, 경로에 대한 이해가 필요하다.

8-2 배관 누설 검사

배관의 누설 확인은 수압, 기압, 가스(질소)압 등을 이용하여 누설 여부를 확인할 수 있다.

1. 수압 시험

각 배관의 일부 또는 전체 배관 완료 후에는 수압 시험 및 누수 시험을 실시한다.

1) 준 비

시험 구간 및 시험 압력 · 유지 시간을 확인한다. 배관 설비에 대한 확인을 위해 설계도서의 판독과 시방서에 대한 지식, 배관 설비의 구성 파악, 체크 리스트 파악 능력이 필요하다.

2) 시험 요령

시험 구간 및 시험 압력 · 유지 시간을 확인한다.

① 배관 내에 물을 채운다.
② 가압시의 누수, 파괴, 변형 등에 최대한 주의를 기울인다.
③ 시험 중에는 기기류나 밸브 등에 손대지 못하도록 해야 하며 주위 사람들이 쉽게 알 수 있도록 표시해둔다.

2. 기밀 시험

각 배관의 일부 또는 전체 배관 완료 후에는 기밀 시험을 실시한다.

1) 준 비

① 누설 시험용 가스 봄베, 공기 압축기(Compressor)를 선정한다.
② 누설 시험용 발포액(비눗물, 중성 세제 수용액)을 준비한다.
③ 자동 제어 밸브나 팽창 밸브의 외부 균압관 등은 시험 압력을 받지 않도록 보호 및 제거한다.

2) 시험 요령

① 봄베의 개폐 밸브를 개방하거나 공기 압축기를 운전하여 서서히 약 $5kgf/cm^2$까지 가압한다.
② 전체 계통을 확인 후 이상이 없으면 서서히 저압 측의 시험 압력까지 올리고저압 측 시험 압력 상태에서의 누설 유무를 조사한다.
③ 누설이 예상되는 모든 개소에 발포액을 충분히 칠하여 완벽히 체크한다.
④ 60분간 시험하여 누설이 없으면 그 상태로 24시간 계속 방치하여 압력 강하를 확인한다.

3) 유의 사항

① 시험용 압력 가스는 일반적으로 질소 가스와 같이 불연성 가스를 사용한다.
② 압력계의 최고 눈금은 시험 압력의 1.5~2.0배의 눈금인 것을 사용한다.
③ 누설 시험 시 비눗물을 사용한 경우에는 시험 후 잘 씻어낸다.

수행 내용

재료 · 자료

- 배관시공 상태 및 누설검사 관련 자료

기기(장비 · 공구)

- 컴퓨터, 프린터, 주변기기

안전 · 유의사항

- 컴퓨터 및 주변기기의 전원을 관리한다.

수행 순서

01 배관시공 상태 파악에 대하여 분석하라.

배관시공 상태는 측정 능력, 샘플링 능력, 시험 성적서 및 검사 성적서 판독 능력, 도면 해석 및 활용 능력을 숙지하여 배관시공 상태를 파악하는 것이다.

1. 배관공사 확인

1) 공통사항 확인

① 입상 피트의 유지 관리 공간(Maintenance Space)은 충분히 확보되었는지 확인한다.
② 각종 배관의 배치는 산만하지 않게 정렬되었는지 확인한다.
③ 배관에 대한 방진 조치는 고려되었는지 확인한다.
④ 배관 계통 도중에 공기의 정체가 우려되는 부분에 공기벤트(Air Vent)가 설치되었는지 확인한다.
⑤ 방진 장치가 있는 장비의 연결 배관에 후렉시블 컨넥터(Flexible Connector)가 설치되었는지 확인한다.

⑥ 배관 공사 중이거나 일시 중지하는 경우에는 배관 내에 이물질이 들어가지 않도록 보호캡 등으로 완전히 밀폐하여 보호하고, 부분 공사 완료 시에는 필히 관내 이물질을 제거하고 다음 공정에 임한다.

⑦ 관은 그 단면이 변형되지 않도록 관축에 대해 직각으로 절단하고 절단 부분은 리이머 또는 연삭 다듬질을 한다.

⑧ 나사 접합 시 유니온 접합을 해서는 안 된다.

⑨ 패킹은 관 내경과 일치 하도록 플랜지 사이에 밀착시키고 시공한다.

⑩ 이종 금속이 접합 또는 접촉되는 부분은 항상 절연을 해야 한다.

2) 관내의 점검, 청소 및 배관 끝을 보호

① 관은 접합하기 전에 관 내부를 점검하여 이물질이 없는지 확인한다.

② 금속의 칩 및 먼지 등을 완전히 제거했는지 확인한다.

③ 작업 종료나 일시적으로 중단 시 배관 끝을 플러그 및 캡 등으로 완전히 폐쇄하고, 이물질이 들어가지 않도록 하는 등의 조치 여부를 확인한다.

2. 배관의 동파 방지 확인

1) 배관의 동파 예방 조치

① 옥외 및 기타 동파가 예상되는 배관에는 배수 밸브(Drain Valve)를 설치하여 배관 내의 물이 완전히 배수 가능하도록 충분한 구배를 고려하여 시공한다.

② 외벽에 가까운 입상 피트(Pipe Shaft) 내 입상관 등 동파가 예상되는 개소는 전열선을 감아 동파의 예방 조치를 한다.

③ 증기 배관의 동파 방지를 위해 환수관의 구배를 1/100~1/150로 하여 자연 환수가 잘 되도록 한다.

④ 트랩은 동파 우려가 있으므로 가능하면 옥내에 설치한다.

⑤ 온수 배관은 옥외 노출 또는 옥외에 가까운 곳에는 배관하지 않도록 한다.

2) 각종 배관의 동결 방지 대책 확인

(1) 증기 배관 · 환수관의 동결 방지 대책 확인

① 증기 배관 · 환수 배관은 응축수가 정체되지 않도록 배관의 구배를 주고, 관경이 다른 배관의 접속은 편심 레듀셔(Reducer)를 사용하여 정체에 각별히 주의해야 한다.

② 트랩이나 리프트 피팅(Lift Fitting)은 외기에 노출되어 동파의 위험이 있는 곳에는

학습 8

가능하면 설치를 피한다. 어쩔 수 없는 경우에는 발열선과 보온 케이싱을 같이한다. 아래에 〈표 8-1〉은 각종 배관의 동결 방지 대책이다.

〈표 8-1〉 배관의 동결 방지 대책

<table>
<tr><th colspan="2">구 분</th><th>24시간 연속
운전</th><th>간헐운전</th><th>동절기 장기간 운전정지</th></tr>
<tr><td>난
방
실</td><td>냉 수
온 수
냉온수
냉각수
급 수
배 수</td><td></td><td>특별한 대책 불필요</td><td></td></tr>
<tr><td rowspan="2">비
난
방
실</td><td>냉 수
온 수
냉온수
냉각수</td><td>특별한 대책 불필요</td><td rowspan="2">보온 또는 발열선
+보온</td><td rowspan="2">순환 펌프 가동에 의한 물의순환
(냉각수, 급수, 배수는 제외)
물빼기
부동액 주입
발열선+보온</td></tr>
<tr><td>급 수
배 수</td><td>보온 또는 발열선 +
보온</td></tr>
<tr><td rowspan="2">옥
외</td><td>냉 수
온 수
냉온수
냉각수</td><td>특별한 대책 불필요</td><td rowspan="2">보온 케이싱 또는 발
열선+보온 케이싱</td><td rowspan="2">순환 펌프 가동에 의한 물의 순환
(냉각수, 급수, 배수는 제외)
물빼기
부동 액주입
발열선+보온케이싱</td></tr>
<tr><td>급 수
배 수</td><td>보온 또는 발열선 +
보온 케이싱</td></tr>
</table>

(2) 통기관 · 배기관의 동결 방지 대책 확인

① 안전 밸브의 배기관, 팽창 탱크, 응축수 탱크 등의 통기관은 1/250 이상의 순구배로 시공하여 배수가 고이지 않고 탱크 또는 외부로 배출되도록 한다.

② 옥외로 배출하는 안전 밸브의 배출관 등은 증기가 상부로 배출되도록 한다.

(3) 매설 배관의 동결 방지 대책 확인

① 급수 배관의 매설은 각 지역의 수도 사업소에서 정하고 있는 매설 심도를 확인한다. 아래 〈표 8-2〉는 일반적인 표준 매설 심도이다.

〈표 8-2〉 표준 매설 심도

도로 등의 종별	표준 매설 심도[m]
공도내(公道內)의 차도 부분	1.2 이상
공도내(公道內)의 보도 부분	0.9 이상
사도내(私道內)의 차량 통행 부분	0.6 이상(대형 차량 통로부는 제외)
택지내(宅地內)	0.3 이상

② 공조 배관은 가능하면 지중 매설을 피한다. 어쩔 수 없는 경우는 동결 심도이하로 매설한다.

3. 각종 신축 이음쇠의 선정 및 설치 간격 파악

냉·온수, 증기가 관내 통과 시 고온, 저온에 의한 관의 팽창 수축으로 배관의 신축도 크게 되어 관, 기구, 파손, 휨(좌굴)이 발생한다. 이러한 사항을 방지하기 위하여 배관 도중에 신축 이음을 설치한다. 배관 지지 철물 등의 설치 시 자중 및 고정 응력을 고려하여 견고하게 설치하고 관의 신축, 진동 및 하중 등에 견딜 수 있도록 일정 간격으로 설치하여 이완 파손 변형이 없도록 한다.

① 입상관은 각 층마다 1개소 이상 지지한다.
② 다른 배관 및 기기 등에 가스 배관을 지지하여서는 안 된다.
③ 바닥에 설치되는 배관은 지지 철물을 사용하여 고정한다.
④ 배관의 팽창 수축으로 배관의 파손, 휨(좌굴)을 방지하기 위하여 배관 도중에 신축 이음을 설치한다.

1) 신축 루프 배관(Expansion Loop Bend) 확인

배관의 도중에 설치하여 곡부의 팽창, 수축에 의하여 관의 신축을 흡수하며, 링(Ring)처럼 굽은 관을 말한다.

2) 신축 이음쇠 확인

신축 밴드, 벨로우즈 신축이음, 스위블(Swivel) 조인트 등을 사용하며, 증기나 온수를 운반하는 긴 배관은 온도 변화에 따른 팽창과 수축을 흡수하기 위하여 30m 마다 1개소 정도의 비율로 설치할 필요가 있다.

학습 8

3) 볼 조인트를 확인

볼(Ball) 부와 케이스 부는 KS D 4301에 의한 3종(GC 20)으로 미끄럼 부가 경질 크롬 도금 다듬질의 상당품 이상으로 하고, 호칭 지름 50mm 이하는 나사형으로 하며, 호칭 지름 65mm 이상은 플랜지형으로 한다. 이 조인트는 관의 신축 또는 굴절 등에서 새지 않고 작동이 확실한 것으로 한다.

4) 신축 이음쇠 허용 배관 길이를 확인

① 벨로우즈 형식 및 슬리브 형식의 단식 신축 이음쇠가 부담할 수 있는 배관길이는 신축량 계산 및 설치 간격 산정 시 참고한다.

② 벨로우즈 형식 및 슬리브 형식의 신축 이음은 수압에 의한 신축이 크기 때문에 그에 대항하는 고정점뿐만 아니라 관 자체에도 압력이 가해져 관의 좌굴을 일으키는 경우가 있으므로 고정점의 간격과 위치를 검토해둔다.

③ 선팽창 계수(Lineal Expansion Coefficient)는 배관의 온도 t1℃ 때의 길이를 L1, 온도 t2℃ 때의 길이를 L2 라고 하면, t1℃ 때의 길이에 대한 신축의 비율은 온도에 비례한다. 즉 (L2 - L1) / = a(t2 -t1)로 비례정수 a를 선팽창 계수라 부른다.

5) 신축 이음의 앵커, 가이드 설치 기준을 확인

① 주 고정점(Anchor)과 이에 부착되는 모든 구조물은 그에 작용하는 모든 외압에 대해 충분히 견딜 수 있게 설치되어야 한다.

② 주 고정점의 설치 위치는 흐름 방향이 변하는 지점, 직선 배관에서 서로 다른구경의 두 신축 이음 중간부, 신축 이음이 설치된 곳에서 주 배관의 T 부분, 배관이 끝나는 관말 지점이다.

③ 중간 고정점은 내압에 의한 추력을 받지 않는다. 중간 고정점에는 배관의 무게와 유체의 흐름에 의한 마찰력이 작용한다.

④ 가이드는 배관의 좌굴 현상을 방지하고, 신축 이음이 작동할 때 적절히 중심을 맞추기 위해 필요하다. 제 기능 유지를 위해 배관에 적합한 가이드와 지지물, 주 고정점을 설치해야 한다.

5) 신축 이음쇠 설치 시 유의사항을 확인

(1) 검사 사항을 확인한다

① 운송 중 발생할 수 있는 신축 이음의 손상 여부를 검사한다.

② 신축 이음은 유체 흐름 방향에 맞게 설치되었는지 검사한다.

③ 앵커 및 가이드가 적절하게 설치되었는지 검사한다.

(2) 주의사항 확인

① 신축 이음을 떨어뜨리거나 타격하지 말아야 한다.

② 벨로우즈에 용접 스패터(Spatter)가 없도록 한다.

③ 염분이 있는 세척제로 세척하는 것을 금지한다.

④ 수압 시험은 제조사에서 규정한 압력 이상으로 하지 말아야 한다.

(3) 압력시험 및 가동 전 검사 내용 확인

① 배관 설계도에 맞게 앵커, 가이드, 지지물(Support)이 설치되었는지 검사한다.

② 신축 이음의 설치 위치는 적절한지 검사한다.

③ 모든 가이드, 지지물이 신축 이음 배관의 신축량을 충분히 허용할 수 있는지 검토한다.

(4) 압력시험 중, 시험 후 검사 내용 확인

① 압력 강하 및 누설 여부를 확인한다.

② 앵커, 신축 이음의 압력을 받는 부위 및 다른 요소에서 뒤틀림이나 항복이 발생했는지 검사한다.

③ 압력으로 인해 예상하지 못한 운동, 변형이 발생했는지 검사한다.

[그림 8-1] 횡주관의 앵커, 가이드, 신축이음의 설치 모습

02 배관 누설 여부 확인에 대하여 분석하라.

1. 내압 및 기밀 시험 실시

배관 공사가 완료되었을 때에는 자기 압력 기록계로 2회 이상에 걸쳐 주지관, 입상관, 가정관, 동별로 반드시 기밀 시험을 하여야 한다. 입상관 및 가정관의 기밀 시험은 경사 마노메타 등 계량법에 의한 검사품인 수주계 및 수은주계로 실시한다.

① 내압 시험은 최고 사용 압력의 1.5배 이상 기밀 시험은 최고 사용 압력의 1.1배 이상 또는 840mmAq 중 높은 압력 이상으로 한다.

② 기밀 시험의 봉입 가스는 불활성 가스, 질소 등의 사용을 원칙으로 하되, 공기압에 의한 기밀 시험을 행할시 온도계를 병설하여 온도에 따른 압력을 보정해야 하며, 시험 후 생기는 응축수는 충분히 제거한다.

③ 기밀 시험 및 압력 유지 시간은 다음과 같다.

〈표 8-3〉 기밀 시험 및 압력 유지 시간

종 류	최고 사용 압력	용 적	기밀 유지 시간
자기압력계	저압	$1m^3$	30분
		$1\sim10m^3$ 이하	240분
		$10m^3$ 초과$\sim300m^3$ 이하	24시간

2. 수압 테스트 준비

1) 수압 테스트 전에 사전 준비사항을 파악

① 시험 구간 및 시험 압력, 유지 시간을 확인한다. 입상관의 하부에서는 정수두압이 걸리므로 접속 기구의 내압을 체크한다.

② 급수 가압 방법, 배수 방법 검토 및 작업자의 배치, 연락 체계를 사전 확인한다.

③ 밸브류, 배관, 기구류의 폐쇄상태, 플러그 · 압력계 부착 상태를 확인한다.

④ 누수에 의한 피해 우려가 있는 곳은 보양을 철저히 한다.

⑤ 배관 접속의 착오가 없는지 확인한다.

⑥ 시험에 사용하는 밸브(수압 펌프와의 접속 밸브, 공기빼기 밸브, 배수 밸브 등)는

시험 압력에 견디는 것으로 한다.

⑦ 내압 시험에 사용하는 압력계는 시험 압력에 대해서 눈금에 여유가 있는 것을 사용하며, 설치 위치는 눈금을 확인하기 쉽고 사진 촬영이 쉬운 곳에 설치한다.

2) 배관 수압 시험 요령 확인

① 배관 내에 물을 채운다. 물을 채울 때는 시험 압력의 적정 유지를 위해 배관 내 공기를 완전히 뺀다.

② 시험 압력, 가압 시간은 체크 리스트의 기준을 따른다.

③ 시험 중에는 기기류나 밸브 등에 손대지 못하도록 해야 하며 주위 사람들이 쉽게 알 수 있도록 표시해 둔다. 또 압력이 떨어져도 함부로 올리지 않도록 작업자들에게 사전에 시험 시간을 알려준다.

④ 시험 시에는 일시, 배관 계통, 시험 압력, 유지 시간, 책임자, 감독자를 기재하여 압력계 위치에서 사진 촬영하여 관리한다.

⑤ 시험 실시 구간, 시험 실시 전의 압력, 유지 시간 경과 후의 압력, 기타 시험 기록은 상세하게 기록하여 보관한다.

3) 수압 시험 판정 기준 확인

① 수압은 60분간 방치 후 압력 강하는 0.05 MPa(0.5 kgf/cm^2) 미만, 누수가 없어야 한다.

② 기압은 60분간 방치 후 압력 강하는 0.035MPa(0.35 kgf/cm^2) 미만, 누기가 없어야 한다.

③ 만수는 30분간 방치 후 누수가 없어야 한다.

④ 통수는 10분간 방치 후 누수가 없어야 한다.

4) 시험 종료 후 조치 사항 숙지

① 시험이 종료되면 원칙적으로 신속히 배수하나 필요 시 사용 압력 기준으로 압력을 유지한다. 배수할 때에는 배수용 밸브는 배수관 등으로부터 넘치지 않도록 주의하면서 서서히 연다.

② 시험 종료 후는 시운전 조정전의 준비 단계로서 관 내부 청소를 한다. 관 내부청소는 물로 하며 만수 배수(Blow)법으로 하여 물의 탁도를 보고 판단한다.

③ 시험 종료한 계통은 시험 미실시 계통과 확실히 구별 가능하도록 시험 진행 상황을 관리한다.

5) 수압 시험 시 유의 사항 확인

① 체크 밸브가 있는 계통에 대하여 밸브의 상류 측부터 가압한다.
② 배관 계통의 최상단부에는 공기 빼기 검수용 밸브를 설치하고 물 채울 때 밸브를 개방하여 물이 흘러나올 때까지 물을 관내에 보급한다.
③ 배관 계통 도중에 공기의 정체가 우려되는 곳에는 반드시 공기 빼기 밸브를 설치한다.
④ 가압은 배관 계통에 이상이 없음을 확인하면서 서서히 시험 압력까지 도달시킨다.
⑤ 가능한 한 공사 도중에 구간별로 나누어서 시험을 한다.
⑥ 시험 종료 후에는 부분 시험 시 사용한 맹 플랜지 등의 제거 상태를 확인한다.
⑦ 시험 종료 후 배수 시에는 건물 내로 배수된 물이 건축의 마감 부위를 오염시키지 않도록 주의한다.

3. 수압 테스트 실시

각 배관 계통의 전부 또는 일부가 완료된 경우에는 수압 시험을 실시한다.

1) 냉 · 난방배관의 수압 시험 실시

① 보온 또는 도장 시공 전에 부분적 또는 전반적으로 수압 시험을 한다.
② 시험 결과 누수 개소가 생긴 경우에는 수리 후 재시험을 한다.
③ 수리는 해당 부분을 다시 조이거나 패킹(Packing), 개스킷(Gasket) 등의 재료 교환에 의하는 것으로 하고, 코킹(Caulking) 등에 의한 수리를 해서는 안 된다.
④ 상기 시험의 누수 검사는 내압 1시간 후에 한다.
⑤ 시험 후에는 관내의 물을 각 부분에서 완전히 배수(Blow)하여 관내의 이물을 배제한다.
⑥ 시험 압력이 기기류의 최고 압력을 넘을 때는 기기의 출 · 입구 밸브를 전폐해둔다.
⑦ 입상관의 경우 배관 윗부분과 밑 부분에서는 관의 접수 등에 상당하는 것만큼 압력차가 생기므로, 입상관이 긴 경우에는 이 점을 고려하여 시험 압력의 위치를 정한다.

2) 급수 · 급탕 및 배수관의 수압 시험 실시

배수 계통의 전부 또는 일부가 완료된 경우에는 수압 시험을 실시한다.

(1) 만수 시험 실시

① 기구를 접속하기 전에 실시하고, 시험 대상 부분의 최고 개구부를 제외한 접속구는 모두 밀폐하고 관내를 만수로 하여 누수의 유무를 확인한다.

② 부분 시험을 할 때는 그 계통 중의 부분 시험의 최고위부터 밑으로 3m까지의 배관을 제외하고, 어느 부분도 3mAq 이상의 수두로 시험한다. 수압 시험 시험 방법 및 기준 값은 아래 〈표 8-4〉에 따른다.

〈표 8-3〉 수압 시험 시험 방법 및 기준 값

구 분	시험방법	수압(만수 시험)				
계 통	최소 압력	1.7Mpa	1Mpa	실제로 받는 최고 사용 압력의 2배	3mAq(0.03Mpa)	통 수
	최소 유지 시간(min)	60	60	60	30	30
급 수	직 결	○				
	고가 수조 이하		○			
	양수관			○		
배 수	건물내 배수관				○	
	부지 배수관					○
	건물내 우수 배수관					○

(2) 주의사항 확인

① 급수 계통의 시험 용수는 상수를 사용한다.

② 시공 공정을 잘 검토하여 단열, 도장 작업 전에 시험한다.

③ 배관 계통의 공기 빼기를 충분히 하며 요소에 공기 방출 밸브를 설치한다.

④ 시험 후의 물은 배수가 가능하도록 고려한다.

⑤ 계기류용 접속 소켓은 플러그(Plug)로 막아둔다.

⑥ 각 기기의 최대 사용 압력을 넘는 압력을 가하지 않는다.

⑦ 신축 이음쇠 등은 내압을 조사하여 견딜 수 없는 것은 일시에 떼어내 두고 시험한다.

3) 지역 난방 배관에 대해 수압 시험 실시

(1) 시험 압력 및 절차 확인

① 1차 측 배관 수압 시험은 설계 압[1.6MPa(16kgf/cm^2)]의 1.5배로 30분간 유지하여 이상이 없어야 한다.

② 1차 측 배관의 비파괴 검사는 관계 법령에 의한 기술 용역 전문 업체에서 지상 노출 구간은 20%, 지하 매설 및 벽체 매입 구간은 100% 실시하여야 하며 비파괴 검사가 곤란한 소켓 용접 부위는 용접 개소에서 제외한다.

학습 8

(2) 오일(Oil) 배관은 최고 사용 압력의 1.5배×60분 이상으로 하며, 최저 압력은 0.7MPa(7kg/cm^{2}G)×60분 이상으로 한다.

4. 기밀 시험 준비

1) 기밀 시험 준비 내용 확인

① 누설 시험용 가스 봄베, 공기 압축기(Compressor)를 선정한다.

② 압축기의 흡입·토출 측의 밸브를 닫고 압축기를 시험용 배관으로부터 차단한다.

③ 누설 시험용 비눗물 또는 중성세제 수용액을 준비한다.

④ 압력계를 배관 계통의 고압, 저압 측에 각각 1개씩 설치한다.

⑤ 자동 제어 밸브나 팽창 밸브의 외부 균압관 등은 시험 압력을 받지 않도록 보호하거나 제거한다.

⑥ 가스 봄베 사용 시 봄베는 수직으로 설치하며 압력계와 조절 밸브를 부착한다.

2) 기밀 시험 요령 확인

① 봄베의 개폐 밸브를 개방하거나 공기 압축기를 운전하여 서서히 가압하고 약 0.5MPa(5kgf/㎠)까지 압력을 올린다.

② 전체 계통에 이상이 없음을 확인한 후 서서히 저압 측의 시험 압력까지 상승시킨다.

③ 저압 측 시험 압력 상태에서 누설 유무를 조사한다.

④ 누설 확인은 발포액을 나사부의 접속부, 용접부, 기타 누설이 예상되는 모든 개소에 충분히 칠하여 완벽히 확인한다.

⑤ 전체 계통이 저압 측 시험 압력 상태에서 누설이 없는 경우는 저압 측 공급 배관 밸브를 닫고 고압부만 고압시험 압력까지 높여 저압부와 같은 방법으로 시행한다.

⑥ 60분간 시험하여 누설이 없으면 그 상태로 24시간 방치하여 압력 강하가 없는지 확인한다.

⑦ 계통에 누설이 없으면 계통 중의 낮은 위치에 있는 배수 밸브나 배수 플러그를 개방하여 압력 가스를 외부로 방출시킨다.

3) 기밀 시험 시 유의사항 확인

① 시험에 사용하는 압력 가스는 일반적으로 질소 가스와 같이 불연성 가스를 사용하며 산소 또는 독성 가스를 사용해서는 안 된다.

② 암모니아 냉동 장치에서는 탄산가스를 사용하지 않는다.

③ 공기 압축기를 사용할 경우 시험 압력까지 충분히 가압할 수 있는 것을 사용하며, 흡입 측에 드라이어(Drier)를 접속하여 수분이 포함된 공기가 냉매 계통 내에 들어가지 않도록 한다.
④ 냉동 장치의 압축기를 사용하여 가압해서는 안 된다.
⑤ 압력계의 최고 눈금은 시험 압력의 1.5~2배인 것을 사용한다.
⑥ 아주 미세한 누설 부분도 간과해서는 안 되며 발견 시는 반드시 표시해 둔다.
⑦ 누설 개소가 발견되면 가스를 퍼지(Purge) 시킨 후 용접이나 너트를 확실히 조인다.
⑧ 누설 시험에 비눗물을 사용한 경우에는 시험 후 잘 씻어낸다.
⑨ 동관 배관의 불량 개소는 그 상태에서 보수하지 않고 일단 철거하여 그 부분을 깨끗이 청소한 후 다시 용접한다.

4) 진공 건조 작업의 요령을 확인

냉매 배관의 기밀 시험에서 누설이 없으면 다음 요령으로 진공 건조시킨다.

① 진공 펌프 및 냉매 가스 봄베를 각각의 서비스포트에 접속한다.
② 냉매로 0.2MPa(2kgf/cm^2) 이상의 압력을 걸어 냉매 계통의 누설 시험을 한다.
③ 냉매를 방출하고 진공 펌프를 운전한다.
④ 저압이 진공 상태임이 확인되면 진공 펌프를 정지시킨다.
⑤ 봄베의 밸브를 열어 냉매를 주입시키고 0.2MPa(2kgf/cm^2)까지 가압시켜 다시 누설 검지기로 누설 시험을 한다.

Tip

- 난방, 급탕 배관 수압 시험 시 신축 이음쇠 등은 내압을 조사하여 견딜 수 없는 것은 일시에 떼어내 두고 시험한다.
- 시험 후의 물은 배수가 가능하도록 고려해 둔다.

학습활동.8 교수 · 학습 방법

교수 방법

- 배관시공 상태 및 누설검사에 대한 관련 용어, 구성, 방식 이해 정도를 파악한 후 수업을 진행한다.
- 교수자의 주도로 배관시공 상태 및 누설검사 등의 내용을 PPT 자료로 제시한 후 설명한다.
- 가능하면 사전에 개인별 학습 자료를 준비하여 모든 학생이 참여할 수 있는 문제 해결식 수업, 협력 수업이 가능하도록 한다.
- 배관시공 상태 및 누설검사 전 과정을 작업의 순서에 따라 단계적으로 실습이 이루어질 수 있도록 지도한다.
- 교재를 통해 수업을 준비하는데 있어서 필요한 모든 정보나 팁, 힌트 등 도움이 될 만한 내용들을 확인할 수 있다.
- 학생들이 만들게 될 각 모델들은 수업시간에 중점적으로 다뤄질 부분과 어휘, 질문, 답을 포함하고 있으며 또한 탐구할만한 추가적인 아이디어들도 포함하고 있다.

학습 방법

- 배관시공 상태 및 누설검사에 대한 관련 용어를 숙지하고, 배관시공 상태 및 누설검사에 대해 이해한다.
- 배관시공 상태 및 누설검사의 각 단계별 중점 사항을 체계적으로 학습한다.
- 배관시공 상태 및 누설검사의 수행순서의 전 과정을 실습한다.
- 배관시공 상태 및 누설검사의 내용을 이해한다.
- 배관시공 상태 및 누설검사을 이해하고 숙달이 될 때까지 학습한다.

학습활동.8 평가 및 피드백

평가 준거

- 평가자는 피평가자가 수행 준거 및 평가 내용에 제시되어 있는 내용을 성공적으로 수행할 수 있는 지를 평가해야 한다.

학습내용	평가항목	성취수준		
		상	중	하
배관시공 상태 및 누설검사	배관시공 상태 및 누설검사를 이해할 수 있다.			

평가 방법

• 작업 포트폴리오

학습내용	평가항목	성취수준		
		상	중	하
배관시공 상태 및 누설검사	배관시공 상태 및 누설검사를 이해할 수 있다.			

• 필기시험

학습내용	평가항목	성취수준		
		상	중	하
배관시공 상태 및 누설검사	배관시공 상태 및 누설검사를 이해할 수 있다.			

• 체크리스트를 통한 관찰

학습내용	평가항목	성취수준		
		상	중	하
배관시공 상태 및 누설검사	배관시공 상태 및 누설검사를 이해할 수 있다.			

• 피드백

1. 작업 포트폴리오
   - 제출한 보고서를 평가한 후 주요 사항에 대하여 표시하여 돌려준다.
2. 필기시험
   - 평가 결과 성적이 저조한 학생은 보고서 제출 기회를 부여한다.
3. 체크리스트를 통한 관찰
   - 실습 과정에서 평가한 후 개선해야 할 사항 등을 정리하여 들려준다.

참 | 고 | 문 | 헌

1. 국토해양부(2011). 『건축 기계 설비 공사 표준 시방서』. 대한설비공학회. p.25.
2. 국토해양부(2011). 『설비 공학 편람(제1권 기초)』. 대한설비공학회.
3. 국토해양부(2011). 『설비 공학 편람(제2권 공기조화)』. 대한설비공학회.
4. 김규생 · 김덕주 공저(2001). 『건축 기계 설비 시공 실무』. 기문당.
5. 김동우(2003). 『표준 배관 공학』. 세진사.
6. 대한주택공사(2003). 『기계 설비 공사 표준 상세도』. 대한주택공사.
7. 보냉 가설 기술 연구회(2013). 『건축 기계 설비에 대한 이해와 운전 관리』. 예문사.
8. 설비 기술 연구회(2000). 『공조 위생 기술 데이터 북』. 도서 출판 한미.
9. 이민우(2010). 『자동 제어 실무』. 사단법인 한국설비기술협희.
10. 한국토지주택공사(2013). 『공사 감독 핸드북(기계)』. 도서 출판 건설 도서.
11. 함이호(2010). 『시설 관리 실무 기술』. 도서 출판 건기원.
12. 국토해양부(2011). 『건축 기계 설비공사 표준 시방서』. 대한설비공학회.

학습 1	배관 내시경의 개요
학습 2	배관 내시경 검사와 판독
학습 3	배관 영상과 지능형 영상 분석
학습 4	배관 내시경 위치파악과 영상마커
학습 5	산업용 내시경 동향
학습 6	배관시공의 도면과 재료
학습 7	배관공구와 배관작업
학습 8	배관시공 상태 및 누설검사
학습 9	**배관의 점검 및 시운전**
학습 10	배관의 유지보수
학습 11	배관의 시공 및 안전
학습 12	배관의 비파괴 검사 기술

학습 목표

1. 배관의 점검 및 시운전을 이해할 수 있다.

9-1 배관의 점검 및 시공상태 확인

설계 도면과 시방서를 기준하여 점검 계획을 작성하여 적용할 수 있다.

학습 9

1. 배관 공사 체크 리스트

설계 도면과 시방서를 기준하여 배관 공사 체크 리스트를 작성한다.

1) 강 관

(1) 파이프 맞대기 용접

① 홈 내기 가공은 평탄하게 잘 되었나 확인한다.

② 면내에 붙어있는 슬러그는 제거하고 용접하는지 확인한다.

③ 용접봉은 반드시 습기를 제거했는지 확인하고, 건조기는 현장 휴대 사용하고 우천 시는 옥외 용접을 금지한다.

④ 용접 시 아크 열량을 동일하게 사용하는지 여부를 확인한다.

⑤ 용접 완료 시 슬러그 완전 제거 후, 방청 페인트 작업 여부를 확인한다.
⑥ 배관 계획 시 용접 공간 확보 여부를 확인한다.
⑦ 용접 작업 시 아크를 발생시키기 위한 관의 표면 손상 행위 금지 여부를 확인한다.
⑧ 용접 방향은 비고정관의 경우 관을 회전시키며 하향 용접을 하는지 확인한다.
⑨ 고정된 수평관의 경우 하부에서 상부로 용접하며 상부에 비드 종점이 집중되는지 확인한다.
⑩ 고정된 수직관은 한 지점에서 360도 회전하며 용접하는지 여부를 확인한다.

(2) 기 타

① 변형된 파이프의 사용 여부를 확인한다.
② 파이프 및 부속류의 제 규격 사용 여부를 확인한다.
③ 흑백부속을 섞어 사용하지 않았는지 확인한다.
④ 파이프의 신축에 대해 고려하였는지 확인한다.
⑤ 방진, 방음에 대하여 고려하였는지 확인한다.
⑥ 매설 배관에 대하여 부식 방지 조치하였는지 확인한다.
⑦ 보온을 요하는 파이프 간격의 적정 여부를 확인한다.

(3) 강관 플랜지 접합

① 사용압력에 맞는 용접방식 선택 여부를 확인한다(맞대기, 삽입, 소켓, 나사식 접합).
② 양쪽 플랜지 볼트 구멍 정확도를 확인한다.
③ 플랜지는 관축에 수직으로 접합되었는지 확인한다.

(4) 배관 구배

① 온수관 구배는 적정한지 확인한다(중력 순환식 : 1/150, 강제 순환식 : 1/200).
② 증기관 구배는 적정한지 확인한다(순 구배 : 1/250, 역 구배 : 1/80).
③ 파이프 행거(Pipe Hanger) 간격은 적정한지 확인한다(20mm까지 : 1.8, 40mm까지 : 2.0m, 80mm까지 : 2.5m, 100mm 이상 : 3.0m).

2) 동 관

(1) 용 접

① 용접 전 충분한 가열 여부를 확인한다.

② 동이 아닌 부속 등과 용접 시는 반드시 Flux 투입 후 용접 작업 여부를 확인한다.

③ 수직 배관 시 용접은 반드시 하향으로 용접 작업하는지 확인한다.

(2) 기 타

① 변형된 파이프의 사용 여부를 확인한다.

② 파이프 및 부속류의 제 규격 사용 여부를 확인한다.

③ 파이프의 신축에 대해 고려하였는지 확인한다.

④ 방진, 방음에 대하여 고려하였는지 확인한다.

⑤ 매설 배관에 대하여 부식 방지 조치하였는지 확인한다.

⑥ 신축 이음(Expansion Joint) 설치 및 고정 상태의 적정 여부를 확인한다.

⑦ 파이프 서포트(Pipe Support)의 지지간격 및 도장 상태가 적정한지 확인한다.

⑧ 지지 철물과의 절연 상태 여부를 확인한다.

(3) 배관 구배

① 온수관 구배는 적정한지 확인한다(중력 순환식 : 1/150, 강제 순환식 : 1/200).

② 파이프 행거의 간격은 적정한지 확인한다(20mm까지 : 1.0, 40mm까지 : 1.5m, 100mm까지 : 2.5m).

3) PVC 파이프

① 파이프 및 부속류의 KS규격 사용 여부를 확인한다.

② 변형된 파이프의 사용 여부를 확인한다.

③ 파이프의 접합 시 절단 부분 처리와 연결 방법의 적정 여부를 확인한다.

④ 매립 배관 시 파이프 파손에 대한 방지 대책 여부를 확인한다.

⑤ 배수관 구배는 적정한지 확인한다(75mm 이하 : 1/50, 100mm 이상 : 1/50~1/100).

⑥ 통기관 구배는 적정한지 확인한다(1/100~1/200).

⑦ 파이프 행거 간격은 적정한지 확인한다(40mm까지 : 1.0m, 그 이상 : 1.2m).

⑧ 충수 시험 여부를 확인한다.

4) 주철관

① 파이프 및 부속류의 KS규격 사용 여부를 확인한다.

② 파이프 연결 부분의 작업 상태를 확인한다.

③ 배수관 구배는 적정한지 확인한다(75mm 이하 : 1/50, 100mm 이상 : 1/50~1/100).

④ 적정 위치에 소제구 설치 여부를 확인한다.

⑤ 통기관 구배는 적정한지 확인한다(1/100~1/200).

⑥ 파이프 행거 간격은 적정한지 확인한다(지관 및 이형관 : 1개소/개).

⑦ 파이프 서포트의 지지간격 및 도장 상태가 적정한지 확인한다.

5) 밸브류

① 밸브는 사용 압력에 맞는 규격 사용 여부를 확인한다.

② 용도에 맞는 밸브 류 선정 여부를 확인한다.

③ 체크 밸브 및 글로브(Globe) 밸브 등의 설치 시 방향을 확인한다(밸브 화살표 표기 부위 확인).

④ 밸브 조작이 용이하게 설치되었는지 확인한다.

⑤ 밸브 보수를 위한 공간의 확보 여부를 확인한다.

⑥ 보온 및 케이싱(Casing)을 요하는 곳의 작업 공간 확보 여부를 확인한다.

⑦ 공기 벤트(Air Vent), 감압 밸브 등 특수한 밸브의 사양이 적정한지 여부를 확인한다.

⑧ 스트레이너를 청소할 수 있는 공간의 확보 여부를 확인한다.

⑨ 밸브의 외부 도장 상태를 확인한다.

⑩ 각 층의 조닝(Zoning) 밸브는 볼 밸브로 시공을 유도했는지 확인한다(추후 밸브 누수에 의한 하자가 적고 유지보수도 유리하다).

⑪ 중요한 밸브에 대한 비상 잠금 장치 설치 여부를 확인한다.

⑫ 이종 금속과 연결될 경우에 절연 장치를 설치하였는지 확인한다.

2. 공동구 점검 사항

① 배관의 수평, 수직 및 앵커 가이드 슈 설치 상태와 구배를 확인한다.
② 배관의 시스템별 루트(Route) 및 배관 관경, 도장 상태를 확인한다.
③ 배관 용접 상태, 수압 시험, 용접 부위 광명단 마감 유무를 확인한다.
④ 배관 설치용 가대 크기, 가대두께, 용접이 견고한가, 작업 통로 확보, 바닥의 배수로 유무를 확인한다.
⑤ 공기벤트 배관 처리(자동, 수동 장치), 배관의 배수 처리, 동 입구의 배관에 온도계, 압력계, 부착 설치 위치 및 상태를 확인한다.
⑥ 동 입구에 차단 밸브 설치 유무를 확인한다.
⑦ 보온재 사양(두께, 재질, 밀도), 보온 마감 테이프 등 색상 및 배관 구분 표시는 되었는지 확인한다.
⑧ 집수정의 크기, 펌프 배관의 연결 상태를 확인한다.
⑨ 지하층 오 · 배수관의 구배, 옹벽 Sleeve의 마감처리, 토목 오 · 배수 연결 Level을 확인한다.
⑩ 배연 덕트 규격, 덕트 관로와 횡주관의 간섭(Interface) 처리 확인, 배연 급기용 팬설치를 확인한다.
⑪ 벽체, 천장 관통 슬리브 규격, 위치 및 마감 상태를 확인한다.
⑫ 지하 횡주관 높이가 적정한지 확인, 주철관의 행거위치 및 소제구 위치를 확인한다.

3. 파이프 덕트 내 입상관 점검사항

① 각 층별 branch 3-elbow 설치 유무를 확인한다.
② 파이프앵커 설치 견고성을 확인한다(하층부와 상층부).
③ 파이프 덕트(Pipe Duct)내 파이프 가대 규격, U볼트&너트 설치 정밀성 등을 점검한다.
④ 신축 조인트(Expansion Joint) 규격, 위치, 설치 상태, 설치 견고성 수리보수 용이한지 확인한다.
⑤ 각 층별 배관 슬리브 유무 및 마감 처리 상태를 확인한다.
⑥ 공기 벤트(Air Vent) 배수관(비닐호스 등) 연결 유무를 확인한다.
⑦ 용접 부위 광명단 마감 유무를 확인한다.

⑧ 보온 두께, 밀도, 재질 확인, 테이프 색상을 확인한다.
⑨ 가지관(Branch)의 밸브 설치 위치가 유지 관리(Maintenance) 가능한지 확인한다.
⑩ 수압 시험 및 통수 시험을 확인한다.
⑪ 관말에 배수 밸브 설치 여부 및 상태를 확인한다.
⑫ 흑 강관 광명단 도장 상태를 확인한다(2회 이상).

4. 난방 배관 점검 사항

① 배관 재질, 루트, 관경, 방바닥 몰탈 높이와 배관 코일 높이를 확인한다.
② 입상에서 온수 분배기까지 배관 루트, 배관의 보온 재질, 두께를 확인한다.

5. 위생 배관 점검 사항

① 배관 재질, 루트, 관경을 확인하다.
② 계량기 및 계량기함 내 단열재, 기밀성을 확인하고 계량기 검침이 용이한지 확인한다.
③ 오·배수 천정 배관 루트, 부속, 행거 위치 및 보온 여부를 확인한다.
④ 배관 보온 작업, 재질, 두께, 밀도, 마감 상태를 확인한다.
⑤ 통수 시험 및 수압 시험 실시 유무를 확인한다.

6. 소화 배관 점검 사항

① 배관 재질, 루트, 관경을 확인한다.
② 스프링클러의 말단 시험 밸브 설치 및 위치를 확인한다.
③ 스프링클러 헤드가 등기구와의 상호 간섭(Interface) 여부를 확인한다.

7. 가스 배관 점검 사항

① 복도식 아파트에서 입상관 슬리브의 상하, 수직, 수평 설치상태를 확인한다.
② 입상관의 앵커 및 클램프의 견고성을 확인한다.
③ 입상관의 색상이 건물의 색상과 동일한지 여부를 확인한다.
④ 배관의 재질, 관로, 관경을 확인한다.
⑤ 입상관의 별도 가스 차단 밸브 설치 유무를 확인한다.

[그림 9-1] 공기 조화기 주위 배관 및 지하 기계실 급탕 탱크 설치 모습

[그림 9-2] 지열 히트 펌프 및 빙축열조 설치 모습

9-2 배관의 시운전 실시

배관시공 완료 후 시운전이 필요한 부분에 대하여 시운전 계획서를 작성할 수 있다. 각종 배관 시스템을 점검하고 원활한 운전이 되도록 사전 시험을 실시한다. 배관 시운전 전에 종합적으로 체크해야 할 사항은 다음과 같다.

1. 시운전 계획서 유무 확인

① 시운전 계획서 작성 시 운전 관리 매뉴얼을 작성한다.

② 시운전 시 비상 운전 계획서를 확인한다. 운전 관리 매뉴얼 작성 시 비상 운전 시나리오 작성 및 비상 운전 매뉴얼을 포함하여 작성한다.

③ 시운전 시 운전 매뉴얼을 준수하고 숙련자를 2인 이상 배치하여 운전 중 발생할 수 있는 비상 상황에 대처할 수 있어야 한다.

④ 시운전 시 배관 및 밸브류의 누수 및 파손 여부를 지속적으로 관찰하여 누

수 발생으로 인한 2차 피해 예방을 철저히 관리한다.

⑤ 준공 도면 작성 시 현장 시공 내용과 설계 도서가 일치해야 한다.

2. 배관 점검 시 확인사항

① 수직, 수평, 구배, 관경을 확인한다.

② 배관 루트(Route), 가대간격, 가대 Size, Support Size, 행거 간격과 중량 지지 가능 여부를 확인한다.

③ 밸브 규격, 위치, 부속류 설치 유무 및 밸브 작동은 원활한지 확인한다.

④ 하자 보수는 가능한 위치에 있는지, 볼트 조임 상태, 플랜지의 개스킷은 규격에 맞게 설치되었는지 확인한다.

⑤ 배관의 용접은 미려한가, 누수는 없는지, 광명단(녹막이 방지 페인트) 마감이 되었는지 확인한다.

⑥ 보온재 사양(두께, 재질, 밀도), 보온 마감 테이프 등의 색상 및 배관 구분 표시는 되었는지 확인한다.

수행 내용

재료 · 자료

• 배관의 점검 및 시운전 관련 자료

기기(장비 · 공구)

• 컴퓨터, 프린터, 주변기기

안전 · 유의사항

• 컴퓨터 및 주변기기의 전원을 관리한다.

수행 순서

01 배관 점검 계획 작성에 대하여 분석하라.

전체 배관의 위치 및 시공 상태를 확인하고 배관 피트용 형틀 및 슬리브의 설치 상태는 충분한 강도가 있는지 확인한다. 또한 지지철물의 부착 상태와 관의 접합 상태를 점검한다.

학습 9

1. 배관시공 상태의 점검

1) 배관의 위치를 점검

전체 배관에 대하여 다른 배관과의 병렬 및 교차의 최소 간격, 필요한 구배, 슬리브의 위치 및 기타 관련 사항에 대하여 상세히 고려한 후 배관 위치를 정확히 결정하였는지 점검한다.

2) 배관 피트용 형틀 및 슬리브의 설치 상태를 확인

콘크리트 바닥 및 벽 등에 매설되는 배관 또는 관통한 관의 형틀 및 슬리브 등은 충분한 강도가 있는지 점검한다.

3) 지지 철물을 부착 고정

천정 면에 부착하는 인서트(Insert) 금구류 지지 철물은 건축 공사 공정에 맞추어 적합한 위치에 정확하게 부착되었는지 점검한다.

(1) 횡주관지지 간격 확인

수평관의 지지 간격을 유지하고, 굴절 및 분기 직후는 일정 간격 내에서 지지시킨다.

(2) 적용 시 유의사항 파악

① 관내 유체, 밸브류 및 필요 시에는 배관 위에서 작업하는 하중까지 고려한다.

② 열응력에 대한 변형을 고려한다.

③ 배관을 따라 전파될 수 있는 진동, 소음을 차단할 수 있는 구조로 시공한다.

④ 동관용 행거는 반드시 절연제품을 사용하고 필요시 Hanging 부위를 절연 테이프로 보강한다.

⑤ 지지 간격을 유지하더라도 의심 가는 부분은 추가 시공한다.

⑥ 팬코일 유닛(FCU) 배관과 같이 3-elbow 이상으로 기기에 연결되는 경우는 600mm 이하라도 1개소를 지지한다.

4) 관의 접합 상태 점검

(1) 동일 재질의 접합 확인

① 접합용 나사의 용도를 확인한다.

접합용 나사는 관용 taper 나사(KSB 0222)에 준한다. 접합 시에는 숫나사부에 사용하는 실(Seal)테이프 또는 광명단, 백 페인트, 기계유 또는 충진재 등은 가능한 한 소량으로 하고 굳은 페인트 및 퍼티 등은 사용하지 않았는지 확인한다.

② 플랜지 접합의 상태를 확인한다.

패킹은 두께 3mm 이하의 것을 사용하고, 관 내경과 일치하도록 플랜지 사이에 정착시켜 볼트를 균등하게 조였는지 확인한다.

③ 관의 용접 상태를 확인한다.

용접 시 각도를 정확히 하고, 관 단면이 엇갈리지 않도록 하였는지 확인한다. 관의 용접부 및 관의 플랜지 용접부 내·외면에는 관과 동질재의 방식제를 바른다.

(2) 동관 접합 상태 점검

① 용접 접합 상태를 확인한다.

- 동제 또는 청동제의 수구에 붙은 이음을 사용하여 삽입한 관 끝이 잘린 면을 완전

한 원형으로 정형하여 정밀히 다듬질 한 후에 외면을 닦는다.

- 이음의 수구 내부를 닦아 소량의 후럭스(Flux)를 도포하여 삽입구의 관 끝을 충분히 삽입시킨다.
- 연납 또는 경납을 녹여 넣고 양관 끝을 흔들리지 않도록 고정하여 접합하였는지 확인한다.

② 플랜지 접합 상태를 확인한다.

- 동관용 플랜지의 접합부를 브레이징(Brazing)하여 관과 접합한다.
- 정해진 방법으로 조합시켜 패킹을 끼워 놓고, 플랜지를 조립하여 볼트와 너트로 견고히 조였는지 확인한다.

(3) 이종관의 접합 상태를 확인

배관시공 시 이종관의 접합은 아래 〈표 9-1〉 기준에 따른다.

〈표 9-1〉 이종관의 접합

접속 관종		적 요
주철관	연 관	연결이음을 코킹하고 납땜 접합 또는 플랜지 접합
	강 관	연결이음을 메카니컬 조인트 접합
강 관	연 관	연결이음을 나사식 납땜 접합 또는 Plastan 접합
	동 관	연결이음을 나사식 절연유니온 또는 절연플랜지 접합

5) 부지 내 지중 배관에 대해 확인

① 수도 인입관은 수도법, 배수 및 우수 배관은 하수도법에 따라 시공하였으며, 배관의 필요 개소에는 충격에 대한 보호 대책 또는 동결 방지 조치 등을 강구하였는지 확인한다.

② 보호 조치 사항을 확인한다.

매설 배관의 보호 조치는 아래 〈표 9-2〉 기준에 따른다.

〈표 9-2〉 매설관의 보호 조치

매설 개소	관 종	적 요
지하 매설부	강 관	방청 도장 또는 비닐 테이프 등으로 감는다. 필요에 따라 Seal type PVC tape로 감는다.
콘크리트 매설부	동 관	아스팔트 루핑과 비닐 테이프 또는 동등품으로 감는다.
경량 콘크리트	강 관	아스팔트 루핑 또는 동등품으로 감는다.

학습 9

6) 벽, 바닥 및 지붕의 관통부에 대한 마감을 확인

(1) 슬리브 설치

슬라브, 벽 및 바닥 등을 관통하는 배관의 관통부에 사각 및 원형 슬리브를 설치하였는지 확인한다.

① 방수층 관통부는 방수층에 잘 밀착되는 구조로 하였으며, 필요에 따라 턱이 달린 슬리브를 설치한다.
② 물로 씻을 필요가 있는 바닥 관통부 슬리브의 상단은 바닥의 마감면보다 50mm 이상 높인다.
③ 보, 내진벽 또는 외벽 관통부는 구조체의 강도에 지장이 없는 모양과 치수로 한다.

(2) 관통부 틈새의 충진 마감

노출 부분 및 소음 방지를 필요로 하는 부분 또는 건축법 및 소방 관련법에 의한 방화구획 등을 관통할 때에는 관통부의 틈새를 법규에 적합한 불연 재료로 충진한다. 관의 신축을 고려할 필요가 있는 경우에는 더욱 주의하여 정밀하게 충진 한다. 아래 [그림 9-3]은 관통부의 틈새에 불연 재료를 충진 마감한 모습이다.

[그림 9-3] 관통부의 틈새 불연재료 충진 모습

(3) 마감 Cover 설치

방로 보온 피복을 하지 않는 관으로 천정 및 벽을 관통하여 배관이 보이는 부분에는 마감 Cover를 하여야 한다.

7) 방청 및 조합 페인트 도장 작업을 확인

도장한 배관 및 철물의 종류에 적합한 도장 재료를 선택하고, 방청용과 장식용을 구분하여 사용한다.

① 도장은 조합도료 사용을 원칙으로 하고 바탕의 조도, 흡수성, 온도 변화 등에맞게 한다.

② 도장 전에 철재면의 녹, 유지방분, 슬래그 등을 제거하는 전 처리를 해야 하며, 특히 배관 용접부 및 표면의 방식 피복 처리를 세밀하게 한다.

③ 배관 및 지지 철물의 도장을 실시한다.

〈표 9-3〉에 의거 배관 및 지지 철물의 도장을 실시한다.

〈표 9-3〉 배관 및 지지 철물의 도장

구 분	도 장	도장 내용
강 관	노출 배관	전처리(워시 프라이머 1회) 조합페인트 2회(지정색)
플랜지	옥외 노출	전 처리(워시 프라이머 1회) 광면단 1회, 조합페인트 2회
기타 철재	옥외 노출	KS M5307(에폭시 수지 도료)
지지 철물	클램프, 새들 옥외 노출 브라켓	철재는 응용 아연 도금제 사용
방식 테이프	매설 배관 나관부	배관 코팅 저용 중밀도 PE테이프 0.15mm 및 합성 부틸 고무로 두께 0.38mm 이상
열 수축 시트 (Wrap Around Type)	지하매설 용접부 배관 피복	도시가스 배관 피복 전용으로 열 수축 PE시트로 두께 1.5mm 이상, 접착부 두께 1mm 이상

(4) 방식 면 처리 내용을 숙지

매설관의 방식면 처리는 〈표 9-4〉에 따른다.

〈표 9-4〉 방식 면 처리

구 분	도장면	도장 내용
지하매설 용접부위 (ϕ50 이하)	철재면	• 전처리 • 프라이머 • 마스틱 테이프 감기 2회 이상 • PE테이트 감기 2회 이상+적색 비닐 테이프 • 코팅 판 겹침 길이 50mm 이상
지하매설관 용접부 열 수축 시트 감기 (ϕ65 이상)	철재면	• 전처리 • 열수축 시트+적색 비닐테이프 • 기온 5℃ 이하 시 시공금지하며 60℃ 정도 예열 후 프라이머를 바르고 방식피복, 보호테이프 순으로 시공 • 처리면 돌출 부위 및 이물질이 없도록 마감 후 충분히 건조 후 시공

(5) 방청 도장의 적용 범위와 종류 확인

① 적용 범위에 대해 확인한다.

- 흑 관
- 덕트용 플랜지 및 보강재
- 강관 용접 부위
- 배관, 덕트의 지지 금속구
- 탱크류
- 매설배관
- 장비 가대류 등

② 종류를 파악한다.

- 광명단 조합 페인트 1종 → 강관, 강재 등에 사용한다.
- 아연말 프라이머 → 철재, 아연도금 강판 부식 방지용이다. 방청 효과가 매우 크나 고가이다.
- 콜타르 → 매설관, 연관 등에 사용한다. 방식, 방습, 전식에 강하다.

(6) 장식 도장의 적용 범위와 종류 확인

① 적용 범위를 확인한다.

- 방식 처리가 끝난 후 용도에 맞게 미관이 좋고 식별이 용이하도록 사용한다.

② 종류를 확인한다.

- 조합페인트 1급 → 일반적으로 사용한다(KS M 5312).
- 알루미늄 페인트 3종 → 고온이 발생되는 부위 및 노출 강판 등에 사용한다(KS M 5335).

(7) 도장 작업의 절차 및 시공 시 유의사항 확인

① 절차를 숙지한다.

- 표면 청소(벽, 먼지, 기름) → 방청 도장(2회) → 건조 상태 확인 → 장식 도장(2회) → 건조, 완료

② 시공 시 유의 사항을 확인한다.

- 도장 전에 도장재의 사용법을 익혀둔다.
- 도장은 1회마다 잘 건조시킨 후 다음 단계에 들어간다.
- 저온(5℃ 이하), 다습(85% 이상)에서는 절대 작업을 금한다.
- 직사광선 및 먼지, 강풍이 발생 시는 도장을 피한다.
- 도막은 두꺼우면 쉽게 벗겨지므로 얇게 한다.
- 인화성이 강하므로 화기를 피한다.

2. 배관 시험 및 검사의 파악

각 배관의 일부 또는 전체 배관 완료 후에 수압 시험 및 누수 시험을 행하고 또한 각종 밸브 및 배관, 보온재의 품질 관리는 주어진 기준에 의거 실시한다.

1) 적용되는 배관을 파악

① 증기, 냉 · 온수, 냉각수, 기름 및 냉매 등의 배관에 적용한다.

② 각종 배관은 배관 도중 또는 은폐 매립 전 또는 배관 완료 후 내압 시험을 한다. 시험 기간은 60분 이상으로 하고 누설이 없도록 한다.

2) 증기 배관의 시험 및 검사를 파악

수압 시험으로서 최고 사용 압력의 2배 압력으로 한다. 다만, 최소 0.98MPa (10kgf/cm^2)로 한다.

3) 냉 · 온수 및 냉각수 배관의 시험 및 검사를 파악

수압 시험으로서 최고 사용 압력의 2배 이상의 압력으로 한다. 다만, 최소 0.98MPa (10kgf/cm^2)로 한다.

학습 9

4) 기름 배관의 시험 및 검사를 파악

① 소방 관계 법규에 따라 정해진 시험에 합격한 것으로 한다.

② 수압 또는 공기압 시험으로 하고 최고 사용 압력의 1.5배 이상의 압력으로 한다.

5) 냉매 배관의 시험 및 검사를 파악

고압 가스 안전 법규에서 정한 내압 시험 및 누설 시험을 한다.

(1) 배관의 압력시험을 확인

각 배관의 일부 또는 전체 배관 완료 후에는 아래 〈표 9-5〉와 같이 수압 시험 및 누수 시험을 행한다(방로 및 보온 배관, 은폐 또는 매설 배관은 보온 및 매설 전에 함).

〈표 9-5〉 배관의 압력 시험

종 별	시험 방법	시험 시기	시험 압력	유지 시간	비 고
급수 배관 1) 인입관 2) 양수관 3) 고가수조관	수압 시험 수압 시험 수압 시험	은폐 전 보온 전	17.5kg/cm^2 양수 펌프 전양정 ×2(최소 10kg/cm^2)	60분 이상 60분 이상 60분 이상	수도법 기준
급탕 배관	수압 시험	상 동	급수 배관에 준함	상 동	
배수 배관	만수 배관 유수 시험 연기 시험	상 동	관내에 만수3mAq 0.35kg/cm^2 자극성의 진한 연기25mmAq	30분 이상 15분 이상	
냉 · 온수 배관	수압 시험 (동절기 공기압)	상 동	최고 사용 압력×2 (최소 10kg/cm^2)	60분 이상	
증기 배관 환수관 포함	수압 시험	상 동	최고 사용 압력×2 (최소 2kg/cm^2)	30분 이상	
냉각수 배관	수압 시험 동절기 공기압	상 동	냉 · 온수 배관에 준함	60분 이상	
소화 설비 배관 1) 소화 펌프에 붙는 배관 2) 연결 송수구 3) 옥내 소화전 4) 스프링클러	수압 시험 수압 시험 수압 시험 수압 시험	급수에 준함 급수에 준함 급수에 준함 급수에 준함	pump 양정×2(최소10kg/cm^2) 규정의 노즐을 붙여 방수시험을 함	60분 이상 60분 이상	노즐압1.7～7kg/cm^2 헤드 압력 1.0～12kg/cm^2
공기 냉각 가열 코일	수압 시험		최고 사용 압력×2 (최소 2kg/cm^2)		
F.C.U	수압 시험		최고 사용 압력×2 (최소 2kg/cm^2)		
기름 탱크류	만수 시험		만수 시험	24시간	

종 별	시험 방법	시험 시기	시험 압력	유지 시간	비 고
헤더류	수압 시험		강제 보일러에 준함	60분 이상	
덕 트	누설 시험	보온 전	누설 풍량이 송풍량의 2% 이내		
저탕조	수압 시험	제작 또는 설치 후	최고 사용 압력이 4.3kg/㎠ 미만 : 최고 사용 압력×24.3kg/㎠ 이상 : (최고 사용 압력×1.3)+ 3kg/㎠ 2kg/㎠ 미만 : 2kg/㎠	60분 이상	
강제 보일러	수압 시험	제작 또는 설치 후	(최고 사용 압력×1.3)+ 3kg/㎠	60분 이상	
흡수식 냉온수기, 냉동기	내압 시험	제작 또는 설치 후	고압 가스 취급법에 준함. 기내 진공도600mmHg 이상으로함. 진공도 저하 - 4시간 이상 방치 때 5mmHg 이상	60분 이상	

6) 검사를 받아야 할 기재를 파악

검사를 받아야 할 기재는 〈표 9-6〉에 따른다. 또한 각종 밸브 및 배관, 보온재의 품질 관리는 〈표 9-7〉 기준에 의거 실시한다.

〈표 9-6〉 검사를 받아야 할 기재[○는 검사 실시한다]

품 목		외관 검사	기능 및 성능검사	시험 항목
관 류		○		-
접수류	일반 배관 접수	○		-
	벨로우즈식 신축접수	○	○	수압 및 공기 시험(시험 성적서로 가능)
	방진 접수	○	○	공기 시험(시험 성적서로 가능)
밸브류	일반 밸브	○	-	수압 및 작동 시험(시험 성적서로 가능)
	안전 밸브	○	○	수압 및 작동 시험(시험 성적서로 가능)
	온도 조절 밸브	○	○	수압 및 작동 시험(시험 성적서로 가능)
	전자 밸브	○	○	수압 및 작동 시험(시험 성적서로 가능)
	자동 밸브	○	○	수압 및 작동 시험(시험 성적서로 가능)
	에어 벤트	○	○	작동 시험(시험 성적서로 가능)
	스트레이너	○	-	수압 및 기밀 시험(시험 성적서로 가능)
펌프류	보트류 펌프	○	○	양정, 양수량, 축마력 및 운전 상태에 따른 수압 시험
				양정, 양수량, 축마력 및 운전 상태
	오수, 배수용 수중 모타 펌프	○	○	양정, 양수량, 축마력 및 운전 상태에 따른 수압
	온수 순환 펌프	○	○	시험(펌프 본체)
탱크류	저탕조	○	○	수압 시험(시험 성적서로 가능)
	기타 헷다류	○	○	수압 시험 및 내부 방청, 피막 시험(시험성적서로 가능)

품 목		외관 검사	기능 및 성능검사	시험 항목
보온재	주 재	○		시험 성적서
	외 장	○		시험 성적서
	보조재	○		시험 성적서
계기류	계량기	○	○	작동 시험
	자동 제어 기기류	○	○	작동 시험
위생 공사 재료	위생 도기 및 부속기기	○	-	-
	수 전	○	○	-
	보울탑	○	-	-
	소화기기	○	○	수압 시험
	배수 금구	○	-	-
	밸브박스 및 뚜껑	○	-	- (시험 성적서로 대체)
공조 공사 재료	보일러	○	○	수압 및 정격 시험, 소음 및 작동 시험
	송풍기, AHU	○	○	풍량, 정압, 축마력, 진동 소음 시험
	팩케이지형 공기조화기	○	○	풍량, 정압, 축마력, 소음 진동 시험

〈표 9-7〉 품질관리기준

구 분	검사 대상 (시험 규격)	검사 및 시험 항목	판정 기준(SPEC)	검사 결과	비 고
SHOP DWG	배관 및 밸브	재질/규격	KS 품질규격 및 시방서와 일치 여부		특기 시방서 시험 성적서
	신축 이음	규격/설치 개소	시방서, 시공도와 일치 여부		특기 시방서 시험 성적서
	수도 인입관 배수 ·우수	법규 준수	법규준수 여부		수도법, 하수도법
자재 입고	동관 플랜지 패킹	패킹 두께	3mm이상 절연		설치 중 수시 및 설치 후
	급수 파이프	급수 구배 급탕 구배	1/200 중력순환식 1/150 강제순환식 1/200		설치 중 수시 및 설치 후
	배수 파이프	구배	75mm이하 1/50 100mm이상 1/100		설치 중 수시 및 설치 후
배관 작업	공조실 슬리브	슬리브 높이	50mm 이상		설치 중 수시 및 설치 후
	급수 · 급탕 배관	최소 수압	10kg/cm^2, 60분 이상		수압 시험
	냉 · 온수 배관 냉각수 배관	최소 수압	10kg/cm^2, 60분 이상		수압 시험

구 분	검사 대상 (시험 규격)	검사 및 시험 항목	판정 기준(SPEC)	검사 결과	비 고
	소화 배관	노즐선단압 s/p 헤드압	1.7~7kg/cm^2 1~12kg/cm^2		수압 시 험
	덕 트	누설량	송풍량의 2% 이내		누기 시험
	옥외 배관	동결 심도	인도 1.2m 이상 도로 0.9m 이상 사업장내 0.3m 이상		설치 중 수시 및 설치 후
	보온재	재질/규격/색상	품질 규격 일치 여부		-특기 시방서 -시험 성적서
수압 테스트	외 관	표면 균열, 변형	균열 및 변형이 없을 것		
	수압 시험	누수 점검	-기준 내 적합 여부		

02 배관시공 상태 확인에 대하여 분석하라.

배관시공 완료 후 시운전하기 전에 시방에 의거 배관시공 상태를 확인한다.

1. 사용 조건에 맞는 배관 재질 선택

해당 공정 및 사용 목적에 맞고, 사용 조건에 적합한 배관 재질을 선택한다.

학습 9

1) 배관 재료 규격 확인

(1) 적용 시 유의사항

① 응축수 배관은 증기와 동일한 조건으로 사용한다.

② 사용 압력에 따라 관 두께 또는 스케줄을 조정한다.

③ 각 프로젝트별 배관 재질은 현장 일반 시방서/특기 시방서에 따라 확인하여 시공하며, 아래 표의 내용과 상이할 경우 감리, 감독의 승인 후 배관 재질을 결정한다. 아래 〈표 9-8〉 기준에 의거 사용 조건에 맞는 배관 재질을 선택 사용한다.

〈표 9-8〉 배관별 사용 구분

명 칭	규 격	사용구분									
		증기	냉온수	냉각수	기름	냉매	급수	급탕	배수	통기	소화
배수용 주철관	KS D 4307								○	○	
수도용 아연도금 강관	KS D 3537		○	○					○	○	○
상수도용 도복장강관	KS D 3565	◎	○	○	◎	◎			○	○	○
배관용 탄소강관	KS D 3507										○
아크용접 탄소강 강관	KS D 3583			○	○		○				
폴리에틸렌 피복 강관	KS D 3589	○	○								
고압배관용 탄소 강관	KS D 3564						○	○			
내식성 급수용 강관	KS D 3623										
일반공업용납 및 납합금관	KS D 6702								○	○	
이음매 없는 동관	KS D 5301		○	○		○	○	○	○[1]	○[1]	○[2]
동 및 동합금 용접관	KS D 5545		○	○		○	○	○			
폴리에틸렌 관이음쇠	KS B 1546		○			○	○				
일반 경질 염화비닐관	KS M 3404			○					○	○	
수도용 경질 염화비닐관	KS M 3401			○			○				
수도용 폴리에틸렌관	KS M 3408			○			○				
가교화 폴리에틸렌관	KS M 3357		○				○	○			
폴리부틸렌관	KS M 3363		○				○	○			
내열성 경질 염화비닐관	KS M 3414		○					○			

03 배관 시운전 계획서의 작성에 대하여 분석하라.

배관 시운전 계획서를 작성하여 그 계획서 내용대로 시운전을 실시한다.

1. 배관 시운전 계획 수립

장비 및 주위 배관, 각종 밸브류에 대한 시운전 계획서를 수립한다. 발주처에 배관 시운전 계획서를 제출한다.

배관 시운전 계획서의 내용은 다음과 같다.

① 펌프류 및 송풍기류의 회전 방향을 확인한다.
② 밸브 및 담파의 개폐 상태를 확인한다.
③ 배관 및 덕트내 플러싱 작업을 실시한다.
④ 배관 및 각종 장비류의 누수를 확인한다.
⑤ 동절기 시운전 시 습식 배관 및 장비류의 동파를 예방한다.
⑥ 습식배관 및 각종 장비류의 공기 빼기 작업을 실시한다.
⑦ 시운전 후 인수 · 인계 전 스트레이너 청소를 실시한다.
⑧ T.A.B 체크 리스트를 작성한다.

Tip

- 배관을 따라 전파될 수 있는 진동, 소음을 차단할 수 있는 구조로 시공하는 것이 필요하다.
- 동관용 행거는 반드시 절연 제품을 사용하고 필요 시 hanging 부위를 절연 테이프로 보강하는 것이 필요하다.

04 배관 시운전 실시에 대하여 분석하라.

설비 장비 및 배관 시스템을 점검하고 원활한 운전이 되도록 사전 시험을 실시하기 전에 종합적으로 필요한 점검 사항을 확인한다.

학습 9

1. 냉 · 온수 배관 공사의 시운전을 실시

1) 냉 · 온수 배관 공사의 시운전 시 공통 사항을 확인

① 계통에 걸리는 압력을 견딜 수 있는 충분한 강도의 재료를 반영하였는지 확인 한다.
② 부하 측에 이방 밸브(2-way Valve) 설치 시 차압 밸브를 설치하였는지 확인한다.
③ 배관 신축은 고려하였는지 확인한다.
④ 파이프 앵커(Pipe Anchor) 및 가이드(Guide)는 적절하게 배치되었는지 확인한다.
⑤ 개방식 팽창 탱크의 설치 높이는 적절한지 검토한다.
⑥ 밀폐식 팽창 탱크의 용량 및 압력의 적정성을 검토한다.
⑦ 기기 및 조절 밸브(Control Valve) 전에 스트레이너(Strainer)가 설치되었는지 확인한다.

⑧ 공기가 모이는 곳에 공기 벤트가 설치되었는지 확인한다.
⑨ 계통도와 평면도는 일치하며 관경은 적정한지 검토한다.
⑩ 유량에 대한 관경은 적정한지 검토한다.

2) 냉수 배관 관련 검토사항을 확인

① 공기 조화기 응축수 배수관에 트랩 설치 및 관경이 적절한지 검토한다.
② 팬코일 유닛 배수관은 간접 배수 방식으로 말단에 트랩을 설치했는지 검토한다.
③ 냉수관의 보온 두께는 적정한지 검토한다. 아래 [그림 9-4]는 현장에 설치된 공기 조화기 트랩 설치 모습이다.

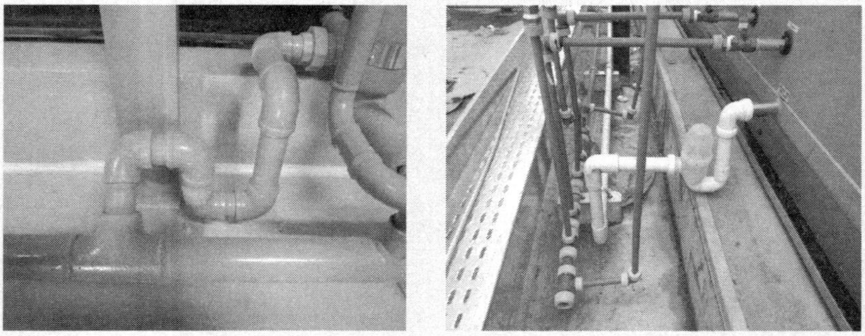

[그림 9-4] 공기 조화기 트랩 설치 모습

3) 온수 배관 관련 검토사항을 확인

① 동파 가능 지역의 예방 대책은 마련했는지 검토한다.
② 전 외기용 난방 코일(Heating Coil)에 동파 방지 대책은 마련했는지 검토한다.

4) 증기 배관 공사의 시운전을 실시

(1) 증기 배관 공사의 시운전 시 공통사항을 확인한다.
① 응축수 탱크 및 응축수 펌프의 설치높이는 적절한지 검토한다.
② 응축수 환수관이 리프트(Lift) 배관으로 되어있는 경우에
- 트랩 전후 차압은 충분히 확보하였는지 확인한다.
- 트랩 출구 측에 역지변(Check Valve)은 설치하였는지 확인한다.

③ 증기(Steam) 사용 기기에 공급되는 증기의 압력과 증기량은 적정한지 검토한다.
④ 증기 주관 관경은 적정한지 검토한다.

⑤ 증기 트랩 규격은 사용 증기량에 부합되는지 확인한다.

(2) 신축 이음(Expansion Joint) 설치 간격은 적정한지 검토한다.

(3) 트랩, 감압 밸브(Pressure Relief Valve), 온도 조절 밸브 등의 인입 측에 스트레이너 설치 여부 및 바이패스(By-Pass) 배관 설치 유무를 검토한다.

(4) 동파 우려가 있는 지역의 배관에 동파 방지 대책 고려했는지 확인한다.

4) 급수, 급탕 배관 공사의 시운전을 실시

(1) 급수, 급탕 배관 공사의 시운전 시 공통사항을 확인

① 고층 건물의 경우 30~40m마다 감압 조치를 하였는지 확인한다.

② 동파 지역에 적절한 예방 대책을 수립했는지 확인한다.

③ 급수, 급탕 계통에 보수·점검을 위해 분기 개소 또는 필요 개소에 밸브가 설치되었는지 확인한다.

④ 공기 챔버(Air Chamber), 수충격 방지기(Water Hammer Cushion)는 적절하게 반영되었는지 확인한다.

⑤ 이종 금속 배관에 절연 장치는 부착되었는지 확인한다.

⑥ 배관 소음 대책의 고려사항을 확인한다.

- 유속이 적정한지 확인한다.
- 수격 방지 대책은 수립했는지 확인한다.
- 노출 배관의 차음 대책은 세웠는지 확인한다.
- 신축에 대한 고려는 했는지 검토한다.

(2) 급수 계통 관련 검토사항을 확인

① 저수조 및 고가 수조 용량은 적정한지 검토한다.

② 수처리 시설의 용량이 적절한지 검토한다.

③ 양수 펌프의 용량은 적정한지 검토한다.

④ 물 탱크실 상부에 오·배수관이 관통하는지 확인한다.

⑤ 시수 인입 배관의 수위 조절 밸브가 오작동시 침수를 방지하기 위한 방안은 강구되었는지 확인한다.

(3) 급탕 계통 관련 검토사항을 확인

① 저탕조의 용량은 적절한지 검토한다.

② 급탕 순환 펌프의 용량은 적절한지 검토한다.

③ 신축 이음, 앵커 및 가이드는 적절히 설치되었는지 검토한다.

5) 오 · 배수, 통기관 배관 공사의 설치상태를 확인

(1) 오 · 배수 관련 검토사항을 확인

① 오 · 배수는 구분하여 설치했는지 검토한다.

② 소제구(Clean Out)는 적절히 설치했는지 검토한다.

③ 피트(Pit) 내 배관의 소음 대책은 고려했는지 검토한다.

④ 트랩의 봉수 보호 조치를 했는지 검토한다.

⑤ 간접 배수의 적절한 적용을 했는지 확인한다.

- 주방, 냉장, 의료 계통의 배수
- 수조의 배수 및 넘침관
- 소화전, 스프링클러 계통 배수
- 냉동기 냉각탑의 배수

(2) 통기관 관련 검토사항을 확인

① 통기관은 적절하게 적용 설치되었는지 확인한다.

- 각개 통기 방식
- 환상 통기 방식

② 통기관 연결은 기구 익수선상+150mm 이상에 설치되었는지 확인한다.

③ 옥상 통기관 주위에 외기 인입구가 근접하여 설치되었는지 확인한다.

④ 정화조의 통기관 처리 및 재질은 적정한지 확인한다.

- 재질 : PVC 또는 SUS

6) 벽, 바닥의 관통 배관의 주요사항을 확인

(1) 옥상 방수 바닥 배관 관통 시 주의사항을 확인

① 배관은 직접 방수 바닥을 관통해서는 안 된다.

② 옥상 방수 관통부에는 지수판을 부착시킨 슬리브를 설치하여 배관한다.

(2) 옥내 방수 바닥 관통 시 주의사항을 확인

① 배관은 방수 바닥을 직접 관통시키지 않고 플랜지 붙이 강관 슬리브를 설치한다.

② 방수 관통부를 통해 아래층으로 누수 되지 않도록 슬리브를 바닥보다 높게 인상시키고, 슬리브와 배관 사이를 코킹한다.

③ 배관의 신축 진동을 흡수시키기 위하여 관통부 이외의 곳에 신축 이음 후렉시 블관을 사용한다.

〈표 9-9〉 시운전 시 주요사항

번호 점검 사항	점검 결과	
	적 합	부적합
1. 시운전 계획 수립		
2. 발주처에 시운전 계획서 제출		
3. 펌프류 및 송풍기류의 회전 방향 확인		
4. 밸브 및 담파의 개폐 확인		
5. 배관 및 덕트내 플러싱 작업 실시		
6. 배관 및 각종 장비류의 누수 확인		
7. 동절기 시운전 시 습식 배관 및 장비류의 동파 예방		
8. 공기 계통 내 전기식 코일 설치 시 송풍기 on/off와 interlock 필히 확인 (화재 우려)		
9. 습식 배관 및 각종 장비류의 공기 빼기 작업 실시		
10. 시운전 후 인수 · 인계 전 스트레이너 청소		
11. 소방 시설의 연동 테스트 실시		
12. T.A.B 체크 리스트 작성		
13.		

〈표 9-10〉 조치 사항

점검자		검사자		승인자	
성명 :	date :	성명 :	date :	성명 :	date :

(3) 벽 및 바닥 관통부 배관방법을 파악

① 슬리브 구경은 보온된 배관이 충분히 들어갈 수 있는 크기로 한다. 아래 〈표 9-4〉는 벽 및 바닥 관통부 슬리브 구경 기준이다.

② 슬리브의 길이는 벽체 관통의 경우 벽체 두께 이상으로 하고, 바닥 슬리브의 경우에는 보온재를 보호하기 위해 바닥 위 150mm까지 인상한다. [그림 9-5]는 현장에 설치된 벽 및 바닥 관통부 배관 모습이다.

[그림 9-5] 벽 및 바닥 관통부 배관 모습

〈표 9-11〉 벽 및 바닥 관통부 슬리브 구경

관 경 [mm]	보온재 두께 [mm]	슬리브 구경 [mm]	관 경 [mm]	보온재 두께 [mm]	슬리브 구경 [mm]
15	20 25 30	50 65 80	65	25 30 40	125 125 150
20	20 25 30	65 80 80	80	25 30 40	125 150 150
25	20 25 30	65 80 80	100	25 30 40	150 150 200
32	20 25 30	80 80 80	125	25 30 40	200 200 200
40	25 30 40	100 100 125	150	30 40 50	200 250 250
50	25 30 40	100 125 125			

학습활동.9 교수 · 학습 방법

교수 방법

- 배관의 점검 및 시운전에 대한 관련 용어, 구성, 방식 이해 정도를 파악한 후 수업을 진행한다.
- 교수자의 주도로 배관의 점검 및 시운전 등의 내용을 PPT 자료로 제시한 후 설명한다.
- 가능하면 사전에 개인별 학습 자료를 준비하여 모든 학생이 참여할 수 있는 문제 해결식 수업, 협력 수업이 가능하도록 한다.
- 배관의 점검 및 시운전 응용 전 과정을 작업의 순서에 따라 단계적으로 실습이 이루어질 수 있도록 지도한다.
- 교재를 통해 수업을 준비하는데 있어서 필요한 모든 정보나 팁, 힌트 등 도움이 될 만한 내용들을 확인할 수 있다.
- 학생들이 만들게 될 각 모델들은 수업시간에 중점적으로 다뤄질 부분과 어휘, 질문, 답을 포함하고 있으며 또한 탐구할만한 추가적인 아이디어들도 포함하고 있다.

학습 방법

- 배관의 점검 및 시운전 응용에 대한 관련 용어를 숙지하고, 배관의 점검 및 시운전에 대해 이해한다.
- 배관의 점검 및 시운전의 각 단계별 중점 사항을 체계적으로 학습한다.
- 배관의 점검 및 시운전의 수행순서의 전 과정을 실습한다.
- 배관의 점검 및 시운전의 내용을 이해한다.
- 배관의 점검 및 시운전을 이해하고 숙달이 될 때까지 학습한다.

학습활동.9 평가 및 피드백

평가 준거

- 평가자는 피평가자가 수행 준거 및 평가 내용에 제시되어 있는 내용을 성공적으로 수행할 수 있는 지를 평가해야 한다.

학습내용	평가항목	성취수준		
		상	중	하
배관의 점검 및 시운전	배관의 점검 및 시운전을 이해할 수 있다.			

평가 방법

• 작업 포트폴리오

학습내용	평가항목	성취수준		
		상	중	하
배관의 점검 및 시운전	배관의 점검 및 시운전을 이해할 수 있다.			

• 필기시험

학습내용	평가항목	성취수준		
		상	중	하
배관의 점검 및 시운전	배관의 점검 및 시운전을 이해할 수 있다.			

• 체크리스트를 통한 관찰

학습내용	평가항목	성취수준		
		상	중	하
배관의 점검 및 시운전	배관의 점검 및 시운전을 이해할 수 있다.			

• 피드백

1. 작업 포트폴리오
   - 제출한 보고서를 평가한 후 주요 사항에 대하여 표시하여 돌려준다.
2. 필기시험
   - 평가 결과 성적이 저조한 학생은 보고서 제출 기회를 부여한다.
3. 체크리스트를 통한 관찰
   - 실습 과정에서 평가한 후 개선해야 할 사항 등을 정리하여 돌려둔다.

참 | 고 | 문 | 헌

1. 대한 설비 공학회. 『설비공학 편람 제2권 공기조화』. 대한설비공학회.
2. 대한 설비 공학회. 『설비공학 편람 제4권 위생, 소방, 환경』. 대한설비공학회.
3. 김수영 · 이종석 · 박호준 · 조영호 · 오호영 · 백신원(2016). 『건축설비관계법규』. 한솔아카데미.
4. 윤재호 · 최영석 · 권오경. 『홴 압축기 유지 관리』. 태훈출판사.
5. 윤재호 · 최영석 · 권오경. 『배관의 유지 관리』. 태훈출판사.
6. 허요 · 이인훈(2011). 『공업 배관』. 도서 출판 세진사.
7. 설비 보전 시험 연구회. 『설비 보전 기사』. 도서출판 일진사.
8. 국가 법령 정보 센터(홈페이지)
9. 산업안전 공단(홈페이지)
10. 국토해양부(2011). 건축 기계 설비 공사 표준시방서
11. 마스후라 후시지로 · 타나카 타게히로, 역자 : 곽노열(2013). 『건축설비 유지 관리』. 문운당.

학습 9

학습 1	배관 내시경의 개요
학습 2	배관 내시경 검사와 판독
학습 3	배관 영상과 지능형 영상 분석
학습 4	배관 내시경 위치파악과 영상마커
학습 5	산업용 내시경 동향
학습 6	배관시공의 도면과 재료
학습 7	배관공구와 배관작업
학습 8	배관시공 상태 및 누설검사
학습 9	배관의 점검 및 시운전
학습 10	**배관의 유지보수**
학습 11	배관의 시공 및 안전
학습 12	배관의 비파괴 검사 기술

학습 목표

1. 배관의 유지보수를 이해할 수 있다.

10-1 배관 유지보수의 위험요소

1. 배관 유지보수 매뉴얼

배관 유지보수를 하기 위하여 배관 유지보수 매뉴얼에 포함된 내용을 확인하여야 한다.

1) 설치 및 시운전 자료

① 계통 및 장비의 설치와 이에 관련 자료
② 설치 시 주의 사항 및 안전 관련 사항
③ 장비 및 배관 장치, 자재 검수 결과에 관한 자료
④ 운전 조건과 유의 사항
⑤ 계통 및 장비, 장치의 시험 성적서 및 시험 절차서 등 필요한 후속 조치에 관한 사항

2) 운전 방법

계통, 장비, 장치에 대한 효율적인 운전 순서와 방법에 대한 설명서는 다음과 같다.

① 정상적인 조건 아래에서 계통 또는 장비를 가동하기 위한 순서, 운전 조작과 정지방법에 대한 순서 및 비상시 운전과 순서에 대한 설명 자료
② 가동, 운전, 정지를 위한 규칙
③ 계통 및 장비의 각 부속이 전가, 전자, 유압, 공기 및 기계적인 방법으로 작동될 때 잘못된 기능이나 결점을 피하기 위해 작동 순서 그리고 작동 범위 등에 관한 설명자료
④ 예비용 장비, 장치에 관한 운전 방법을 포함한 자료

3) 유지보수 방법

계통 및 장비의 유지보수 방법에 대하여 설명한다.

① 각 계통 및 장비의 수명 동안 운전 요령이 명시된 자료와 보수 방법, 보수 순서, 부품 및 필요한 공구 등의 설명 자료
② 계통 및 장비의 고장이 예상되는 개소의 상시 점검에 대한 자료
③ 사전 예방 관리를 위한 해체, 조립 및 시운전 조정 방법에 대한 설명 자료
④ 수선과 분해 검사에 필요한 측정 장비, 시험 장비, 공구에 대한 자료
⑤ 소모품에 관한 자료

4) 점검표

계통 및 장비를 안전하고 정상적으로 운전하기 위해 각 장비의 운전 현황과 보수 시기를 알 수 있도록 점검 시기가 표기된 점검표 작성한다. 점검 시기는 일간, 주간, 월간, 연간 등으로 구분하여 도표 형식으로 만든 점검표에 의해 점검한다.

5) 부품 현황

유지 관리 지침서에 포함 되어 있는 모든 계통 및 장비를 구성하는 부품에 대한 부품 현황표, 제작사 모델별 부품 번호, 제작 년 월 일, 일련 번호가 명시된 부품 현황표가 필요하다.

2. 배관 유지보수 위험요소

1) 배관 보수 작업의 위험요소 확인

① 배관 자재 반입, 가공, 운반 시의 위험요소 확인 : 배관 보수 작업을 위한 배관 자재의 반입, 제작, 운반 시의 위험요소를 확인 하여야한다.

② 배관 보수 작업 시의 위험요소 확인 : 배관 보수 작업 시의 위험요소를 사전에 확인 하여야 한다.

③ 주요 재해 사례를 통한 위험요소 확인

〈표 10-1〉 배관 작업의 과거 주요 재해 사례(예)

구 분	과거 주요 재해 사례
배관 자재의 운반	보온재 운반 작업 중 전도
	중량물 하역 작업 중 샤클 풀림으로 깔림
배관 작업 중	가스 배관 작업 중 전도
	압력계 계기 설치 작업 중 폭발
	사다리 이용 천정 배관 작업 중 추락
	배관 드릴 작업 중 배관 사이에 끼임
	배관 설치 작업 중 건물 단부로 추락
	보일러 설비 점검 중 가스 누출로 폭발

2) 배관 위험요소의 사전 점검

배관 작업 위험요소를 사전에 점검하여 위험요소를 확인하여야 한다.

10-2 배관의 연결장비 및 장치점검

1. 펌프, 압축기 유지보수 매뉴얼

1) 펌프의 종류

액체를 취급하는 펌프의 종류를 형식별로 대별하면 다음과 같으나 이들은 다시 구조에 따라서 입축, 횡축, 편흡입, 양흡입, 윤절형(Ring Section Type), 수평 분할형, 단단, 다단, 고정익, 가동익 등으로 나눌 수 있다.

- 터보형
  - 원심식
    - 볼류트형
    - 디퓨저형
  - 사류식
    - 볼류트형
    - 디퓨저형
  - 축류식
    - 축류펌프
- 용적형
  - 왕복식
    - 피스톤펌프
    - 플런저펌프
    - 다이아프램펌프
    - 그 외
  - 회전식
    - 기어펌프
    - 베인펌프
    - 나사펌프
    - 캠펌프
    - 스크류펌프
    - 그 외
- 특수형
  - 와류펌프
  - 제트펌프
  - 수격펌프
  - 점성펌프
  - 관성펌프
  - 기포펌프
  - 전자펌프
  - 진공펌프

[그림 10-1] 펌프의 종류(예)

2) 펌프의 유지보수 매뉴얼

유지보수 매뉴얼에 따라 펌프의 이상을 점검하여야 한다.

〈표 10-2〉 펌프의 점검 주기(예)

기기명	점검 내용	점검 주기					
		수시	일	주	월	6개월	년
펌프 및 전동기	그랜드 패킹 상태				○		
	봉수 링 마모, 스케일 물 때 청소					○	
	메카니칼 씰의 마모 상태						○
	라이닝 및 임펠러의 마모 상태						○
	베어링의 이상 음, 진동 발생 및 발열 상태			○			
	케이싱의 균열 및 침식 상태						○
	베어링의 주유 상태					○	
	메인 샤프트 고정부 체결 상태						○
	커플링의 마모 및 체결 상태			○			
	축심의 일치 및 커플링의 간격						○
	유량의 측정						○
	모터의 절연 저항 측정					○	
	본체 외부 청소 및 도장 실시					○	
	고정 볼트 및 기초 볼트, 방진의 체결 상태						○
	부속 밸브 류, 계기류의 이상 유무			○			
	본체 및 연결부의 누수 유무	○					

학습 10

펌프의 점검 주기는 펌프의 수시 점검 및 정기적인 점검 주기를 이해하여야 한다.

2. 압축기의 종류

압축기는 압축을 이루는 방식에 따라 용적 형과 터보 형으로 크게 분류할 수 있다.

1) 압축기의 종류

왕복동 횡형 압축기

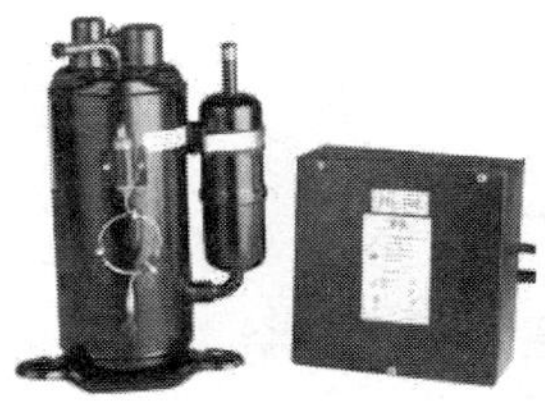

왕복동 입형 압축기

고속 다기통 압축기

밀폐형 압축기

스크류 압축기

터보 압축기

[그림 10-2] 압축기의 종류 사진(예)

2) 압축기의 종류에 따른 시스템

압축기의 종류에 따른 압축 배관 시스템은 [그림 10-3]과 같다.

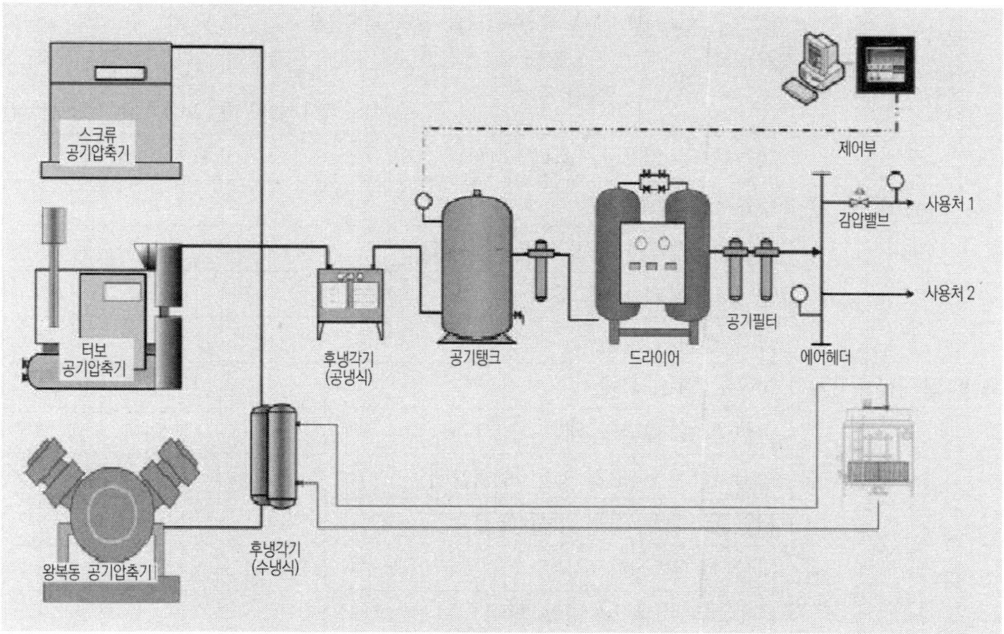

[그림 10-3] 압축기의 종류 및 시스템(예)

(1) 압축기의 유지보수 매뉴얼

압축기의 안전 장치의 종류 및 기능을 이해하여야 한다.

① 압력 스위치 : 공기 탱크 내 압력이 설정 압력에 이르면 전원이 차단되고 모터가 정지되도록 하는 장치이다

② 자동 언로 우더 장치 : 공기 탱크 내 압력이 설정 압력으로 상승하면 실린더 내 공기를 대기로 방출하여 압력 상승을 방지하는 장치이다.

③ 안전 밸브 : 공기 탱크 내 압력이 설정 압력으로 상승하면 내부 공기를 대기로 방출하여 급속히 내부 압력을 낮추는 장치이다.

학습 10

(2) 압축기의 일일 점검 요령

압축기의 일일 점검 항목을 이해하여야 한다.

〈표 10-3〉 압축기의 일일 점검 요령(예)

점검 구분	점검 항목	점검 결과 (정상 : 0, 보수 : △, 교체 : X)
외관 및 안전 장치	체결 볼트 및 너트 풀림 상태	
	누설 및 누유 유무	
	유면계, 압력계, 온도계의 작동상태	
	벨트 및 풀리 안전 조치	
	압력 스위치 작동	
	언로드 밸브 작동	
	안전 밸브 설정 상태	
	흡입 필터 및 오일 필터 오염상태	
	시동 및 정지 장치 이상 유무	
	이상 음 및 진동 유무	
	윤활유의 주유 및 열화 상태	
본체 및 기타 부분	공기탱크, 배관의 드레인 상태	
	명판의 부착 상태	
	덮개판 및 플랜지 설치 상태	
	밸브, 베어링의 상태	
	임펠러, 케이싱, 실린더, 크랭크케이스 상태	
전기 장치	제어반 등 제어 시스템 상태	

2. 배관 부속 장치 점검 및 조치

유지보수 매뉴얼에 따라 배관 부속 장치 류를 점검하고 조치할 수 있다.

1) 배관 부속 장치의 점검 결과 및 조치 요령

배관 부속 장치의 점검 기준, 점검 결과에 따른 조치 요령에 대하여 이해하여야 한다.

(1) 설치 장소별 배관 부속 장치의 파악

장소별 배관 부속 장치의 설치 종류와 점검 내용 및 조치 요령에 대하여 이해하여야 한다.

① 기계실 배관 부속 장치 점검 서식

〈표 10-4〉 기계실 배관 부속 장치의 일일 점검 요령 서식(예)

배관 부속 장치명	점검 내용	점검 결과 (정상 : ○, 보수 : △, 교체 : ×)
안전 밸브	외관 부식은 없는가?	
	누설은 없는가?	
	작동은 정상인가?	
증기 트랩	외관 부식은 없는가?	
	누설은 없는가?	
	작동은 정상인가?	
	이상 소음, 진동은 없는가?	
감압 밸브	외관 부식은 없는가?	
	전, 후 압력은 정상인가?	
	누설은 없는가?	
	이상 소음, 진동은 없는가?	
신축 이음	누설은 없는가?	
	외부 부식은 없는가?	
	이상 소음, 진동은 없는가?	
후렉시블 조인트	누설은 없는가?	
	외부 부식은 없는가?	
	이상 소음, 진동은 없는가?	
유량계	누설은 없는가?	
	외부 부식은 없는가?	
	이상 소음, 진동 유무	
온도 조절 밸브	누설은 없는가?	
	작동은 정상인가?	
	이상 소음, 진동은 없는가?	
유량 조절 밸브	누설은 없는가?	
	작동은 정상인가?	
	이상 소음, 진동은 없는가?	
정수위 밸브	누설은 없는가?	
	수위 유지 상태	
	이상 소음, 진동은 없는가?	
온도계, 압력계	누설은 없는가?	
	작동은 정상인가?	
	이상 소음, 진동은 없는가?	

② 공동구 배관 부속 장치 점검 내용

〈표 10-5〉 공동구 배관 부속 장치의 일일 점검 요령 서식(예)

배관 부속 장치명	점검 내용	점검 결과 (정상 : ○, 보수 : △, 교체 : ×)
증기 트랩	외관 부식은 없는가?	
	누설은 없는가?	
	작동은 정상인가?	
	이상 소음, 진동은 없는가?	
감압 밸브	외관 부식은 없는가?	
	전, 후 압력은 정상인가?	
	누설은 없는가?	
	이상 소음, 진동은 없는가?	
신축 이음	누설은 없는가?	
	외부 부식은 없는가?	
	이상 소음, 진동은 없는가?	
후렉시블 조인트	누설은 없는가?	
	외부 부식은 없는가?	
	이상 소음, 진동은 없는가?	
온도 조절 밸브	누설은 없는가?	
	작동은 정상인가?	
	이상 소음, 진동은 없는가?	
온도계, 압력계	누설은 없는가?	
	작동은 정상인가?	
	이상 소음, 진동은 없는가?	

③ 사무동 배관 부속 장치 점검 내용

〈표 10-6〉 사무동 배관 부속 장치의 일일 점검 요령 서식(예)

배관 부속 장치명	점검 내용	점검 결과 (정상 : ○, 보수 : △, 교체 : ×)
증기 트랩	외관 부식은 없는가?	
	누설은 없는가?	
	작동은 정상인가?	
	이상 소음, 진동은 없는가?	
감압 밸브	외관 부식은 없는가?	
	전, 후 압력은 정상인가?	
	누설은 없는가?	
	이상 소음, 진동은 없는가?	
신축 이음	누설은 없는가?	
	외부 부식은 없는가?	
	이상 소음, 진동은 없는가?	
후렉시블 조인트	누설은 없는가?	
	외부 부식은 없는가?	
	이상 소음, 진동은 없는가?	
온도 조절 밸브	누설은 없는가?	
	작동은 정상인가?	
	이상 소음, 진동은 없는가?	
온도계, 압력계	누설은 없는가?	
	작동은 정상인가?	
	이상 소음, 진동은 없는가?	

3. 기타 기계 설비 유지보수 매뉴얼

유지보수 매뉴얼에 기타 기계 설비에 대하여 이해하여야 한다.

1) 기타 기계 설비의 종류

기타 기계 설비는 신재생 에너지 설비, 오수 정화 처리 설비 등이 있다.

(1) 신재생 에너지 설비의 종류

① 태양열 에너지 시스템 : 태양열 에너지 시스템의 종류는 자연 순환식 온수 시스템과 강제 순환식 온수 시스템이 있다.

② 태양광 발전 시스템 : 태양 전지판을 지붕이나 옥상 등에 설치하고 여기서 발전되는 직류 전기를 인버터를 통해 사용처에서 사용할 수 있는 교류 또는 직류 전기를 이용하는 발전 시스템이다.

③ 지열 이용 설비 시스템 : 지하의 일정한 온도를 이용하여 냉 · 난방에 활용하는 기술로써 히트 펌프가 기계적과정을 통해 이를 냉 · 난방에 이용한다.

(2) 신재생 에너지 설비 점검

신재생 에너지 설비 점검 항목 및 점검 양식에 대하여 이해하여야 한다.

(3) 오수 정화 설비 점검 기준

오수 정화 설비는 건축물에서 발생되는 오수, 배수, 잡배수를 수처리 후 단지 외의 관련 관로에 방류수질 기준에 의하여 방류하기 위한 수처리 설비에 대하여 이해하여야 한다. 오수 정화 설비의 종류는 생물막법, 활성 오니법이 있다.

10-3 배관의 부식 및 점검

배관의 부식은 배관이 주위 환경과 산화 반응에 의하여 배관의 외부와 내부가 소모되는 현상으로 외부 부식과 내부 부식으로 구분한다.

1. 배관 부식의 위치에 따른 종류

배관 부식의 위치에 따라 외부 부식과 내부 부식이 있다.

1) 배관의 외부 부식

[그림 10-4] 배관 외부 부식 사진(예)

(2) 배관의 내부 부식

[그림 10-5] 배관 내부 부식 사진(예)

2. 배관 부식의 종류

배관 부식의 종류를 이해하여야 한다.

1) 전면 부식

부식이 전체 표면에 균등하게 발생하는 부식이다.

2) 국부 부식

금속 표면에 일부분에 일어나는 부식으로 금속 표면에 전위차가 국부적으로 불균등하여 발생하는 부식이다.

① 공식 : 성질이 다른 금속의 접소 부분에서 주로 발생한다.
② 입간 부식 : 금속이나 합금의 입자 경계에서 발생하는 선택 부식이다.
③ 접촉 부식 : 성질이 다른 금속의 접촉 부분 부근에 있는 활성이 낮은 금속의 표면에 발생하는 부식이다.
④ 틈새 부식 : 이온 농도나 용존 기체의 농도가 상이한 용액이 접촉할 때 농염 전지 작용에 의한부식으로 금속과 금속의 접촉에 의해 형성되는 틈 내부나 근처에 발생하는 부식이다.
⑤ 응력 부식 : 내부의 잔존 응력이나 외부 응력이 존재하여 금속 표면에 발생하는 부식이다.
⑥ 기타 부식 : 마찰 부식, 충돌 부식, 침식 부식, 부식 피로 등이 있다.

3. 부식의 영향 인자

1) 내부 인자

2) 외부 환경인자

① 용존 산소의 영향
② 수소 이온 농도의 영향
③ 탄산의 영향
④ 용해 성분의 영향
⑤ 온도의 영향
⑥ 유속의 영향

수행 내용

재료 · 자료

- 배관의 유지보수 관련 자료

기기(장비 · 공구)

- 컴퓨터, 프린터, 주변기기

안전 · 유의사항

- 컴퓨터 및 주변기기의 전원을 관리한다.

수행 순서

01 배관 보수 작업 위험요소에 대한 안전 작업 대책의 수립에 대하여 분석하라.

1. 배관 보수 작업 위험요소에 대한 안전 작업 대책을 수립

배관의 유지보수 작업 내용의 위험요소는 중량물의 운반, 고소 작업, 폭발성 가스의 취급, 밀폐 장소에서의 작업, 용접기를 사용한 감전 재해 및 화기를 취급하는 재해 위험요소를 확인할 수 있다.

1) 주요 위험요인에 대한 안전 작업 대책을 수립

재해를 사전에 방지하기 위해 배관 보수 작업 주요 위험요인에 대한 안전 작업 대책을 수립해야 한다.

<표 10-7> 배관 보수 작업 주요 위험 요인(예)

구 분	주요 위험 요인	안전 작업 대책
화재·폭발	1. 배관 용접하다 용접 불티 주변 자연물에 불이 붙음	① 작업 시작 전에 작업장을 환기한다.
		② 인화성 가스가 체류할 수 있는 배관 작업 시질소나 불활성 가스로 퍼지하고 가스 농도를 측정하여 폭발 하한계의 1/4이하인 경우 작업한다.
	2. 용접 작업 중 인화성 가스가 체류되어 가스 폭발	③ 용접 작업 시 발생하는 불꽃이나 불똥의 튀김을 고려하여 주변 인화성 물질을 정리하고 충분한 이격 거리를 확보한다.
		④ 작업장에는 소화기 또는 물통, 모래 주머니, 간이 소화 설비를 비치해 둔다.
		⑤ 아세틸렌가스나 LP가스를 이용할 경우 역화 방지기를 설치한 후 작업한다.
감전	배관 절단 작업 중 누전에 의한 감전	① 용접봉 홀더의 파손 여부를 점검한다. 케이블의 절연 상태를 점검한다.
		② 용접기 외함의 접지 여부를 확인한다.
		③ 교류 아크 용접기 자동 전격 방지기를의 정상작동 여부를 점검한다.
재해 사례	체류 가스 폭발-역화방지기가 설치되어 있지 않은 산소 아세틸렌 용접기를 사용하여 배관을 용접하다가 식사 후 다시 불을 붙이는 순간 폭발	① 아세틸렌가스나 LP가스를 이용할 경우 역화 방지기를 설치한 후 작업한다.
		② 작업 시작 전에 작업장을 환기한다.

2) 배관 보수 작업의 위험성 평가

(1) 배관 자재의 반입, 가공, 운반 시의 위험요인을 확인

① 자재 운반 및 적재 시 낙하 또는 전도 위험은 없는가?

② 반입된 자재는 구르거나 넘어질 위험은 없는가?

③ 근로자는 안전모 등 개인 보호구를 착용하고 있는가?

④ 인력 소운반 시에 바닥에 전도 위험은 없는가?

⑤ 지게차로 운반 시 신호수를 배치하고 안전하게 유도하고 있는가?

⑥ 중량물 운반 시 넘어지거나 낙하할 위험은 없는가?

⑦ 지게차 운전원은 자격을 보유하고 있는가?

⑧ 지게차 후면부에는 경광등이 부착되어 있는가?

⑨ 작업 구간에는 접근 방지책이 설치되어 있는가?

(2) 배관 작업 중 위험요인을 확인

① 배관 설치 중 안전모 등 개인 보호구를 착용하고 있는가?

② 배관 설치 작업 시 안전대는 체결하고 작업 하는가?

③ 작업대로 사다리 등을 불안전하게 사용 하지는 않는가?

④ 배관 용접 작업 중 폭발 위험성은 없는가?

⑤ 냉 · 온수 기계 인양 설치 중 낙하 위험은 없는가?

⑥ 배관 운반 작업 중 돌출부에 걸려 넘어질 위험은 없는가?

3. 배관 보수 작업 위험성 평가

1) 배관 자재 반입, 가공, 운반 시의 위험성 평가

배관 자재 반입, 가공, 운반 시의 위험요인에 따른 위험성을 평가할 수 있다.

〈표 10-8〉 배관 자재 반입, 가공, 운반 시 위험성 평가(예)

구 분	위험요인	위험도 등급			관리 대상	대 책
		상	중	하		
인적 요인	안전모, 안전화 등 개인 보호구를 미 착용하고 자재 하역, 운반 중 협착					자재 반입 운반 작업 중 개인 보호구 착용 철저
	지게차 운전 미숙으로 지게차에 근로자 충돌					지게차 운전원의 자격 여부 확인
	유도자 미 배치 상태에서 지게차로 작업 중 주변 근로자 충돌					지게차 사용 시 유도자배치하여 주변 근로자 통제, 안전하게 지게차 유도
물적 요인	자재 적치 시 불안전하게 적재하여 붕괴, 도괴					자재 적재 시 평탄하고 견고한 지반에 안정하게 적재
	배관 등을 인력으로 소 운반중 바닥의 돌출물에 걸려 넘어짐					배관 등 소 운반 시에는 운반구에 탑재하여 운반
작업 방법	운반 차량에서 자재 하역 시하역된 자재가 구르거나 전도되면서 협착					운반 차량에서 하역된 자재는 구르거나 전도되지 않도록 쐐기 등으로 고정조치
	지게차로 자재 운반 중 자재낙하					지거차로 자재 운반 시 파레트 등에 얹어서 수평으로 운반
	작업 구간 접근 방지 조치 미실시로 주변 근로자 협착					작업 구간 접금 방지책 설치
기계 장비	지게차 운행 중 후진하는 지게차에 주변 근로자 충돌					지게차 후면부에는 경광등 설치 및 유도자 배차하여 안전하게 유도

2) 배관 작업 중 위험성 평가

배관 작업 중 위험요인에 따른 위험성을 평가할 수 있다.

〈표 10-9〉 배관 보수 작업 중 위험성 평가(예)

구 분	위험요인	위험도 등급			관리대상	대 책
		상	중	하		
인적 요인	안전모 등 개인 보호구를 미착용하고 작업 중 부딪히거나 협착, 깔림					안전모 등 개인 보호구 착용하고 배관 작업 실시
	안전대 미착용하고 배관 작업 중 추락					배관 설치 작업 시 안전대 착용 철저
물적 요인	배관 설치 위해 운반 중 바닥 돌출물에 걸려 전도					배관 운반 작업 시 바닥에 돌출물 등 제거
						정리 정돈 및 운반구에 탑재하여 운반 실시
작업 방법	사다리를 설치하고 배관 작업 중 사다리가 전도 되면서 추락					배관 설치 시 이동식 비계 설치하여 작업 실시
	탱크 용접 작업 중 잔류 가스로 인한 폭발					탱크 용접 작업 시 탱크 내 가스 등 완전 제거 후 작업 실시
	배관 용접 작업 중 배관 내 가스 폭발					배관 용접 작업 시 배관 내 가스 등 완전 제거 후 작업 실시
	배관 설치 작업 중 배관이 균형을 잃고 낙하					배관 설치 작업 시에는 배관이 낙하하지 않도록 받침대나 로프 등으로 결속 후 작업 실시
기계 장비	체인 블록 등을 이용하여 냉·온수 기계 인양 중 인양 로프가 풀리면서 낙하					냉·온수기 등 중량물 인양 시에는 견고하게 로프를 결속하여 인양 실시

Tip

- 작업 전 현장 안전 점검을 실시한다.
- 작업 중 안전 작업 이행 여부를 확인한다.

02 배관 연결장비 및 장치 점검에 대하여 분석하라.

1. 펌프, 압축기를 점검 및 조치

유지보수 매뉴얼에 따라 펌프, 압축기의 이상을 점검하고 조치한다.

1) 펌프의 이상 유무를 점검하고 조치

펌프에 이상이 발생하면 기계 설비 전체의 운전에 지장을 초래 하므로 일사 및 주기적인 점검과 예방 정비를 통해 사전에 예방 점검과 관리한다.

2) 펌프를 관리

펌프의 관리는 기동에서 부하 운전 및 정지까지의 작업 내용을 점검 및 확인한다.

(1) 기동전 확인 사항을 점검

① 펌프와 전동기의 회전 방향이 일치하는지 확인하고, 펌프를 손으로 돌려 구동부의 마찰 정도를 확인한다.

② 윤활유의 규정 레벨이 맞는지 확인 한다.

③ 흡입 밸브를 연다.

④ 토출 밸브를 닫는다.

⑤ 각부 윤활유 및 냉각수의 통수를 개시한다.

⑥ 펌프 내 만수를 확인한다.

⑦ 전동기를 시동 시킨다.

⑧ 토출 압력을 확인한다.

⑨ 토출 밸브를 서서히 연다.

(2) 펌프 운전 중 확인 및 점검

① 흡입 압력 및 토출 압력을 확인한다.

② 축수부의 온도를 확인한다.

③ 전동기의 전류, 전압을 확인 한다.

④ 각부의 누수를 확인한다.

⑤ 펌프, 전동기, 배관계의 진동을 확인한다.

(3) 펌프를 정지

① 전동기를 정지 한다.

② 장기간 정지 시는 토출 밸브를 닫는다.

3. 펌프의 이상 시 점검 및 조치

펌프의 이상 시 점검 결과에 따라 이상 내용에 대하여 조치한다.

〈표 10-10〉 펌프의 이상 및 조치 내용(예)

점검 결과	이상 내용	조치 내용
흡입 및 토출 불량	흡입 배관 계통 이상	- 펌프 내의 수량 보충 - 흡입 배관 내 공기 제거 - 흡입 배관이 물에 잠기는지 확인
	회전 방향의 이상	- 역 회전 확인 - 회전수를 확인 한다
	관로의 막힘	- 막힌 부분의 수리
	펌프 본체 내부 누설	- 라이닝의 손상 및 마멸 확인 - 다단 연결부의 마모 및 훼손 점검
전동기의 과부하	과전류 차단기 작동	- 회전수의 과다 확인 - 설계 양정의 초과 여부 점검 - 전압의 부족 여부 점검
	기계적 결함	- 펌프와 전동기 결함 점검 - 축수 패킹의 과도한 조임을 점검
패킹 박스의 과열	패킹 박스 온도 상승	- 축수 패킹의 과도한 조임을 점검 - 패킹 제품의 품질 확인 - 물속의 이물질 유입 여부 점검
진동의 발생	소음, 진동의 발생	- 펌프와 전동기의 연결의 수평 점검 - 기초 및 배관 등의 접속 상태 점검 - 케비테이션, 서징의 발생 점검

4. 압축기의 이상 시 점검 및 조치

압축기의 이상 시 점검 결과에 따라 이상 내용에 대하여 조치한다.

1) 왕복동 압축기의 점검 결과를 조치

유지보수 매뉴얼에 따라 펌프, 압축기의 이상을 점검하고 조치한다.

〈표 10-11〉 왕복동 압축기의 점검 요령 및 기준(예)

점검 항목	점검 요령	점검 기준
각 단의 압력	각 단의 흡입, 토출 압력 점검	상시 운전 시와 변화가 없을 것
각 단의 온도	각 단의 흡입, 토출 온도 점검	상시 운전 시와 변화가 없을 것
윤활유 펌프	윤활유 압력 및 점도 점검	상시 운전 시와 변화가 없을 것
베어링 온도	베어링 온도 점검	상시 운전 시와 변화가 없을 것
관련 부품	노크 소리가 유무	이상 노크 소리가 없을 것
밀봉부	그랜드 패킹 무설 점검	누설이 없을 것
흡입, 토출 밸브	각 단의 흡입, 토출 밸브 점검	작등이 정상일 것
실린더 주유기	작동 점검	작등이 정상일 것
접합부	누설 점검	누설이 없을 것
냉각수	수량 및 온도 점검	상시 운전 시와 변화가 없을 것
드레인 밸브	작동 점검	작등이 정상일 것
안전 밸브	누설 점검	누설이 없을 것
이상 진동	본체 및 베어링의 진동 점검	허용치 이하일 것
쿨 러	이상 진동, 소음 점검	상시 운전 시와 변화가 없을 것
전동기	전압, 전류, 소비 전력, 온도점검	상시 운전 시와 변화가 없을 것

2) 원심 압축기의 일상 점검

유지보수 매뉴얼에 따라 원심 압축기의 이상을 점검하고 조치한다.

〈표 10-12〉 원심 압축기 압축기의 점검 요령 및 기준(예)

점검 항목	점검 요령	점검 기준
베어링 윤활유	• 급유 압력 점검 • 회수 되는 오일 온도 점검	상시 운전 시와 변화가 없을 것
축 밀봉 오일	• 급유 압력 • 회수 오일 온도 점검 • 오일의 차압 점검 • 오일의 누유 유무	상시 운전 시와 변화가 없을 것
베어링 온도	베어링의 온도 점검	상시 운전 시와 변화가 없을 것
각 부 진동	본체, 베어링, 증속기 등의 진동 측정	허용치 이하 일것
전력 소비량	소비량 점검	상시 운전 시와 변화가 없을 것
가스 압력	흡입 토출 압력 점검	상시 운전 시와 변화가 없을 것
가스 온도	흡입 토출 온도 점검	상시 운전 시와 변화가 없을 것
가스 누설	각부 가스의 누설 점검	누설이 없을 것
냉각수	수량 점검	상시 운전 시와 변화가 없을 것

3) 원심 압축기를 개방 점검

유지보수 매뉴얼에 따라 원심 압축기의 개방 점검을 실시하고 조치할 수 있다.

〈표 10-13〉 원심 압축기 압축기의 개방 점검 기준(예)

점검 항목	점검 요령	점검 기준
커플링 점검	• 주위 온도 기록 • 기어의 육안 및 침투탐상 검사	• 허용치 이내일 것 • 균열 마모가 없을 것
베어링 점검	• 축과의 틈새 측정 • 침투 탐상 검사	• 손상이 없을 것 • 한쪽으로 치우치지 않을것
풀기어 점검	• 마모 상태 점검 • 톱니 두께 측정	마모 균열이 없을 것
로터의 점검	• 표면의 부식, 마모, 균열 점검 • 용접부 침투, 초음파 검사	마모, 균열이 없을 것
케이싱 점검	표면의 부식, 마모, 균열 점검	마모, 균열이 없을 것
케이싱 수평	정밀 측정기로 측정	허용치 이내일 것
디퓨져, 가이드 베인	표면의 부식, 마모, 균열 점검	마모, 균열이 없을 것
쿨러의 점검	부식 마모 유무	부식, 균열이 없을 것
급유 장치	오일 펌프, 필터의 점검	막힘이 없을 것

5. 점검 결과를 활용

펌프 및 압축기의 점검 결과를 데이터 베이스화하여 유지보수 자료로 활용할 수 있다.

배관 부속 장치의 점검에 대하여 분석하라.

1. 배관 부속 장치를 점검하고 조치

배관 부속 장치를 일상 점검을 실시하고 점검 결과에 따라 조치를 할 수 있다.

① 배관 부속 장치 점검을 위한 장비 및 공구를 준비한다.

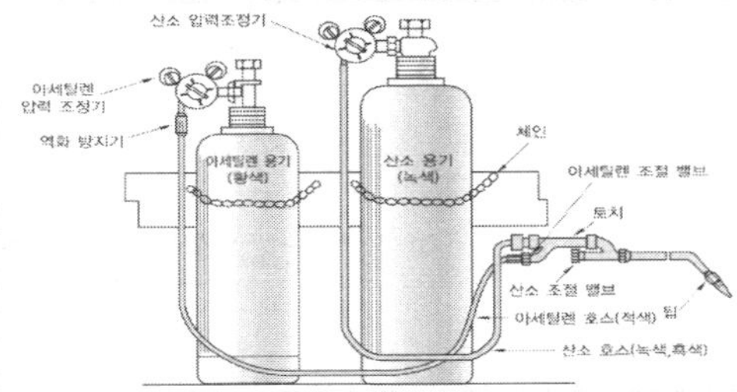

산소-아세틸렌 용접기

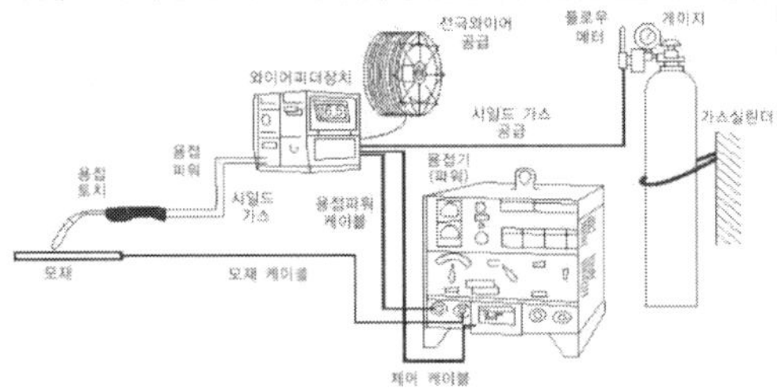

용접기

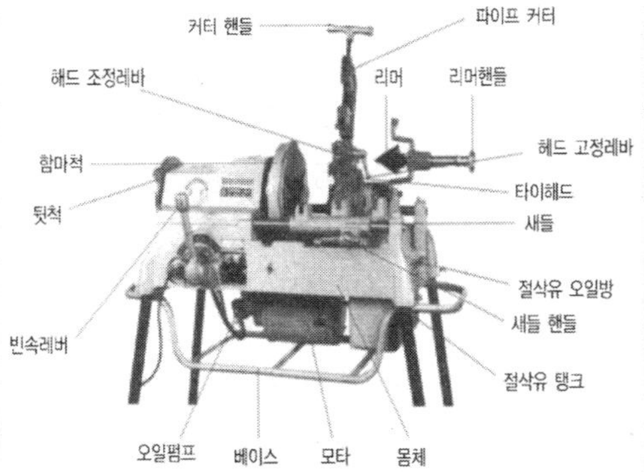

동력 나사 절삭기

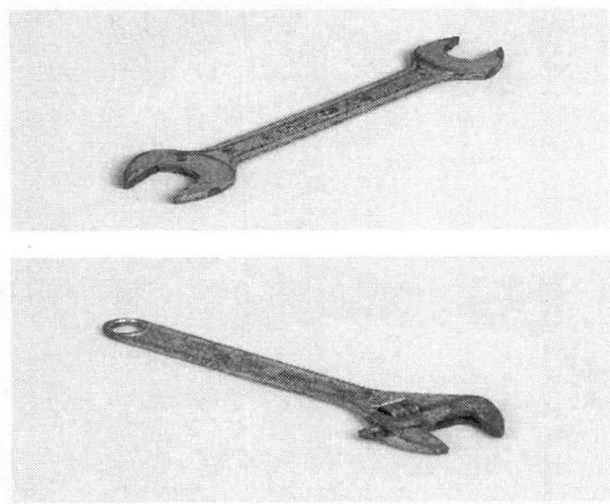

수공구 류

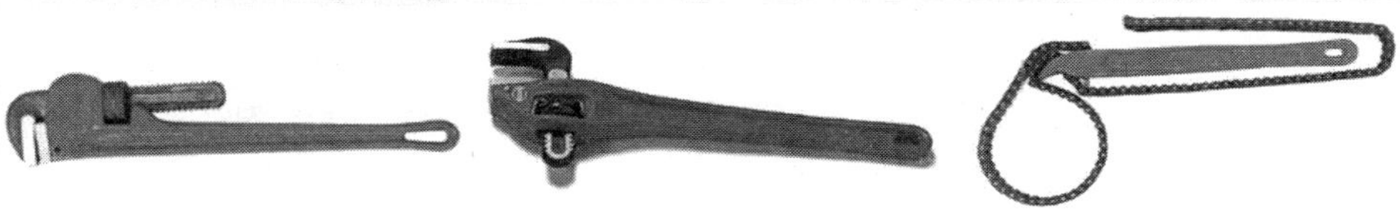

파이프 렌치

[그림 10-6] 배관 부속 장치 보수 공구(예)

② 배관 부속 장치 보수를 위한 예비품을 준비한다.

배관 부속 장치를 보수하기 위한 예비품으로는 설계 도면에 의한 배관 시스템별, 품목별, 규격별 예비품을 확보하여야 한다.

③ 기계실 배관 부속 장치를 점검하고 조치한다.

〈표 10-14〉 기계실 배관 부속 장치 일상 점검 및 조치 내용(예)

배관 부속 장치명	점검 결과	조치 내용
안전 밸브	• 외관 부식 발생 • 누설 발생 • 작동 불량	• 청소 및 도장 작업 • 교체 작업 실시 • 교체 작업 실시
증기 트랩	• 외관 부식 발생 • 누설 • 작동 불량 • 이상 소음, 진동 발생	• 청소 및 도장 작업 • 보수 작업 실시 • 분해 청소 및 보수 작업 • 작동 상태 점검 및 보수 작업
감압 밸브	• 외관 부식 발생 • 전, 후 압력 이상 • 누설 발생 • 이상 소음, 진동 발생	• 청소 및 도장 작업 • 연결관 점검 및 보수 작업 • 교체 작업 • 전, 후 압력 점검 및 보수 작업
신축 이음	• 누설 발생 • 외부 부식 발생 • 이상 소음, 진동 발생	• 누설부 보수 작업 실시 • 청소 및 도장 작업 • 배관 이상 유무 점검
후렉시블 조인트	• 누설 발생 • 외부 부식 발생 • 이상 소음, 진동 발생	• 누설부 보수 작업 실시 • 청소 및 도장 작업 • 배관 이상 유무 점검
유량계	• 누설 발생 • 외부 부식 발생 • 이상 소음, 진동 발생	• 누설부 보수 작업 실시 • 청소 및 도장 작업 • 배관 이상 유무 점검
온도 조절 밸브	• 누설 발생 • 온도 조절 불량 • 이상 소음, 진동 발생	• 누설부 보수 작업 실시 • 분해 청소 및 보수 작업 • 배관 이상 유무 점검
유량 조절 밸브	• 누설 발생 • 작동 불량 • 이상 소음, 진동 발생	• 누설부 보수 작업 실시 • 분해 청소 및 보수 작업 • 배관 이상 유무 점검
정수위 밸브	• 누설 발생 • 수위 유지 불량 • 이상 소음, 진동 발생	• 누설부 보수 작업 실시 • 플로우 스위치 점검 • 배관 이상 유무 점검
온도계, 압력계	• 누설 발생 • 작동 불량 • 이상 소음, 진동 발생	• 누설부 보수 작업 실시 • 교체 작업 실시 • 배관 이상 유무 점검 조치

④ 공동구 배관 부속 장치를 점검하고 조치한다.

〈표 10-15〉 공동구 배관 부속 장치 일상 점검 및 조치 내용(예)

배관 부속 장치명	점검 결과	조치 내용
증기 트랩	• 외관 부식 발생 • 누설 • 작동 불량 • 이상 소음, 진동 발생	• 청소 및 도장 작업 • 보수 작업 실시 • 분해 청소 및 보수 작업 • 작동 상태 점검 및 보수 작업
감압 밸브	• 외관 부식 발생 • 전, 후 압력 이상 • 누설 발생 • 이상 소음, 진동 발생	• 청소 및 도장 작업 • 연결관 점검 및 보수 작업 • 교체 작업 • 전, 후 압력 점검 및 보수 작업
신축 이음	• 누설 발생 • 외부 부식 발생 • 이상 소음, 진동 발생	• 누설부 보수 작업 실시 • 청소 및 도장 작업 • 배관 이상 유무 점검
후렉시블 조인트	• 누설 발생 • 외부 부식 발생 • 이상 소음, 진동 발생	• 누설부 보수 작업 실시 • 청소 및 도장 작업 • 배관 이상 유무 점검
온도 조절 밸브	• 누설 발생 • 온도 조절 불량 • 이상 소음, 진동 발생	• 누설부 보수 작업 실시 • 분해 청소 및 보수 작업 • 배관 이상 유무 점검
온도계, 압력계	• 누설 발생 • 작동 불량 • 이상 소음, 진동 발생	• 누설부 보수 작업 실시 • 교체 작업 실시 • 배관 이상 유무 점검 조치

⑤ 사무동 배관 부속 장치를 점검하고 조치한다.

〈표 10-16〉 사무동 배관 부속 장치 일상 점검 및 조치 내용(예)

배관 부속 장치 명	점검 결과	조치 내용
증기 트랩	• 외관 부식 발생 • 누설 • 작동 불량 • 이상 소음, 진동 발생	• 청소 및 도장 작업 • 보수 작업 실시 • 분해 청소 및 보수 작업 • 작동 상태 점검 및 보수 작업
감압 밸브	• 외관 부식 발생 • 전, 후 압력 이상 • 누설 발생 • 이상 소음, 진동 발생	• 청소 및 도장 작업 • 연결관 점검 및 보수 작업 • 교체 작업 • 전, 후 압력 점검 및 보수 작업
신축 이음	• 누설 발생 • 외부 부식 발생	• 누설부 보수 작업 실시 • 청소 및 도장 작업

배관 부속 장치 명	점검 결과	조치 내용
	• 이상 소음, 진동 발생	• 배관 이상 유무 점검
후렉시블 조인트	• 누설 발생 • 외부 부식 발생 • 이상 소음, 진동 발생	• 누설부 보수 작업 실시 • 청소 및 도장 작업 • 배관 이상 유무 점검
온도 조절 밸브	• 누설 발생 • 온도 조절 불량 • 이상 소음, 진동 발생	• 누설부 보수 작업 실시 • 분해 청소 및 보수 작업 • 배관 이상 유무 점검
온도계, 압력계	• 누설 발생 • 작동 불량 • 이상 소음, 진동 발생	• 누설부 보수 작업 실시 • 교체 작업 실시 • 배관 이상 유무 점검 조치

04 배관 연결장비의 기타 설비 점검에 대하여 분석하라.

1. 기타 기계 설비를 점검하고 조치

기타 기계 설비로는 신재생 에너지 설비와 오수 정화 설비를 점검하고 점검 결과에 따라 조치한다.

1) 신재생 에너지 설비의 종류에 따라 점검하고 조치

태양열 시스템, 태양광 시스템, 지열 시스템을 점검하고 점결 결과에 따라 조치한다.

① 자연 순환식 태양열 시스템을 점검하고 조치한다.

〈표 10-17〉 태양열 시스템 점검 및 조치 내용(예)

설비명	점검 결과	조치 내용
직수 배관 및 집열기	온수가 안 나옴	• 지수 배관 밸브 확인 • 집열기 열매체 누수 확인
축열 탱크	녹물 발생	축열 탱크 내부 코팅 파손으로 탱크 교환
배관	수압 약함	• 배관 누수 점검 • 배관내 스케일 청소
집열기 배관	파열	교환
	동파	동파 방지 열선 점검 및 교환

② 태양광 시스템을 점검하고 조치한다.

〈표 10-18〉 태양광 시스템 점검 및 조치 내용(예)

설비명	점검 결과	조치 내용
태양 전지판	• 모듈 표면 얼룩 • 손상, 변형, 파손	• 청소 실시 • 태양 전지판 교환
접속함	부식, 파손, 나사 풀림	보수 작업
인버터	• 부식, 파손 • 운전시 이상음 발생	• 보수 작업 • 점검 및 보수 작업

③ 지열 시스템을 점검하고 조치한다.

〈표 10-19〉 지열 시스템 점검 및 조치 내용(예)

설비명	점검 결과	조치 내용
순환 펌프	• 베어링의 이상 소음, 진동 발생 • 이음부 누수	주 전원 차단 및 보수
히트 펌프	냉매 누설	밸브 차단
	토출 압력 이상 및 진동, 소음 발생	제조사 A/S 요청

2) 오수 정화 설비를 점검하고 조치

〈표 10-20〉 오수 정화 설비 점검 및 조치 내용(예)

설비명	점검 결과	조치 내용
폭기조	폭기량 부족으로 활성오니 부패발생	폭기량 및 반송량 증대
	발포 증가	• 소포제 살포 • 송풍량 증가 • 독성 물질 유입 조사
슬러지조	슬러지 배출 불량	슬러지 배출 점검, 조치
	슬러지 부패로 악취발생	• 폭기량 증가 조치 • 반송 및 슬러지 제거 증가 조치
침전조	슬러지 부상	• 폭기량 감조 조치 • 반송량 증가 조치 • 슬러지 배출 조치
배출조	기기의 작동 불량	정지 및 보수 작업 실기

학습 10

Tip

- 펌프 및 압축기의 종류를 파악해야 한다.
- 기타 기계 설비에 대하여 파악해야 한다.

05 배관 부식의 점검 및 조치에 대하여 분석하라.

유지보수 매뉴얼에 따라 배관 내 · 외부 부식을 점검하고 조치한다.

1. 배관 외부 부식을 점검하고 조치

배관의 외부 부식이 발생하면 브러쉬 등으로 녹이나 이물질을 제거하고 바탕을 유기성 방청 도색 후 주위 색상에 맞게 마감 도장 작업을 해야 한다.

2. 배관 내부 부식을 점검하고 조치

수중에 있는 금속의 부식 속도는 용존 산소 농도에 비례하므로 용존 산소를 0.2 mg/ℓ 까지 제거하면 부식이 방지되고 70℃이상 온수계통에서는 0.1mg/ℓ 이하, 18기압까지의 저압보 일러는 0.02mg/ℓ 이하, 고압 보일러는 0.005mg/ℓ 이하까지 제거하여야 부식을 방지할 수 있다.

1) 화학적 산소 제거로 부식을 방지

화학적 산소 제거는 아황산소다와 수화히드라진을 사용한다.

2) 기계적 산소를 제거하여 부식을 방지

기계적 산소 제거는 적당한 온도와 압력 하에서 물을 분무시키는 방법이 있다. 감압하에서 가열하여 끓이는 방법도 수중의 용존 가스를 제거하는 능률적인 방법이다.

3) 부식 억제제를 사용하여 부식을 방지

부식성의 용액에 어떤 물질을 첨가하면 부식이 현저하게 감소하거나 부식이 방지된다. 이때 첨가되는 물질을 부식 억제제라 하며 부식 억제제의 종류는 크롬산염, 인산염, 고분자인산염, 구산염, 아황산염, 아비산염, 몰리브덴산염, 텡스텐산염 등의 무기화합물이 있으며 지방족 아민류, 방향족 아민류를 비롯한 유기산, 알코올, 머캅탄, 티오요소 등이 있다. 이 외에도 한천, 젤라틴, 당류, 전분 및 탄닌과 같은 천연 물질도 있다.

4) 전기적 제어 방법으로 부식을 방지

부식성의 수용액과 접촉하고 있는 금속체 사이에 직류 전류를 흐르게 하여 금속체를 전기적인 부식 방지한다.

5) 유기 재료에 의한 방식

유기 재료는 금속 표면에 코팅 또는 라이닝하고 금속 표면을 피복하여 부식을 억제하는 것이다. 유기 재료의 종류로는 유성 페인트, 천연 고무, 합성 고무 등이 있다.

Tip

- 배관 부식의 원인이 되는 인자를 파악한다.
- 배관 부식 방지 조치에 대한 기본 지식을 파악한다.

학습 10

학습활동.10 교수 · 학습 방법

교수 방법

- 배관의 유지보수에 대한 관련 용어, 구성, 방식 이해 정도를 파악한 후 수업을 진행한다.
- 교수자의 주도로 배관의 유지보수 등의 내용을 PPT 자료로 제시한 후 설명한다.
- 가능하면 사전에 개인별 학습 자료를 준비하여 모든 학생이 참여할 수 있는 문제 해결식 수업, 협력 수업이 가능하도록 한다.
- 배관의 유지보수 전 과정을 작업의 순서에 따라 단계적으로 실습이 이루어질 수 있도록 지도한다.
- 교재를 통해 수업을 준비하는데 있어서 필요한 모든 정보나 팁, 힌트 등 도움이 될 만한 내용들을 확인할 수 있다.
- 학생들이 만들게 될 각 모델들은 수업시간에 중점적으로 다뤄질 부분과 어휘, 질문, 답을 포함하고 있으며 또한 탐구할만한 추가적인 아이디어들도 포함하고 있다.

학습 방법

- 배관의 유지보수에 대한 관련 용어를 숙지하고, 배관의 유지보수에 대해 이해한다.
- 배관의 유지보수의 각 단계별 중점 사항을 체계적으로 학습한다.
- 배관의 유지보수의 수행순서의 전 과정을 실습한다.
- 배관의 유지보수의 내용을 이해한다.
- 배관의 유지보수를 이해하고 숙달이 될 때까지 학습한다.

학습활동.10 평가 및 피드백

평가 준거

- 평가자는 피평가자가 수행 준거 및 평가 내용에 제시되어 있는 내용을 성공적으로 수행할 수 있는 지를 평가해야 한다.

학습내용	평가항목	성취수준		
		상	중	하
배관의 유지보수	배관의 유지보수를 이해할 수 있다.			

평가 방법

• 작업 포트폴리오

학습내용	평가항목	성취수준		
		상	중	하
배관의 유지보수	배관의 유지보수를 이해할 수 있다.			

• 필기시험

학습내용	평가항목	성취수준		
		상	중	하
배관의 유지보수	배관의 유지보수를 이해할 수 있다.			

• 체크리스트를 통한 관찰

학습내용	평가항목	성취수준		
		상	중	하
배관의 유지보수	배관의 유지보수를 이해할 수 있다.			

• 피드백

1. 작업 포트폴리오
   - 제출한 보고서를 평가한 후 주요 사항에 대하여 표시하여 돌려준다.
2. 필기시험
   - 평가 결과 성적이 저조한 학생은 보고서 제출 기회를 부여한다.
3. 체크리스트를 통한 관찰
   - 실습 과정에서 평가한 후 개선해야 할 사항 등을 정리하여 돌려둔다.

학습 10

참 | 고 | 문 | 헌

1. 대한 설비 공학회. 『설비공학 편람 제2권 공기조화』. 대한 설비공 학회.
2. 대한 설비 공학회. 『설비공학 편람 제4권 위생, 소방, 환경』. 대한 설비 공학회.
3. 김수영 · 이종석 · 박호준 · 조영호 · 오호영 · 백신원(2016). 『건축설비관계법규』. 한솔아카데미.
4. 역자 : 윤재호 · 최영석 · 권오경. 『퀜 압축기 유지 관리』. 태훈 출판사.
5. 역자 : 윤재호 · 최영석 · 권오경. 『배관의 유지 관리』. 태훈 출판사.
6. 허요 · 이인훈(2011). 『공업 배관』. 도서 출판 세진사.
7. 설비 보전 시험 연구회. 『설비 보전 기사』. 도서 출판 일진사.
8. 국가 법령 정보 센터(홈페이지)
9. 산업안전 공단(홈페이지)
10. 국토해양부(2011). 건축 기계 설비 공사 표준 시방서
11. 마스후라 후시지로 · 타냐카 타게히로, 역자 : 곽노열(2013). 『건축설비 유지 관리』. 문운당.

학습 1	배관 내시경의 개요
학습 2	배관 내시경 검사와 판독
학습 3	배관 영상과 지능형 영상 분석
학습 4	배관 내시경 위치파악과 영상마커
학습 5	산업용 내시경 동향
학습 6	배관시공의 도면과 재료
학습 7	배관공구와 배관작업
학습 8	배관시공 상태 및 누설검사
학습 9	배관의 점검 및 시운전
학습 10	배관의 유지보수
학습 11	**배관의 시공 및 안전**
학습 12	배관의 비파괴 검사기술

학습 목표	1. 배관의 시공 및 안전을 이해할 수 있다.

11-1 배관시공의 안전 관리

1. 안전 관리의 필요성

안전 관리는 근로자의 동기 유발을 통하여 사기를 진작시켜 재해를 예방하고 신뢰성을 유지하여 생산 능률을 향상시키고, 생산 비용 절감 및 이윤을 증대시켜 경제적, 인적 손실을 예방한다.

2. 안전 관리 활동 방향

1) 안전 문화 형성의 조성

안전 교육 실시를 제도화하고 안전 지식 교육을 실시하여 질서 의식, 준법 정신을 함양한다. 또한 직업 교육을 통하여 안전 의식을 제고하고 건설 근로자의 안전 의식을 제고한다.

2) 안전 문화의 확산

안전 문화 의식 구조를 재정립시키고 안전 문화 촉진 대회 개최하여 안전 문화 추진을 위한 각종 행사를 전개한다.

3. 안전 관리의 활동

1) 안전 관리 활동을 실시

근로자의 책임과 권한을 명확히하고 작업 환경을 정비하고 안전 의식을 고취시킨다. 안전 점검을 실시하고 위험성 평가를 시행하고 안전 표창 제도를 실시한다.

2) 안전 관리 활동의 모니터링

예방 정보와 사고 데이터에 비중을 두고 관리 시스템의 위험 관리의 수행이 효과적인지 주기적으로 확인한다. 작업 방법의 변경이나 새로운 공정 도입 시 발생하는 문제는 즉시 보고하도록 한다.

3) 안전 관리 성과의 정규적인 검토

회사는 1년에 1회 이상 안전 관리 성과를 검토, 활동이나 모니터링이 효과적으로 이루어지는지 검토, 문제점을 보완하기 위하여 해야 할 활동과 그것을 모니터링 할 방법을 검토하여 확연하게 드러나는 단점은 즉각적으로 검토한다.

4. 안전 관리 활동 시 문제점

1) 안전 의식의 부족

적당주의가 팽배하고 안전 불감증이 만연하며 안전 교육 체제가 미흡하고 계층 홍보가 부족하다.

2) 준법 풍토, 법적 제재의 미흡

법령 위반 시 제재가 미흡하고 위반 시 고발할 수 있는 시민 정신이 부족하여 법을 지키면 손해라는 인식 팽배하다.

5. 안전 관리 활동 정착 방안의 모색

작업자의 안전 의식 제고, 제도 개선, 법적 제재 조치 등이 상호 병행되어야 하고, 안전관리 활동을 위한 예산을 지원하고 안전 문화 활동에 대한 장기적 계획 수립이 필요하다.

6. 안전 관리 시방서의 작성

1) 공사 현장 관리

(1) 안전 관리

모든 공사는 산업안전 보건법에 준용하여 산업 재해 예방을 위한 기준을 준수하여야 하며, 산업 재해 발생의 방지에 노력하여야 하고 공사 현장의 안전을 유지하기 위하여 안전관리 체제를 구성하여야 한다. 안전규정을 작성하고 안전 관리비는 공사 현장의 재해 방지 및 근로자의 보건 관리에 사용하며, 다른 목적으로 사용하여서는 안 된다.

(2) 환경 정비

공사 현장에서 현장내의 제반 자재, 기계 기구 등의 정리 정돈, 점검, 정비 및 청소를 행하여, 현장 내를 청결하게 유지하여야 하고 공사로 발생되는 오염은 즉시 도급자의 책임 하에 환경 정비를 실시하고 사업장 주변에 방치하여서는 안 된다. 도급자는 깨끗이 청소하고 감독원의 승인을 득한 후 준공 검사를 받는다.

(3) 사고, 재해 및 공해 방지

현장 대리인은 공사 시공에 수반 시 재해 및 공해 방지를 위해 관계 법령 등에 따라 다음 사항을 준수한다. 공사 현장 주변의 건축물, 도로, 매설물 및 통행인 등 제3자에게 재해가 미치지 않도록 하고 공사 현장내의 사고, 화재 및 도난의 방지에 노력해야 한다. 특히 위험한 장소의 점검은 주의 깊게 수행하고 공사 중의 소음, 진동, 먼지, 섬광 및 그 이외에 대해서도 적절한 조치를 하고, 공해가 발생하지 않도록 한다.

7. 배관시공 시 주의 사항

적용을 받는 법규, 조례 등을 검토한 후 작업하고 사용하는 배관의 재료는 각각의 용도, 사용 온도 등을 고려하여 선정하고 현장에 반입된 기재, 자재는 시공 도중 현장 내에서 파손, 변형, 성능 저하가 없도록 보관관리 한다.

공구 사용 시 사용 전 결함이 없는지 확인하고 사용 중에도 상태를 점검하고, 확관이나 용접 시 가열된 관에 의한 화상에 주의하고 배관을 공구에 고정할 때에는 흔들림이 없는지 중앙에 정확히 고정되었는지 확인 후 작업한다.

11-2 배관시공의 안전교육 및 보호장구

1. 안전교육

1) 안전 관리의 교육

교육의 필요성을 설명하고 안전교육 계획을 수립하기 위하여 재해 발생 사례를 수집하여 분석, 정리하고 현장 작업자의 안전 교육에 대한 생각과 이행 여부 등에 관한 의견을 청취하여 교육계획에 반영하고 교육 대상, 내용, 시기, 장소 등 관련 세부 내용을 고려하여 시행 계획을 준비한다. 교육 내용은 법 규정에 의한 내용만이 아니라 실제 현장에서 이루어지는 작업의 종류와 주변 환경까지 고려한 구체적인 내용을 작성한다. 그리고 안전 교육 내용을 위해 안전 교육 내용을 설명하고 배관 접합 작업에 대하여 종류별로 설명하고 고소 작업에 대하여 설명한다.

〈표 11-1〉 배관 작업 안전 관리 교육 내용

<table>
<tr><th colspan="2">구 분</th><th>내 용</th></tr>
<tr><td colspan="2">배관의 절단 작업</td><td>• 각 기기의 취급 및 주의해야 할 사항
• 작업 절차에 관한 사항
• 기타 안전 관리에 필요한 사항</td></tr>
<tr><td rowspan="2">배관 접합 작업</td><td>나사 접합</td><td>• 각 기기의 취급 및 주의해야 할 사항
• 접합에 사용되는 패킹 종류와 사용 방법에 관한 사항
• 기타 안전 관리에 필요한 사항</td></tr>
<tr><td>용접 접합</td><td>• 재료의 종류 및 규격에 따른 용접 방법에 관한 사항
• 용접 방법에 따른 취급 및 주의해야 할 사항
• 지하층, 샤프트 등의 밀폐된 공간일 경우 환기 설비에 관한 사항
• 기타 안전 관리에 필요한 사항</td></tr>
</table>

구 분		내 용
	플랜지 접합	• 접합 방법에 따른 기기 취급 및 주의해야 할 사항 • 접합 위치 및 장소에 관한 사항 • 기타 안전 관리에 필요한 사항
고소 작업		• 작업면 상부에 설치되어 있는 구조물 및 배관을 고려하여 고소 장비를 활용 • 고소 장비의 안전 장비에 관련된 사항 • 작업자의 안전 벨트 등 보호구에 관련한 사항 • 기타 고소 작업 시 안전 관리에 관한 사항

2. 보호구

1) 조 건

착용이 간편하고 작업 시 방해가 되지 않는 형태이어야 하며 검정받은 품질의 것으로 작업의 종류에 적합한 성능을 갖춘 제품이어야 한다.

2) 종류 및 용도

① 보안경 : 작업시 쇳가루나 기타 입자가 날리는 작업 시 착용한다.

② 보안면 : 용접 작업이나 절단 작업 시 불티나 광선이 나오는 작업 시 착용한다.

③ 안전 장갑, 안전 조끼 : 각종 용접 작업 시 착용한다.

④ 안전 모 : 추락, 충격 등으로부터 머리를 보호할 수 있는 도구로 모든 작업 시 착용한다.

⑤ 귀마개 : 소음이 크게 발생하는 작업 시 착용한다.

⑥ 마스크 : 먼지가 많거나 가스 발생하는 작업 시 착용한다.

⑦ 안전화 : 무거운 물체를 취급하거나 무거운 물체가 추락할 우려가 있는 장소에서 착용한다.

3) 보호구의 보관과 관리 방법

직사광선을 피하고 통풍이 잘 되는 장소에 보관하고 부식성, 유해성, 인화성 기름, 산등과 격리하여 보관하고 주변에 발열성 물체가 없어야 하고 땀, 이물질 등으로 오염된 것은 세척 후 그늘에서 말린 후 보관한다.

4) 검정 대상 보호구

검정 대상 보호구는 안전모, 안전대, 안전화, 안전장갑, 보안경, 보안면, 방진 마스크, 방독 마스크, 귀마개 또는 귀 덮게, 전동식 호흡 보호구, 보호복이다.

11-3 배관시공의 안전 규칙 및 준수

1. 안전 수칙

1) 일반 작업 안전 수칙

작업 시는 규정된 복장을 착용하고 시설 및 작업 기계 기구는 점검 후 사용하고 작업장 주변은 항상 정리 정돈하고 인화 물질 또는 폭발물이 있는 장소에는 화기 취급을 금하고 위험 표시 구역은 담당자 외에는 취급을 금지하도록 한다.

담배는 반드시 흡연 장소에서 피우고 모든 기계 기구는 담당자 이외의 취급을 금지한다. 현장 내에서는 장난이나 뛰어다니지 않도록 하고 모든 전선은 전기가 통한다고 생각하고 기계 작동 중에는 청소, 정비, 파품을 제거하지 말아야 하고 사전 승인 없는 화기 취급은 절대 엄금한다.

2) 화재 예방 안전 수칙

지정된 장소에서만 흡연하고 가연성 쓰레기 등은 금속 용기에 모아 버려야 하며, 보관 시에는 밀폐하여 두고 소화기의 비치 장소와 소화기의 사용 방법을 알아두어야 하고 비상 탈출구의 위치를 알아두고 비상 탈출구는 언제나 사용할 수 있도록 해둔다. 그리고 소화기나 소방 호스, 소화전은 정상으로 유지해 놓아야 하고 휘발유, 석유 등에 젖은 옷은 즉시 갈아입도록 해야 한다. 경보 장치의 위치와 사용 방법을 알아두고 화기 사용 후에는 반드시 소화 상태를 확인하고 작업장을 떠나고, 페인트 작업 등 인화성 물질 취급 시에는 특히 화기에 주의한다.

3) 기계/장치 안전 수칙

① 작업 시작 전 반드시 기계 기구의 이상 유무 및 안전 장치의 작동 상태를 확인하고 작업을 개시하도록 한다(안전 덮개).

② 작업 중에는 지정된 보호구(안전화 및 귀마개 등)를 착용하도록 한다.

③ 자기 담당 기계 이외의 기계는 움직이거나 스위치를 동작하지 말아야 한다.
④ 기계의 청소, 정비 및 교환 작업을 실시하는 경우에는 반드시 사전에 기계를 정지시킨 후 작업하도록 한다.
⑤ 작업 중에는 방호 장치의 이상 유무를 수시로 확인하도록 한다.
⑥ 안전 검사 대상 설비는 매2년마다 검사를 한다.
⑦ 설비 이상 및 작업 시 비상 상황 발생 시 즉시 관리 감독자에게 보고하도록 하고, 조치를 완료한 상태에서 작업을 한다.

4) 유해 물질 안전 수칙

① 유해 물질은 지정장소 및 용기에 격납하도록 한다.
② 유해 물질은 반드시 지정된 표시를 하도록 한다.
③ 취급관계자 이외에는 취급 금지한다.
④ 작업장내에서는 화재 및 중독 사고 예방을 위하여 담배 및 음식 섭취를 금하도록 한다.
⑤ 보호구(보안경, 방독 마스크, 장갑 등)를 반드시 착용한 후 취급하도록 한다.
⑥ 유해 물질 취급 장소의 통풍, 환기는 수시로 실시하도록 한다.
⑦ 유해 물질이 넘쳐흐르거나 이상이 없는지 수시 확인하도록 한다.
⑧ 신체에 이상(두통, 복통, 설사)을 느끼면 즉시 관리 감독자에게 보고하고 의사의 진단을 받도록 한다.

5) 사다리 작업 안전 수칙

① 기계나 적재물, 나무 상자 등을 사다리 대신 사용하지 않는다.
② 사다리는 사용 전에 결함 여부를 꼭 점검한다.
③ 직선 사다리(외줄 사다리)를 사용할 때는 걸쳐 놓은 지점으로 부터 60cm 이상 올라가도록 한다.
④ 손을 잡을 때와 발을 디딜 때는 특히 조심한다.
⑤ 작업이 진행됨에 따라 사다리를 자주 옮긴다.
⑥ 사다리로부터 자기 팔 길이 이상 떨어진 곳에 대한 작업을 하지 않는다.
⑦ 사다리를 오르기 전에 밑에 미끄럼방지 조치를 하고 올라갈 때는 두 손을 사용한다.
⑧ 출입문이나 통로 가까이에 사다리를 세울 필요가 있을 때에는 주의 표지를

붙이거나 방호물을 쳐둔다.

⑨ 사다리는 작업 발판 용도로 사용 금지한다.

6) 고소 작업(리프트 카) 안전 수칙

(1) 일반 사항

작업장 주변의 위험한 지면, 물체, 건물 등에 주의하여 장비를 조작해야 하며 사람이 근접하지 않도록 해야 하고 리프트 카를 이용하여 기계 또는 다른 물체를 당기거나 미는 행위를 하여서는 안된다. 작업대를 다른 구조물을 지지하는 용도로 사용하여서도 안 되고 리프트 카 탑승자는 안전모 착용, 안전 벨트 착용, 안전 고리 체결 후 탑승하여 조작하고 리프트 카는 3인 이상 탑승 금하고 리프트 카 안전 장치 해체 금지(리미트 S/W)한다.

(2) 작업 중 안전 수칙

작업대에서 작업자는 작업대 바닥에 안정되게 서 있어야 하며, 앉거나 가장자리에 기대서는 안 되고 작업대 위에서 사다리 사용을 절대 금지한다. 작업대 내의 적재물은 고소 작업에 필요한 최소의 공구를 적재하며 격하중을 초과해서는 안되고, 2인이 탑승하여 작업 시 조작자는 작업자의 작업이 완전히 종료 후 조작한다(상 · 하향). 그리고 작업대 안에서 작업자는 공구 등 물건이 아래로 떨어지지 않도록 주의하고, 작업 시 리프트 카 주변 3m 이내에는 접근 금지한다. 감시자 항시 상주하고 외부 작업 시 급격한 경사면에서의 작업은 금지하고, 조작 중에는 작업대 주위의 위험 유무를 항상 확인한다.

7) 신규 작업자 실천 사항

① 정해진 작업복과 개인 보호구를 착용한다.
② 작업장 바닥이나 통로의 안전 상태를 확인한다.
③ 기계의 청소, 점검, 수리 보수 작업시 사용 기계를 정리한다.
④ 기계에 부착된 방호 조치는 항시 원 상태로 유지한다.

8) 통행 안전 수칙

① 구내 통행 수칙을 잘 알아두고 준수한다.
② 계단을 오르내릴 때는 난간을 붙잡고 좌측 통행한다.

③ 높은 곳이나 비계, 도크 등에서 뛰어내리지 않는다.
④ 통로를 보행할 때는 움직이는 기계를 잘 살피고 조심한다.
⑤ 달리는 운반차에 뛰어오르거나 뛰어내리지 않는다.
⑥ 통로에 장해물이 있으면 즉시 치우는 습관을 가진다.
⑦ 선반, 레일, 앵글, 기타 물건을 넘어 다니지 말고 그 위를 걷지도 않는다.
⑧ 통제 구역이나 지름길을 함부로 다니지 않는다.
⑨ 문의 개폐를 조용히 한다. 문을 열 때 자기 앞으로 당기게 되어 있는 문은 반드시 옆으로 서서 당긴다.
⑩ 위에서 작업 중이거나 물체가 매달려 있는 상태에서는 그 밑을 통행하지 않는다.

9) 작업장 안전 수칙

① 일은 질서 있게 하는 습관을 가진다.
② 모든 안전 수칙과 표시를 준수한다.
③ 작업 중에는 작업에만 전념하고 경거망동 하지 않는다.
④ 공동 작업은 서로 긴밀한 협조를 한다.
⑤ 무리한 작업은 선임자에게 보고하고 적절한 조치를 취한다.
⑥ 교대 시에는 작업에 대한 내용을 확실하게 인수 · 인계 한다.

10) 공동 작업 안전 수칙

① 작업 전 작업 지휘자를 정하고 지휘 신호에 따라 작업한다.
② 기계 수리 작업장에는 경광등을 설치하여 주변 접근을 통제한다.
③ 기계 수리 작업 시 2개소 이상 동시 작업을 절대 하지 않는다.
④ 작업 전 상호 신호를 반드시 정한다.
⑤ 작업 형태에 따라 필요한 보호구를 반드시 착용한다.
⑥ 작업 순서와 작업 방법을 반드시 익히고 정해진 대로 바르게 한다.
⑦ 기계의 수리 작업 시는 사전 안전 점검을 반드시 실시한다.

11) 정리 · 정돈 안전 수칙

① 정리는 필요한 것과 불필요한 것을 구분하고 불필요한 것은 과감히 없앤다.
② 정돈은 필요한 것을 쓰기 편하게 누구든지 쉽게 알 수 있도록 명시해 놓는다.

③ 올바른 방법과 안전한 방법으로 정리 정돈한다.

④ 작업장, 통로 및 주변은 항상 깨끗하게 청소한다.

⑤ 소화전, 화재 및 비상 표시, 안전 표시를 잘 보이는 곳에 올바르게 부착한다.

⑥ 구르기 쉬운 자재는 받침대를 튼튼히 하고 가능한 묶어서 보관한다.

⑦ 사용 시기별, 용도별로 정리하고 빨리 사용할 것을 밑에 쌓지 않는다.

⑧ 부식 및 발화나 가연제 또는 위험 물질은 별도로 보관한다.

⑨ 품명 및 수량을 파악하기 좋도록 정리 정돈한다.

2. 배관 및 공구 운반 시 안전 수칙

배관 작업을 하기 위하여 배관과 작업 공구를 운반할 경우, 운반 과정에서 발생할 수 있는 안전 사고를 사전에 예방 할 수 있도록 안전 사고 수칙을 설명한다.

〈표 11-2〉 배관 및 공구 운반 시 안전 수칙

구 분	안전 수칙
통로 및 작업장	- 옥내 통로는 통로 면으로 부터 높이 2m 이내에 장애물이 없도록 한다. - 기계 사이의 통로는 폭 80㎝ 이상으로 한다.
계 단	- 계단은 높이 5m를 초과 할 때는 5m 이내 마다 계단실을 설치한다. - 적어도 한쪽에 손잡이를 설치한다.
비상용 계단	지하층 또는 2층 이상에서 상시 20인 이상 작업하는 경우 옥외로 통하는 계단을 너비 2m 이상으로 설치한다.
사다리	공구 및 배관을 손에 잡고 오르내리지 않는다.
운반차	- 규정 속도를 지킨다. - 승용석 없는 운반차에는 승차하지 않는다. - 빙판 운전시 미끄럼에 주의한다. - 안전 표지색의 안전 표지를 한다.

3. 안전 규칙 관계 법규

1) 산업 안전 보건법(법 제 29조) 도급 사업시의 안전 · 보건 조치

① 같은 장소에서 행하여지는 사업으로서 다음 각 호의 어느 하나에 해당하는 사업 중 대통령령으로 정하는 사업의 사업주는 그가 사용하는 근로자와 그의 수급인이 사용하는 근로자가 같은 장소에서 작업을 할 때에 생기는 산업 재해를 예방하기 위한 조치를 하여야 한다. 〈개정 2010.6.4., 2011.7.25.〉

① 사업의 일부를 분리하여 도급을 주어하는 사업
② 사업이 전문 분야의 공사로 이루어져 시행되는 경우 각 전문 분야에 대한 공사의 전부를 도급을 주는 사업

② 제1항 각 호 외의 부분에 따른 산업 재해를 예방하기 위한 조치는 다음 각 호의 조치를 한다. 〈신설 2011.7.25.〉

① 안전 · 보건에 관한 협의체의 구성 및 운영
② 작업장의 순회 점검 등 안전 · 보건관리
③ 수급인이 근로자에게 하는 안전 · 보건 교육에 대한 지도와 지원
④ 작업 환경 측정에 따른 작업 환경 측정

2) 산업 안전 보건(규칙 30조) 도급사업 시의 안전 · 보건 조치 등

① 도급인인 사업주는 법 제29조 제2항 제2호에 따라 작업장을 다음 각 호의 구분에 따라 순회 점검하여야 한다 〈개정 2014.3.12.〉

① 다음 각 목의 사업의 경우 : 2일에 1회 이상

② 수급인인 사업주는 제1항에 따라 도급인인 사업주가 실시하는 순회 점검을 거부 · 방해 또는 기피하여서는 아니 되며 점검 결과 도급인인 사업주의 시정 요구가 있으면 이에 따라야 한다. ③ 도급인인 사업주는 법 제29조 제2항 제3호에 따라 수급인인 사업주가 실시하는 근로자의 해당 안전 · 보건 교육에 필요한 장소 및 자료의 제공 등 필요한 조치를 하여야 한다. 〈개정 2012.1.26., 2014.3.12.〉 ④ 법 제29조 제3항에서 "고용노동부령으로 정하는 산업 재해 발생 위험이 있는 장소"란 다음 각 호의 어느 하나에 해당하는 장소를 말한다. 〈개정 2010.7.12., 2011.3.3., 2011.7.6., 2012.1.26., 2014.3.12.〉

수행 내용

재료 · 자료

• 배관의 시공 및 안전 관련 자료

기기(장비 · 공구)

• 컴퓨터, 프린터, 주변기기

안전 · 유의사항

• 컴퓨터 및 주변기기의 전원을 관리한다.

수행 순서

01 배관시공의 안전 관리에 대하여 분석하라.

1. 안전 관리의 개념을 설명

안전 관리의 의미를 설명하여 작업자가 배관 작업 시 안전하게 작업을 수행해야 하는 이유를 이해하는 단계이다.

2. 안전 관리의 필요성을 설명

① 안전을 위협하는 무수한 위험요소에 대하여 안전 관리의 개념 및 목표를 정하여 관리함으로써 인간의 활동에서 발생하는 재해를 막을 수 있다.

② 배관 작업 시 작업자에게 안전 작업을 수행함으로서 발생하는 장점을 설명하여 안전 관리의 필요성을 이해시키는 단계이다.

3. 안전 관리를 위한 활동

생산성의 향상과 재해 손실을 막기 위하여 재해의 원인을 파악하고 방지에 필요한 체계적인 관리 방법이나 재해가 발생하지 않는 상태를 유지하기 위한 활동을 지속적으로 한다.

4. 배관시공 시 재료에 따른 안전 작업 방법을 확인

배관시공 시 재료의 종류에 따른 작업 방법을 이해하고 작업 중 발생할 수 있는 안전사고 등을 파악하여 안전하게 작업 할 수 방법을 설명한다.

5. 안전 관리의 시방서를 작성

모든 공사는 관련 법규 및 조례 등을 준수하여 시공하고, 공사 시공에 필요한 관공서 및 기타 기관에 제출하여야 할 서류 및 수속 등은 수급인 부담으로 시행하는 것을 원칙으로 한다.

6. 배관시공 장비의 사용 방법과 특성을 확인

배관의 종류에 따른 작업 공구의 사용 방법을 이해하고 작업 중 발생 할 수 있는 안전사고 등을 파악하여 안전하게 작업할 수 방법을 설명한다.

〈표 11-3〉 재료별 배관 작업 종류 및 작업 방법

종 류	작업 종류		작업 방법
강관 동관 스테인리스 강관	절단 작업	쇠톱 작업	• 톱날이 부러져서 상처를 입지 않도록 한다. • 절단 작업 시 끝날 무렵에는 힘을 빼고 가볍게 사용한다.
		기계톱 작업	• 작업 시 기계에 얼굴을 가까이 대지 않는다. • 칩이 비산하는 재료는 커터 부분에 커버를 하고 보안경을 쓴다. • 작업 중 정전시에는 스위치를 끈다. • 절삭시 장갑을 착용하지 않는다.
	이음 작업	나사 접합	• 관을 파이프 바이스에 단단하게 고정한다. • 절삭유 잘 공급되는지 확인한다. • 칩은 반드시 쇠솔로 제거한다.
		용접 접합	• 용접 전에 소화기의 위치를 확인한다. • 보안경, 보안면을 착용한다. • 전기 용접시 자동 전격 방지기를 사용한다.

종 류	작업 종류		작업 방법
			• 전기 용접시 케이블 피복의 손상 여부를 확인한다. • 가스 용접시 안전기와 산소 조정기의 상태를 점검한다. • 가스 용접시 화기나 가스의 누설 여부를 확인한다. • 주변에 인화성 물질 등이 있는지 확인한다. • 작업에 방해가 되는 물건은 정리 · 정돈한다.
		플랜지 접합	• 플랜지의 볼트 접합시 기구를 잡은 손이 플랜지와 접촉하지 않도록 한다. • 플랜지면의 흠집이나 녹을 제거시 반드시 쇠솔로 제거한다.

7. 공구의 보관 관리

공구는 일상 관리를 하며 공구 담당자를 정하여 항상 안전한 상태로 사용되도록 하여야 한다.

〈표 11-4〉 공구 보관 관리

구 분	보관관리
공 구	• 공구 담당자 정하여 수리 및 불출을 관리한다. • 정기적으로 공구를 점검하여 파손 상태를 점검한다. • 사용 전, 사용 중, 사용 후 상태를 점검한다.

Tip

- 배관시공 시 안전 관리의 필요성을 이해하고 배관종류에 따른 사용 공구의 특성을 파악하여 안전하게 작업 할 수 있도록 한다.

02 배관의 안전 관리 교육 및 보호구에 대하여 분석하라.

1. 배관시공 안전 관리 교육의 필요성을 설명

건설 현장에서 사용하는 설비 기기 및 환경에서는 많은 위험한 요인들이 산재되어 있다. 안전 교육은 작업 시 필요로 하는 안전 지식 이해뿐만 아니라 근로자가 사고로 인해 상해를 입는 것을 방지하기 위해 필요한 과정이다.

2. 배관시공 안전 관리 교육 계획을 수립

안전 관리 교육을 위한 계획을 수립하여 체계적으로 교육함으로서 교육 효과를 극대화할 수 있도록 한다.

① 안전 관리 관계 법규 및 시방서를 기준으로 계획서를 작성한다.
② 교육 내용에 배관시공 안전 관리 기준과 관련 법규를 적용하였는지 확인한다.
③ 교육 내용을 설명한다.

3. 보호구에 대하여 설명

① 보호구란 근로자가 안전을 위하여 신체의 일부에 직접 착용하여 작업에서 발생하는 위험요소로부터 신체를 보호하기 위한 도구이다.
② 보호구를 대상별로 분류하여 설명함으로서 작업자가 보호구를 명확하게 이해하도록 한다.

〈표 11-5〉 보호구의 분류

구 분	대 상
안전 보호구	안전모, 안전대, 안전 장갑
위생 보호구	방진, 방독 마스크, 보안경, 귀 마개, 귀 덮개, 보호복
안전 인증 보호구	안전모, 안전대, 안전화, 보안경, 안전 장갑, 방진 마스크, 방독 마스크, 귀 마개 또는 귀 덮개, 보호복, 전동식 호흡 보호구

4. 작업 종류별 사용하는 보호구를 설명

각종 작업별 착용하는 보호구를 설명하여 작업의 효율성을 높이고 안전 작업을 할 수 있게 한다.

학습 11

〈표 11-6〉 작업 종류별 보호구

구 분	보호구	기 타
절단기(기계톱)	보안경, 보호 장갑, 안전모	소화기
용접기	용접면, 용접 조끼(앞치마), 용접 장갑, 안전화, 안전모	소화기
탁상 드릴	보호대, 안전모	
고소 작업대	안전모	

5. 보호구의 착용 방법을 설명

① 안전모는 작업의 종류에 적합한 안전모를 선택하여야 하며 착용 시 턱 끈은 반드시 조인 후 작업해야 한다.

② 안전대 착용 방법을 설명한다.

- 반드시 2.5m 이내로 설치하고 작업에 지장이 없는 경우에는 되도록 짧게 조절하여 사용한다.
- 낙하 높이는 로프 길이(통상 5.5m, 최대 2.5m)가 되도록 사용한다.

③ 방진 마스크 착용 방법을 설명한다.

- 착용 시 압박감이나 고통스럽지 않게 조인다.
- 호흡 시 투시부가 흐려지지 않도록 한다.
- 안면부 여과식 마스크는 안면에 밀착시켜 착용한다.

④ 방음 보호구(귀마개 또는 귀덮개) 착용 방법을 설명한다.

- 귀에 잘 맞는 것을 착용한다.
- 사용 중 불쾌감을 느끼면 다른 것으로 교체한다.

03 배관의 작업시 산업안전 관계 법규에 대하여 분석하라.

1. 산업 안전 관계 법규를 설명

1) 산업 안전 보건법 중 안전 관리 관련 주요 내용

① 산업안전 보건법이란 산업 현장에서 근로자의 안전, 보건을 확보하고, 생명과 신체를 보호하기 위한 강제성 있는 규범이다.

② 사업장에서 사업주 및 근로자가 산업 재해 예방을 위해 수행해야 할 업무 내용을 법제화한 것이다.

③ 안전 수칙

- 통행 제한(규정 속도 10km)
- 개인 보호구 착용 방법
- 화재 · 폭발 방지

2) 정부, 사업주, 근로자의 의무

① 정부의 책무

- 산업 안전 보건 정책의 수립, 진행, 조정 및 통제
- 재해 다발 사업장에 대한 재해 예방 지원 및 지도
- 유해 · 위험 기계, 기구 설비 및 보호 장치 보호구 등 안전성 평가, 개선
- 유해 · 위험 기계, 기구 설비 및 물질에 대한 안전 보건상 조치 기준 작성
- 자율적 안전 보건 경영 체제 확립을 위한 지원
- 무재해 운동 추진 사항
- 기술의 연구 개발 및 시설의 설치 운영
- 산업 재해 조사 및 통계 유지 관리
- 안전 · 보건 단체 지원, 지도 감독
- 근로자 안전 및 건강 보호 · 증진

② 사업주의 의무

- 산업 재해 예방 기준 준수
- 사업장 안전 · 보건 정보 근로자에게 제공
- 근로 조건 개선 통해 적절한 작업 환경 조성
- 근로자 생명 보건과 안전 · 보건 유지 증진
- 산업 재해 예방 시책 준수
- 유해 · 위험요인 파악, 평가, 관리, 개선 조치

③ 근로자의 의무

- 산업 재해 예방을 위한 기준 준수
- 사업주, 그밖에 관련 단체에서 실시하는 산업 재해 방지에 관한 조치 준수

3. 중대 재해를 설명

1) 정 의

① 사망자 1인 이상 발생

② 3월 이상 요양을 요하는 부상자가 동시 2인 이상 발성

③ 부상자 또는 직업성 질병자가 동시에 10인 이상 발생

2) 보고 시간

① 중대 재해 : 발생 즉시

② 부상 재해 : 1개월 이내(근로 복지 공단에 산업 재해 신청 시 예외)

③ 천재지변의 경우 : 사유 소멸 후 즉시

3) 보고 내용

① 발생 개요

② 피해 상황

③ 조치 및 전망

④ 기타 중요한 사항

4) 재해 발생 시 조치 순서 Flow Chart

긴급 조치	피해자 응급 조치, 피해 확산 방지, 관계자 통보 현장 보존
↓	
재해조사	6하 원칙 누가 / 언제 / 어디서 / 무엇을 / 어떻게 / 왜
↓	
원인 분석	간접, 직접 원인 분석 → 재해 원인 확인
↓	
예방 대책 수립	유사 재해 예방 대책 수립
↓	
실시 계획 수립	6하 원칙에 의한 수립
↓	
실시	실시
↓	
평가	재평가 후 시장

[그림 11-1] 재해 발생 시 조치 순서

5) 안전 · 보건 표지를 설명

(1) 목 적

근로자의 안전 및 건강 확보를 위하여 위험 장소, 물질에 대한 경고, 비상 시 대처하기 위한 지시나 안내를 위한 표시하고 산업 재해를 일으킬 우려가 있는 작업장의 특정 장소, 시설 또는 물체에 설치, 부착하는 표지한다.

(2) 종 류

〈표 11-7〉 안전 · 보건 표지

구 분	색 채	형 태	종 류	사용장소
금지 표시	빨강	⊘	출입, 보행, 사용, 탑승	조립해체, 장비 운전
경고 표시	빨강, 노랑	◇△	인화성 물질, 폭발물 전기	폭발물 휘발유 저장
지시 표시	파랑	○	안전모, 방독, 방진 마스크	공사장 입구, 분진
안내 표시	녹색	□	녹십자, 비상구 응급 구조	비상구, 식당 등

(3) 설 치

근로자가 쉽게 식별할 수 있는 장소, 시설, 물체에 설치하고 흔들리거나 쉽게 파손되지 않도록 견고하게 부착하고 설치 또는 부착이 곤란할 경우 물체에 직접 도장하고 외국인을 채용한 사업주는 외국어 안전 표지와 작업 안전 수칙을 부착한다.

6) 안전 · 보건관리 체계를 설명

(1) 목 적

안전 · 보건 관리 체계 확립하고 사고 예방 활동의 조직화하고 위험요소를 사전에 제거하고 기술 수준 향상하고 기업 손실을 방지하는 데 목적이 있다.

(2) 안전 · 보건 관리 체계

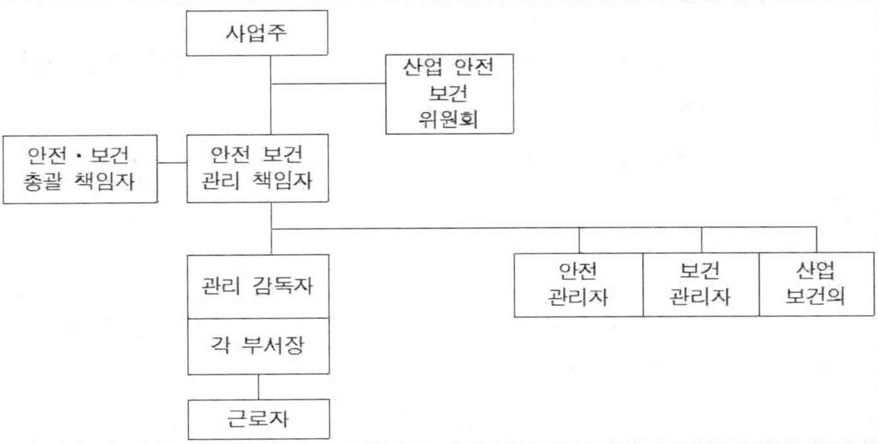

[그림 11-2] 안전 · 보건 관리 체계도

학습 11

(3) 안전 보건 관리 책임자

① 선임 대상 : 공사 금액 20억원 이상 건설업

② 선임 보고 : 사업주는 선임 또는 다시 임명할 때 보고서를 관할 지방 노동 관서에 제출 및 보관한다.

③ 직 무

- 산업 재해 예방 계획 수립에 관한 사항
- 안전 보건 관리 규정의 작성 및 그 변경에 관한 사항
- 근로자 안전 보건 교육에 관한 사항
- 작업 환경 측정 등 작업 환경 점검 및 개선에 관한 사항
- 근로자의 건강 진단 등 건강 관리에 관한 사항
- 산업 재해의 원인 조사 및 재해 방지 대책의 수립에 관한 사항
- 산업 재해에 관한 통계의 기록 유지에 관한 사항
- 보호구 구입 시 적격품 여부 확인에 관한 사항
- 기타 근로자 유해 위험 예방 조치에 관한 사항(고용노동부령)

(4) 안전 보건 총괄 책임자

① 선임 대상 : 총공사비 20억원 이상 건설업(수급인 · 하수급인에 고용된 근로자 포함)

② 자격 및 업무

- 당해 사업 관리 책임자
- 산업 재해 예방을 위한 업무 총괄 관리

③ 직 무

- 작업의 중지 및 재개
- 도급 사업에 있어 안전 · 보건 조치
- 수급업체 산업 안전 보건 관리비 집행 감독 및 사용에 관한 수급 업체 간 조정
- 기계 · 기구 및 설비의 사용 여부 확인
- 위험성 평가의 실시에 관한 사항

(5) 관리 감독자

① 선임 대상 및 업무

- 경영 조직에서 생산과 관련된 업무와 소속 직원을 직접 지휘 · 감독하는 부서의 장이나 직위 담당자
- 위험 방지가 필요한 작업으로서 대통령령이 정하는 작업에 대하여 특별 교육 등 안전 · 보건 업무 추가로 수행

• 관리 감독자가 있는 경우 「건설기술진흥법」이 정한 안전 관리 책임자 및 안전 관리자를 둔 것으로 본다.

② 직무 내용

• 기계 기구 설비의 안전 보건 점검 및 이상 유무 확인
• 근로자의 작업복, 보호구, 방호 장치 점검 및 사용에 관한 교육 지도
• 당해 작업에서 발생한 산업 재해에 관한 보고 및 응급 조치
• 작업장의 통로 확보 확인, 감독
• 산업 보건 안전 관리자, 보건 관리자의 지도·조언에 대한 협조
• 유해·위험요인의 파악 및 개선 조치의 시행

③ 위험 방지가 특히 필요한 작업

• 고압실 내 작업(잠함 압기 공법, 대기압을 넘는 기압하의 작업실 등)
• 아세틸렌, 가스 집합 용접 장치 사용 가열작업
• 밀폐된 장소에서의 용접, 습한 장소에서의 용접, 습한 장소에서의 전기 용접작업
• 폭발성, 물 반응성, 자연 발화성 인화성 액체 제조, 취급
• LPG, 수소가스 등 인화 폭발성 물질 중 가스 발생 장치 취급

(6) 안전 관리자

① 선임 대상

• 공사 금액 800억원 이상 상시 근로자 600명 이상 : 2명
• 공사 금액 800억원 기준으로 매 700억원 또는 상시 근로자 600명을 기준으로 매 300명 추가될 때 : 1명씩 추가
• 공사 금액 120억원 이상(토목 150억원) 800억원 미만 또는 상시 근로자 300명 이상 600명 미만 : 1명 이상

② 직 무

• 안전 보건 관리 규정 및 취업 규칙에서 정한 직무
• 방호 장치, 기계, 기구, 설비 보호구 구입 시 적격품 선정
• 안전 교육 계획 수립 및 실시
• 사업장 순회 점검 지도 및 조치의 건의
• 산업 재해 발생 원인 조사 및 재해 방지를 위한 기술적 지도, 조언
• 안전 사항을 위한 근로자에 대한 조치 건의
• 업무 수행 내용의 기록 유지
• 산업 재해에 관한 통계·유지 관리를 위한 지도·조언

- 기타 고용노동부 장관이 정하는 사항

③ 자 격

- 산업 안전 지도사
- 산업 안전 기사, 산업 안전 산업 기사 자격 취득자
- 건설 안전 기사, 건설 안전 산업 기사 자격 취득자
- 산업 안전 관련 학과를 전공하고 졸업한 자
- 고용노동부 장관이 지정한 기관이 실시한 교육을 이수하고 시험에 합격한 자

2. 안전 보건 관리 규정

1) 정 의

사업장의 안전 · 보건을 유지하기 위해 안전관리에 대한 기본 사항을 규정한 것으로 사업주는 안전 보건관리 규정을 작성하여 게시하거나 갖춰두고 이를 근로자에게 알려야 한다.

2) 필요성

① 구체성 결여

② 명확성 부족

③ 기본 기준안 책정

④ 안전 활동 추진 곤란

3) 작성 대상 사업장

① 농업 외 9개 사업 중 상시 근로자 300인 이상 사업장

② ①항외 사업으로 상시 근로자 100인 이상 사업장

③ 작성 사유 발생 30일 내 작성

4) 안전 보건 관리 규정에 포함할 사항

안전 · 보건 관리 조직과 그 직무에 관한 사항

① 안전 · 보건 교육에 관한 사항

② 작업장 안전 관리에 관한 사항

③ 작업장 보건 관리에 관한 사항

④ 사고 조사 및 대책 수립에 관한 사항

⑤ 기타 안전 · 보건에 관한 사항

5) 작성 시 유의사항

① 실제 산업 재해 예방 입장에서 작성한다.

② 규정된 법규를 준수한다.

③ 작업 내용 중심으로 작성한다.

④ 알기 쉽고 활용하기 쉽게 작성한다.

⑤ 현장 의견을 반영한다.

3. 안전상 조치

1) 위험 예방 조치

① 기계 · 기구 기타 설비에 의한 위험

② 폭발성, 발화성 및 인화성 물질 위험

③ 전기 · 열 기타 에너지에 대한 위험

2) 불량한 작업 방법 등에 기인 발생하는 위험 방지 조치

3) 작업 수행 상 위험 발생이 예견되는 장소 조치

① 추락 위험이 있는 장소

② 토사 · 구축물 등이 붕괴할 우려가 있는 장소

③ 물체가 떨어지거나 날아올 위험이 있는 장소

④ 천재지변으로 인한 위험 발생 장소

4. 작업 중지

1) 개 요

사업주는 산업 재해가 발생할 급박한 위험이 있을 때 또는 중대 재해 발생 시 즉시 작업을 중지시키고 근로자를 작업 장소로부터 대피시키는 등 필요한 안전 · 보건상의 조치 후 작업을 다시 시작해야 한다.

2) 작업 중지 시기

① 중대 재해 발생시

- 사망자 1인 이상 발생
- 3개월 이상 요양을 요하는 부상자가 2인 이상 발생

학습 11

- 부상자 또는 직업성 질병자가 동시에 10인 이상 발생

② 일상 작업 시

- 관 작업, 비계, 개구부 등에 따른 추락 위험시
- 일반 자재, 콘크리트 덩어리 등의 낙하, 비래 위험시
- 전기 기계, 기구, 가공 선로, 전기 배선 불량, 용접에 의한 감전 위험시
- 작업 중 장비(차량)에 의한 작업자 충돌 · 협착 위험시
- 토사 붕괴, 지반 침하, 과 하중으로 인한 비계, 동바리, 거푸집의 붕괴, 도괴위험시
- 지반 부동 침하, 장비 급선회, 받침대 불량에 의한 각종 건설 기계의 전도 위험시
- 발화물, 물, 정전기, 잔류 화학, 가스 등에 의한 화재 · 폭발 위험시
- 밀폐 작업장에서 질식, 중독 위험시

③ 조치 사항

- 작업 중지 후 안전상의 조치 후 작업 재개
- 작업 중지 후 직 · 상급자에게 보고 : 직 · 상급자 적절한 조치
- 고용노동부 장관 : 근로 감독관과 전문가로 하여금 재해 원인 조사 및 안전조치
- 중대 재해 발생 현장 훼손, 원인 조사 방해 금지

5. 안전 교육

1) 개 요

사업주는 해당 사업장 근로자에 대하여 고용노동부령이 정하는 바에 따라 정기적으로 또는 수시로 안전 교육을 실시해야 한다.

2) 목 적

① 인간 정신의 안전화

② 인간 행동의 안전화

③ 환경의 안전화

④ 설비 물자의 안전화

3) 안전 교육 체계도

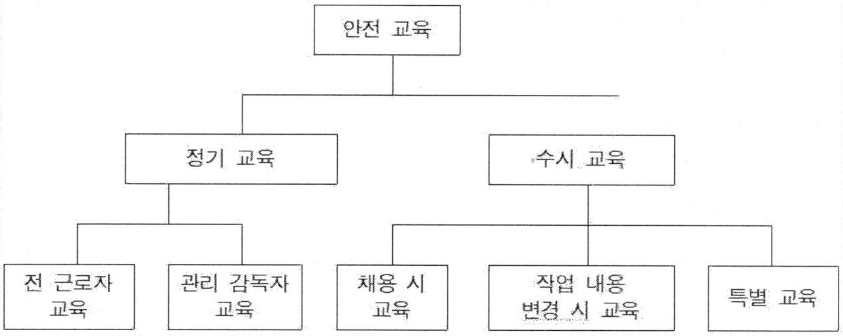

[그림 11-3] 교육 안전 체계도

4) 법적 근거

① 안전 교육 시간

〈표 11-8〉 안전 교육 시간

교육 과정	교육 대상		교육 시간
가. 정기 교육	사무직 종사 근로자		매분기 3시간 이상
	사무직 종사근로자 와의 근로자	판매 업무에 직접 종사하는 근로자	매분기 3시간 이상
		판매 업무에 직접 종사하는 근로자 외의 근로자	매분기 6시간 이상
	관리 감독자의 지위에 있는 사람		연간 16시간 이상
나. 채용 시의 교육	일용 근로자		1시간 이상
	일용 근로자를 제외한 근로자		8시간 이상
다. 작업 내용 변경시의 교육	일용 근로자		1시간 이상
	일용 근로자를 제외한 근로자		2시간 이상
라. 특별 교육	비계, 동아리 조립 및 해체 타워 크레인 설치, 맨홀, 밀폐 공간 석면 해체 작업 등 38종에 해당하는 작업에 종사하는 일용 근로자		2시간 이상
	비계, 동아리 조립 및 해체 타워 크레인 설치, 맨홀, 밀폐 공간 석면 해체 작업 등 38종에 종사하는 일용 근로자를 제외한 근로자		• 16시간 이상(최초 작업에 종사하기 전 4시간 이상 실시 하고 12시간은 3개월 이내에서 분할하여 실시 가능) • 단기간 작업 또는 간헐적 작업인 경우에는 2시간 이상
마. 건설업 기초 안전 교육	건설 일용 근로자		4시간

② 공통 안전 교육 내용
- 산업 안전 법령에 관한 사항
- 근로자 건강 증진 및 산업 간호에 관한 사항
- 물질 안전 자료에 관한 사항
- 기타 안전 관리에 관한 사항

③ 안전 교육의 면제
- 사업장 재해 발생 정도 등이 고용노동부 장관이 정하는 기준에 해당될 때 근로자 정기 안전 교육 일부 면제
- 특별 교육 이수 근로자 : 신규 채용 또는 작업 내용 변경 시 수시 교육 면제
  - 관리 감독자가 고용노동부 장관이 정하는 교육을 이수할 때 정기 안전 교육 면제

5) 건설업 기초 안전 교육

① 교육 실시 시기 및 교육 기관
- 건설 일용 근로자를 채용할 때
- 고용노동부 장관에게 등록한 기관에서 기초 안전 교육을 이수
- 채용되기 전에 건설업 기초 교육을 이수한 경우는 제외

② 건설업 기초 안전 교육에 대한 내용

〈표 11-9〉 기초 안전 교육 내용

구 분	교육 내용
공 통	산업안전보건법 주요내용(건설 일용 근로자 관련 부품)
	안전 의식 제고에 관한 사항
교육 대상별	작업별 위험요인과 안전 작업 방법(재해 사례 및 예방 대책)
	건설 직종별 건강 장해 위험요인과 건강관리

6) 유의 사항

① 교육 대상자의 수준에 따라 교육 실시

② 지속적이고 반복적으로 끈기 있게 교육 실시

③ 구체적인 내용으로 실시

④ 사례 중심으로 산교육 유도

⑤ 교육 후 평가 실시

7) 문제점

① 추상적이고 일반적인 안전의 강조

② 교육 내용 모방

③ 강사의 수준 부적합

④ 집단 교육(개성 무시)

⑤ 강의 중심 지시 교육에 편중

⑥ 동기 부여 불충분

8) 대 책

① 사업장 실태에 맞는 교재 개발

② 안전 교육에 적합한 강사 선정

③ 충분한 동기 부여

④ 현장 적용 가능한 실질적 교육 실시

⑤ 교육 성취 결과의 데이터 베이스화

6. 유해, 위험 기계 · 기구 등의 방호 조치를 설명

1) 개 요

유해하거나 위험한 작업에 필요한 동력 기계 · 기구로 대통령령이 정하는 것은 유해, 위험 방지 조치를 해야 하고 방호 조치 없이 양도, 대여, 설치, 사용하거나 진열을 금지한다.

2) 방호 조치가 필요한 기계 기구

① 원심기(회전체 접촉 예방 장치)

② 공기 압축기(압력 방출 장치)

③ 지게차(헤드가드, 백레스트)

④ 금속 절단기(날 접촉 예방 장치)

3) 근로자 준수 사항 및 사업주의 조치

① 근로자 준수 사항

- 방호 조치 해체 시 사업주 허가
- 해체 사유 소멸 시 즉시 원상 복구
- 방호 조치 기능이 상실된 것을 발견 시 지체없이 사업주에게 신고

② 사업주의 조치

- 신고가 있을 때는 즉시 수리 · 보수 및 작업 중지 등 적절한 조치

7. 유해 · 위험 방지 계획서를 설명

1) 개 요

유해 · 위험방지 계획서는 산업 재해 방지를 위한 사전 안전성 평가 제도이고 건설 공사 중 고용노동부령이 정하는 일정 규모 이상의 공사 착공 시 사업주는 유해 · 위험 방지 계획서를 작성, 고용노동부 장관에게 제출해야 한다.

2) 제출 대상 사업장

① 지상높이 31m 이상인 건축물 또는 인공 구조물

② 연면적 30,000m^2 이상인 건축물

③ 연면적 5,000m^2 이상인 문화, 집회, 판매, 운수, 종교, 의료 시설(종합 병원), 숙박 시설, 지하 상가, 냉동 · 냉장 창고 시설

④ 연면적 5,000m^2 이상 냉동 · 냉장 창고 시설의 설비 및 단열 공사

3) 안전성 평가 필요성

① 중요 공사의 안전성 사전 검토

② 시공 계획 사전 검토

③ 시공 중 위험성 사전 검토

4) 수립 절차

① 작성자 : 사업주

② 확인자 : 산업 안전 보건 공단

③ 제출 서류 : 해당 항목별

④ 제출 시기, 제출처

- 시기 : 착공전
- 제출처 : 산업 안전 보건 공단

5) 제출 서류

〈표 11-10〉 공종별 위험 방지 계획

대상 공사	작업 공사 종류	주요 작성 대상	첨부 서류
설비 공사	기계 설비 공사	• 밀폐 공간 내 작업 • 우레탄폼 등 단열재 작업(취급 장소와 인접한 곳에서 이루어지는 화기 작업을 포함) • 설비 작업 • 같은 장소(출입구를 공동으로 이용하는 장소)에서 둘이상의 공정이 동시에 진행 되는 작업	• 해당 작업 공사 종류별 작업 개요 및 재해 예방 계획 • 위험 물질의 종류별 사용량과 저장 · 보관 및 사용 시의 안전 작업 계획 〈비 고〉 • 밀폐 공간 내 작업에 대한 유해 · 위험 방지 계획에는 질식 · 화재 및 폭발 예방 계획이 포함되어야 한다. • 각 항목의 작업 과정에서 통풍이나 환기가 충분하지 않거나 가연성 물질이 있는 건축물 내부나 설비 내부에서 단열재 취급 · 용접 · 용단 등과 같은 화 작업이 포함되어 있는 경우에는 세부 계획이 포함되어야 한다.

① 공사 개요 및 안전 관리 계획

- 공사 개요서
- 공사 현장의 주변 현황 및 주변과의 관계를 나타내는 도면(매설물 현황을 포함)
- 건설물, 사용 기계 설비 등의 배치를 나타내는 도면
- 전체 공정표
- 산업 안전 보건 관리비 사용 계획(별지 제46호 서식)
- 안전 관리 조직표
- 재해 발생 위험 시 연락 및 대피 방법

② 작업 공사 종류별 유해 · 위험 방지 계획

Tip 공통적

- 산업 안전에 대한 안전 법규를 이해하고 배관 작업시 안전 보호구 착용법 및 관리 방법 등을 교육하여 안전 사고를 방지한다.

학습 11

학습활동.11 교수 · 학습 방법

교수 방법

- 배관의 시공 및 안전에 대한 관련 용어, 구성, 방식 이해 정도를 파악한 후 수업을 진행한다.
- 교수자의 주도로 배관의 시공 및 안전등의 내용을 PPT 자료로 제시한 후 설명한다.
- 가능하면 사전에 개인별 학습 자료를 준비하여 모든 학생이 참여할 수 있는 문제 해결식 수업, 협력 수업이 가능하도록 한다.
- 배관의 시공 및 안전 전 과정을 작업의 순서에 따라 단계적으로 실습이 이루어질 수 있도록 지도한다.
- 교재를 통해 수업을 준비하는데 있어서 필요한 모든 정보나 팁, 힌트 등 도움이 될 만한 내용들을 확인할 수 있다.
- 학생들이 만들게 될 각 모델들은 수업시간에 중점적으로 다뤄질 부분과 어휘, 질문, 답을 포함하고 있으며 또한 탐구할만한 추가적인 아이디어들도 포함하고 있다.

학습 방법

- 배관의 시공 및 안전에 대한 관련 용어를 숙지하고, 배관의 시공 및 안전에 대해 이해한다.
- 배관의 시공 및 안전의 각 단계별 중점 사항을 체계적으로 학습한다.
- 배관의 시공 및 안전의 수행순서의 전 과정을 실습한다.
- 배관의 시공 및 안전의 내용을 이해한다.
- 배관의 시공 및 안전을 이해하고 숙달이 될 때까지 학습한다.

학습활동.11 평가 및 피드백

평가 준거

- 평가자는 피평가자가 수행 준거 및 평가 내용에 제시되어 있는 내용을 성공적으로 수행할 수 있는 지를 평가해야 한다.

학습내용	평가항목	성취수준		
		상	중	하
배관의 시공 및 안전	배관의 시공 및 안전를 이해할 수 있다.			

평가 방법

• 작업 포트폴리오

학습내용	평가항목	성취수준		
		상	중	하
배관의 시공 및 안전	배관의 시공 및 안전를 이해할 수 있다.			

• 필기시험

학습내용	평가항목	성취수준		
		상	중	하
배관의 시공 및 안전	배관의 시공 및 안전를 이해할 수 있다.			

• 체크리스트를 통한 관찰

학습내용	평가항목	성취수준		
		상	중	하
배관의 시공 및 안전	배관의 시공 및 안전를 이해할 수 있다.			

• 피드백

1. 작업 포트폴리오
   - 제출한 보고서를 평가한 후 주요 사항에 대하여 표시하여 돌려준다.
2. 필기시험
   - 평가 결과 성적이 저조한 학생은 보고서 제출 기회를 부여한다.
3. 체크리스트를 통한 관찰
   - 실습 과정에서 평가한 후 개선해야 할 사항 등을 정리하여 돌려둔다.

참 | 고 | 문 | 헌

1. 具재오 · 김광우 · 김신도 · 김정태 · 김회서 · 유호천(2008.3.10). 『건축환경계획』. 태림문화사.
2. 이상우 · 이언구 · 이현우] 정광섭 조균형 태원진.
3. 김강수 · 이승복 · 정대업(2014.1.20.). 『건축환경법』. 문운당
4. 김광문 · 박경호(1985.2.15.). 『건축환경계획원론』. 세진사.
5. 김동우 · 황교선(2015.3.18). 『배관공학』. 세진사.
6. 김병석(2015.2.27). 『산업안전관리론』. 형설출판사.
7. 김정록(1990.6.15). 『공조 · 위생기술 데이터북』. 한미.
8. 대한건축학회(2003.1.10). 『건축환경계획』. 기문당.
9. 박병우 · 강윤진 · 장기석(2015.8.20). 『배관설비공학』. 일진사.
10. 서승직(2005.2.25). 『건축설비 계획』. 일진사.
11. 윤세창 · 이정근(2012.3.10). 『냉동설비 기초실습』. 건기원.
12. 장두섭(2015.5.29). 『건설안전기술사』. 성안당.
13. 홍기환(2014.3.14). 『최신 기계공작법』. 세진북스.
14. 육군공병학교(2012.2.2). 『배관공학』. 육군공병학교.

학습 1	배관 내시경의 개요
학습 2	배관 내시경 검사와 판독
학습 3	배관 영상과 지능형 영상 분석
학습 4	배관 내시경 위치파악과 영상마커
학습 5	산업용 내시경 동향
학습 6	배관시공의 도면과 재료
학습 7	배관공구와 배관작업
학습 8	배관시공 상태 및 누설검사
학습 9	배관의 점검 및 시운전
학습 10	배관의 유지보수
학습 11	배관의 시공 및 안전

학습 12 배관의 비파괴 검사 기술

학습 목표

1. 배관의 비파괴 검사 기술을 이해할 수 있다.

12-1 배관의 비파괴 검사 기술의 개요

1. 비파괴 검사

비파괴 검사(Non-Destructive Testing)는 재료나 제품의 원형과 기능을 전혀 변화시키지 않고 재료나 제품에 물리적 에너지(햇빛, 열, 방사선, 음파, 전기와 전기에너지)등을 적용하여 조직의 이상이나 결함의 존재로 인해 적용된 에너지의 성질 및 특성 등이 변화하는 것을 적당한 변환자를 이용하여 이들 성질의 변화량을 측정함으로써 조직의 이상 여부나 결함의 유무와 상태 또는 그것의 성질, 상태, 내부 구조 등의 정도를 알아내는 모든 검사이다.

2. 비파괴 검사의 종류

비파괴 검사의 종류는 방사선투과법(Radiography : RT), 초음파탐상법 (Ultrasonics : UT), 자분탐상법(Magnetic Particles : MT), 육안검사(Visual Testing : VT), 누설검사(Leak Testing : LT), 액체침투탐상법(Liquid Penetrants : PT), 와전류

탐상법(Eddy Current : ECT, ET), 음향탐상법(Acoutic Emission : AE), 중성자투과검사(NRT), 적외선검사(IRT) 수압검사(Hydro Testing, HT) 등이다.

1) 방사선투과법(Radiography : RT)

방사선투과검사는 X-선, 감마선 등의 방사선을 시험체에 투과시켜 X-선 필름에 상을 형성시킴으로써 시험체 내부의 결함을 검출하는 검사방법으로, 내부결함을 검출하는 비파괴검사 방법 중 현재 가장 널리 이용되고 있다.

X-선 및 감마선의 물체를 투과하는 성질을 이용, X-선 발생기에 의해 생성되는 X-방사선이 조사 부위의 두께 및 원자번호에 비례하여 흡수된다는 원리에 근거하고 있으며 그 투과하는 정도는 시험체의 밀도 및 두께 등에 따라 달라지게 된다.

따라서 X-선 및 감마선이 시험체를 투과할 때 내부에 결함이 있으면 시험체로부터 투과되어 나오는 방사선량에 차이가 생기고 이때 시험체 뒤에 X-선 필름을 부착시키게 되면 투과된 방사선량에 따라 필름의 감광정도가 달라진다.

이 X-선 필름을 현상하면 감광된 정도에 따라 농도의 차가 생겨 특정상을 형성하는데 X-선 흡수는 결함부 바로 옆의 손상되지 않은 부위와 비교하면 이미지가 보통 더 어둡게 나타나 다른 양상을 나타내게 되므로 이것을 관찰하여 시험체 내부에 존재하는 결함의 위치, 크기 등을 판정할 수 있다.

방사선투과법의 가장 큰 장점은 내부결함의 크기 및 형태 등 결함의 성질을 판단하기가 쉽고, 이미지로 얻은 결과가 양호하며 결과를 거의 영구적으로 보관이 가능하다.

단점으로는 결함부위의 공간적인 정보를 얻을 수 없다는 것으로 결함의 깊이를 추정하기 어렵고 방향성이 좋지 않은 2차원 결함을 검출하기 어렵다.

또한 방사선을 투과하는 장비는 방사선 분실과 피폭 등으로 인체에 유해한 방사선을 방출하기 때문에 Al 캡에 채워 텅스텐 제 용기에 보관하여야 하며 전문가 이외에는 사용이 제한된다.

방사선투과기의 크기로 인하여 경우에 따라서는 현장에서는 사용이 어려울 수도 있으며, 탐색속도가 느리고, 탐색비용이 상당히 고가이다.

이면을 볼 수 없는 파이프와 소켓의 내부와 구조물들 일부에 많이 사용된다.

2) 초음파탐상법

초음파 음향 인피던스가 다른 경계면에서 반사, 굴절하는 현상을 이용하여 대상의 내부에 존재하는 불연속을 탐지하는 기법으로 대형 가스관 검사에 적합하고, 선진국에서 많이 사용한다. 초음파란 사람의 귀로 들을 수 없는 파장이 짧은 음파(소리)를 말하며, 금속 등의 물체 속을 쉽게 전파하고 서로 다른 물질과의 경계면에서는 반사하는 특성이 있다.

이러한 초음파의 특성을 이용하여 기계진동 형태의 고주파 음파를 시험할 부분으로 주사하면 재료를 통과하는 음파는 결함부 또는 경계면에 부딪치게 되면 음향진동은 반사가 되고 이 반사파를 검출하여 반사파에 대한 정보를 음극선관(CRT) 또는 다른 기록 장치에 나타내어 분석하면 결함의 유무와 위치, 크기 등을 판별 할 수 있다.

초음파탐상법(UT : Ultrasonics)은 휴대성, 민감성이 높고 균열의 위치 또는 결함의 공간적인 정보를 얻을 수 있으며, 방사선 투과법에 비하여 안전하고 경제적인 비파괴 검사법이다. 최근에는 현장 측정 자료를 컴퓨터 처리와 보고서 작업에 적당한 형식으로 저장할 수 있는 디지털 장비가 보급되어 있어 작업의 효율성이 좋다.

용접부, 주조품, 압연품, 단조품등의 표면 및 내부결함을 검출하고 그 위치와 크기를 추정할 수 있으며 강부재의 두께측정 및 배관 등의 부식정도를 측정할 수 있다. 주로 CO_2로 용접한 구조물과 H빔, 브라켓에 많이 쓰인다.

3) 자분탐상법(Magnetic Particles : MT)

검사대상을 자화시키면 불연속부에 누설자속이 형성되며 이 부위에 자분을 도포하면 자분이 집속되는 검사법으로 강자성체 재료의 표면 및 표면직하 결함검출에 많이 사용된다.

시험품에 자장을 적용하고 시험품을 석분화시키고, 자화시키면 자속이 발생한다.

이때 시험품의 표면 또는 표면 하에 결함이 있으면 자속이 누설하고 결함의 양쪽에 자극이 발생하여 국부적인 자장을 형성하게 된다.

국부자장에 의한 결함부의 누설자속을 자분이나 검사코일에 의해 검출하여 결함의 위치와 크기를 알 수 있게 된다.

이 검사법은 휴대성이 좋고 시험에 최소한의 기술이 요구된다. 비교적 복잡한 형상을 갖는 강구조물의 구조를 상세 조사할 수 있으며, 결함 검출 능력이 뛰어나 아주 미세한 결함이라도 검출할 수 있으므로 육안으로 확인할 수 없는 표면 및 표면 근방의 작은 균열 및 기타 결함도 검출할 수 있다 경제적인 비파괴 검사법이고 방사선투과법보다는 사용이 쉽다.

구조물, 파이프, 서포트, 관통용 접부위 등 현장에서 전반적으로 널리 쓰인다.

4) 액체침투탐상법(Liquid Penetrants : PT)

표면으로 열린 결함을 탐지하는 기법으로 침투액이 모세관현상에 의해 침투하게 한 후 현상액을 적용하여 육안으로 식별하는 기법으로 용접부와 단조품 등의 표면개구결함 검출에 적용된다.

침투액이 결함부위에 잘 스며들 수 있도록 조사할 물체 표면을 기계적 또는 화학적인 제거제를 사용하여 기름, 수분, 다른 오염물질을 청소한 다음 분무기를 사용하여 침투액을 조사 위치에 분사하고 침투액이 모세관현상 또는 표면 습윤 현상에 의해 결함부에 스며들도록 한다.

일정 시간이 경화한 후 수세법, 유화제법, 용제법등의 방법으로 침투액을 닦아내고 현상제를 물체표면에 분사하고 물체표면이 건조되면 결함이 있는 부위에 스며든 침투액과 현상제의 반응으로 인하여 결함부위를 육안으로 확인 할 수 있다.

현장에서 많이 사용되고 있으며 원리가 비교적 간단하면서도 표면의 균열, 결함, 불연속 등의 검출에 효과적이다. 그 적용범위가 넓고, 경제적이며 전문적인 기술이 필요 없는 시험법으로 작은 결함이라도 육안으로 확실하게 확인할 수 있으나

물체표면에 있는 결함 또는 불연속면의 검출 이외에 결함의 공간적인 정보를 얻기는 어렵다는 단점이 있다

침투탐상검사는 용접부, 주강품, 단조품등과 같이 같은 금속재료뿐만 아니라 세라믹, 플라스틱, 유리등의 비금속 재료에도 폭넓게 이용할 수 있으며 시험체의 형상이 복잡하더라도 검사가 가능하다.

현장에서는 자성이 없어 MT검사를 받을 수 없는 비철류(서스플레이트 등)검사에 MT검사 대용으로 쓰인다.

5) 누설검사

누설검사(Leak Testing : LT)는 암모니아, 할로겐, 헬륨 등의 기체나 물과 같

은 액체 등의 유체가 시험체 외부와 내부의 압력차에 의해 시험체의 미세한 구멍이나 균열 또는 틈 등의 결함을 통해 흘러 들어가거나, 흘러나오는 성질을 이용하여 결함을 찾아내는 방법이다. 누설 여부와 누설이 있을 시 누설 개소와 누설량을 검출하여 시험체의 안전성을 확보할 수 있으므로 각종 분야에서 널리 이용되고 있다. 압력용기, 저장탱크, 파이프라인 등의 누설 탐지에 사용된다.

6) 육안검사(Visual Testing : VT)

오랜 경험을 가진 숙련자로 대상의 표면에 존재하는 결함이나 이상 유무를 판단하는 가장 기본적인 비파괴시험법이며 경우에 따라서 저배율 확대경 등의 광학기기를 이용하여 관찰하기도 한다.

용접부 결함과 같은 재료의 표면결함을 검사하는데 주로 사용된다. 간편하고 신속하며 특별한 장치를 필요로 하지 않아 가장 기본적인 비파괴검사법으로 널리 사용되나 검사의 신뢰성 확보가 어려운 단점이 있다.

모든 비파괴시험 대상체의 이상(결함의 유무, 형상의 변화, 광택의 이상이나 변질, 표면 거칠기 등) 유무를 식별하며 또 취약부의 선정에도 활용된다. 조선소 내의 모든 공정에서 관리 감독관, 선주 입회하에 검사가 진행된다.

7) 적외선검사(IRT)

시험체 표층부에 존재하는 결함이나 접합이 불완전한 부분에서 방사된 적외선을 감지하고, 적외선 에너지의 강도 변화량을 전기신호로 변환하여 결함부와 건전부의 온도정보의 분포패턴을 열화상으로 표시하여 결함을 탐지한다.

각종 배관 등의 재료표면 결함의 고감도 검출, 철근콘크리트의 열화진단, 강도측정, CFRP 등 복합재료의 내부결함 검출, 열탄성효과에 의한 응력측정등을 검사한다. 표면상태에 따라 방사율의 편차가 크기 때문에 결함검출시 편차가 생기지 않도록 배경잡음, 전파경로에서 흡수산란의 영향을 제거할 필요가 있다.

12-2 배관의 비파괴 X-Ray 검사 기술

1. X-Ray 검사

X-Ray 검사는 [그림 12-1]처럼 방사선의 일종으로 검사물을 통과하여 사진필름 등을 감광시키며 이 필름을 현상하면 검사물의 내부 상태를 확인할 수 있다. 필름상에 검사 물체의 상태에 따라 투과된 방사선량이 적은 부분은 희게 나타나고 투과된 방사선의 양이 많은 부분은 검은색으로 나타난다.

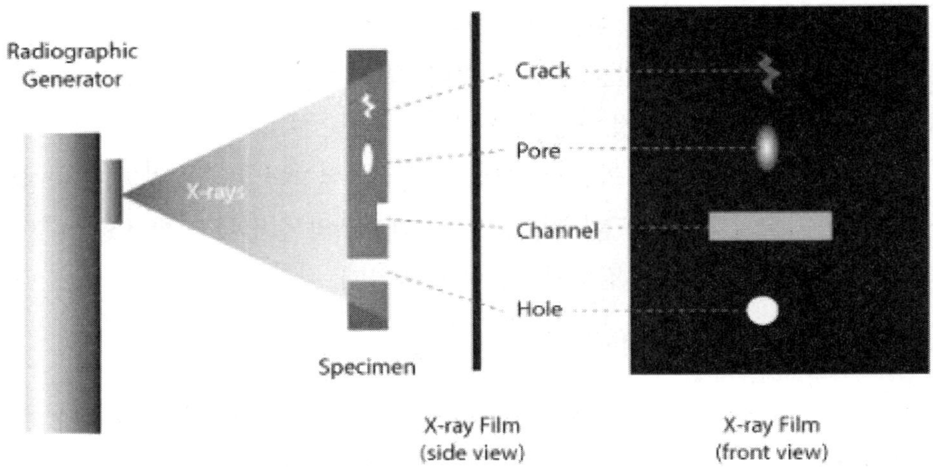

[그림 12-1] X-Ray 검사

2. X-Ray 검사기술

X-Ray를 이용한 비파괴상태 검사는 기존 광학카메라나 레이저광 등으로는 검사하기 어려운 BGA(Ball Grid Array), J-lead, Flip Chip 등의 내부 접합상태를 부품을 절단하지 않고도 수십μm 단위의 고해상도로 검사할 수 있는 장점을 지니고 있다.

X-Ray 비파괴 검사방법은 영상을 생성하는 방법에 따라 투과와 단층의 2가지 검사방식으로 나뉘는데, 3차원 X-Ray 검사기는 임의 높이에서의 단층영상을 합성하는 Digital Tomo-Synthesis 기술을 사용함으로써 양면기판과 같이 투과방식으로는 상하면 부품들의 영상이 겹쳐 정상적인 검사가 어려운 경우에도 각 부

품의 상태를 3차원적으로 검사할 수 있는 장점을 지니고 있다.

인체에 유해한 X-Ray 누출을 위해 검사장비는 국제안전기준보다(ICRP 49) 안전하게 설계되어야 하며 자연방사선 수준(1μSv/hr 이하)으로 하여야만 시장경쟁력이 있고 전자기 적합성(Electromagnetic Compatibility) 및 기계류(Machinery) 부문에 대해서는 국제규격인 CE를 획득장비의 안전성을 공인받아야 한다.

〈표 12-1〉 검사기술의 변화

항 목	과거/현재 기술	미래지향기술	
	X-Ray 검사시장 기술	고객 Needs 기술	XAVIS사 보유기술
Imaging 기술	Image Intensifier (1 Mega Pixels)	2인치 Flat Panel (3 Mega Pixels이상)	5인치 Flat Panel (5 Mega Pixels이상)
검사방식	• 수동검사 • Sampling 검사 • Off-Line 검사	• 전자동 In-Line검사(AXI) • 전수 자동 판정검사 (Off-Line & Stand Alone 포함)	전수자동판정검사 SW적용 (Belt-Type AXI/Area-Type AXI) (A & H Series Models)
요구 분해능 (해상도)	mm & Micro Level	Micro & Nano Level	0.3um~0.5im보유 (JIMA 기준)
검사능력	• BGA Void/Crack • Gold Wire • Destructive CT & 3D	부품에 대한 Missing, Swift, Short Voids, Creak 납량 자동 판정 검사(Non-Destructive CT & 3D)	부품에 대한 Missing, Swift, Short Voids, Creak 납량 자동 판정 검사(Non-Destructive CT & 3D)
적용영역	제한적 적용 (검사시간 & 검사능력)	품질 강화에 의한 전수검서 (전 영역 적용)	품질 강화에 의한 전수검서(전 영역 적용)
적용 산업군	SMT/다이캐스팅/반도체/배터리, 산업에서의 Lot별 Sampling 검사	전수 자동 판정검사 SMT/자동차 전장품/다이케스팅/반도체/LED/배터리/항공/FPCB/Rigid PCB/배관 등	전수 자동 판정검사 SMT/자동차 전장품/다이케스팅/반도체/LED/배터리/항공/FPCB/Rigid PCB/배관 등

X-Ray 검사장비 시장이 확대되고 있는 이유는 반도체 패키지인 BGA, PoP(Package-on Package), SoC(System-on Chip) 등의 첨단 패키지 부품의 적용이 늘어나면서 X-Ray에 대한 관심이 높아지고 있기 때문이다.

최근 아이폰, 갤럭시S, 옵티머스 등 스마트폰과 더불어 아이패드, 갤럭시탭 등 스마트패드의 급속한 시장 확대는 이러한 패키지 부품들의 사용을 더욱 부채질 하고 있다.

아이폰의 경우 대략 17개의 시스템-칩이 적용되고 있으며, 이 중 12개 정도가 매우 중요한 역할을 담당하고 있다. 따라서 이들 부품의 불량을 검출할 수 있는 X-Ray 검사기가 재조명되고 있다. 시스템-칩은 배면에 납땜 이 되어 있기 때문에 AOI 검사기로는 위치 검사밖에 하지 못하고, 추후에 발생할 수 있는 미납, 소납, 과납 등을 검증하기 위해서는 X-Ray 검사기가 필요하다. 그동안 가격, 검사 속도 때문에 인라인 X-Ray 검사기가 확대되지 못했는데, 이제는 검사 택 타임까지 향상시킬 수 있는 기술이 확보되었고 가격도 어느 정도 맞출 수 있게 된 만큼 X-Ray 검사기 시장이 본격화 될 것으로 보인다.

3. X-Ray 장비

X-Ray장비는 X-Ray Tube, Detector, Manipulator, Shielding 등으로 구분한다.

1) X-Ray Tube의 구조 및 작동 원리

X-Ray Tube의 구조는 [그림 12-2]처럼 구성되어 있다. 작동원리는 텅스텐으로 만들어진 필라멘트 C에 Uh 전압을 가하면, 필라멘트 C에 전류가 흐르면서 가열된다. Uh 전압을 가하는 것과 동시에, 필라멘트 C를 음극(Cathode) 전극으로 하고 금속판 A를 양극(Anode) 전극으로 하여 수kV~수십kV의 고전압을 가한다. 가열된 필라멘트 C에서 에너지를 얻은 열전자(Thermal Electron)가 Tube로 방출되는데 방출된 전자는 고전압에 따라 가속된다. 방출된 전자가 진행할 수 있도록 Tube의 내부는 진공상태를 유지한다. 일반적으로 진공 Tube 내의 기압은 대기압보다 약 10억분의 1 정도로 낮다. 고전압으로 가속된 전자는 양극 전극인 금속판 A에 충돌하는데 이때 전자가 가지고 있던 운동에너지가 빛에너지와 열에너지로 변환된다. 전자의 운동에너지가 빛에너지로 바뀐 것이 X-Ray이다. X-Ray가 조사되는 동안 발생하는 열을 외부로 방출하기 위하여 공냉식 또는 수냉식 냉각시스템이 반드시 필요하다.

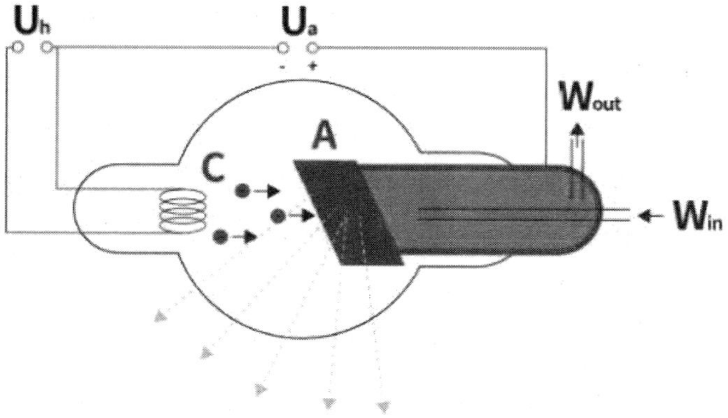

[그림 12-2] X-Ray Tube의 구조

2) 감지기(Detector)

(1) Gas-filled Detector

비활성 가스로 가득 찬 Tube의 원통형 외벽을 음극과 연결하고 중심 금속선을 양극에 연결한 후, 양 전극 사이에 수백 kV의 전압을 가해준 상태에서 방사선이 들어오면 비활성 가스를 전리시켜, (+) 전하를 가진 양이온과 (-) 전하를 가진 전자로 분리된다. 이렇게 분리된 양이온과 전자를 '이온 쌍(Ion Pair)'이라고 하는데, 양이온은 음극으로 전자는 양극으로 전압에 의해 가속되면서 이동하다가 전극에 충돌한 그 순간에 전류 Pulse가 나타나게 된다. 이러한 전류 Pulse의 수를 세는 방법으로 방사선의 세기를 확인하는 장비를 통칭하여 'Gas-filled Detector'라고 부른다.

① Ionization Chamber

비활성 가스로 가득 찬 Tube에 방사선이 입사하여 비활성 가스를 전리시킨 후, 생성된 양이온은 음극으로 전자는 양극으로 각각 이동하는데, 이렇게 직접적으로 이온 쌍이 전극에 도달할 때 발생하는 전류 Pulse를 측정하여 그 수를 셈으로써 방사선의 세기를 측정한다. Ionization Chamber 전압보다 낮은 전압이 걸리면 전리된 이온과 전자가 전극에 도달하지 못하고 다시 결합하게 되어 방사선을 측정할 수 없다. 방사선의 세기가 강하면 측정되는 Pulse의 수도 증가하는데 이를 수치화하여 방사선의 세기를 측정한다.

학습 12

② Proportional Counter

구조적으로는 Ionization Chamber와 같지만 양 전극에 걸리는 전압은

Ionization Chamber보다 높게 가해준다. 방사선이 Tube에 입사하면 가스 원자를 전리하여 양이온과 전자의 이온 쌍을 생성하는 것도 Ionization Chamber와 동일하다. 전리된 전자가 가해준 고전압에 의하여 계속 가속되다가, 양극의 근처에 오게 되면 이온의 운동 에너지가 다시 가스 원자를 전리시키는 강도에 도달하게 된다. 따라서, 양극 주변에서 전리현상이 연쇄반응으로 진행되어 많은 수의 이온 쌍을 생성하게 되는데, 이를 'Townsend Avalanche'라고 부른다. 이러한 과정으로 생성된 이온 쌍이 전극에 도달하여 생성되는 전류 Pulse의 수를 모두 셈으로 방사선을 측정한다. 여기서 양이온이 가속되는 구간을 'Ion Drift Region'이라고 하고, 가속된 이온에 의해 연쇄반응이 일어나는 구간을 'Aavalanche Region'이라고 한다. 방사선이 가지고 있는 에너지에 비례하여 이온 쌍이 생성되므로 방사선의 에너지를 확인할 수 있다. 따라서, Gas-Filled Detector 중에서 유일하게 분광학(Spectroscopy)에 적용할 수 있는 Detector로, XRD와 같은 물질 분석 장비에 사용될 수 있다. 방사선에 대한 반응 정도를 높이기 위하여, 비활성 가스 90%에 10% 메탄을 혼합한 'P-10'가스를 주로 사용한다.

③ Geiger-Muller Counter(GM Counter)

독일의 물리학자인 Hans Geiger(1882~1945)가 1908년에 측정 원리를 제안하였고, 독일의 물리학자인 Walther Muller(1905~1979)가 1928년에 Geiger의 원리를 활용한 실용적인 형태의 계측기를 발명하였다. 이를 두 사람의 이름을 붙여 'Geiger-Muller Counter'라고 한다. 구조적으로는 Ionization Chamber나 Proportion 및 Counter와 같다. 양 전극에 걸리는 전압이 Proportional Counter보다 높다. 이 보다 높은 전압을 양 전극에 가하면 그 에너지에 의하여 방사선이 존재하지 않더라도 가스가 전리되게 된다. 따라서 이보다 높은 전압을 가하는 조건에서는 방사선을 측정할 수 없다. 방사선이 Tube에 입사하면 가스 원자를 전리하여 양이온과 전자의 이온 쌍을 생성한다. 양 전극에 가해준 전압이 높기 때문에 가속된 이온 쌍이 충돌하면서 강한 자외선을 방출하게 되고 그 자외선이 다시 가스와 반응하여 전리 작용을 일으켜 대량의 이온 쌍을 발생시킨다. 즉 Proportional Counter에서는 중심부 양극의 주변에서만 Avalanche Region이 존재함에 비하여 GM Counter에서는 Tube 전체가 민감한 Avalanche Region이 되는 셈이다. 방사선의 세기가 강하면 측정되는 Pulse의 수도 증가하는데, 이를 수치화하여 방사선의 세기를 측정한다.

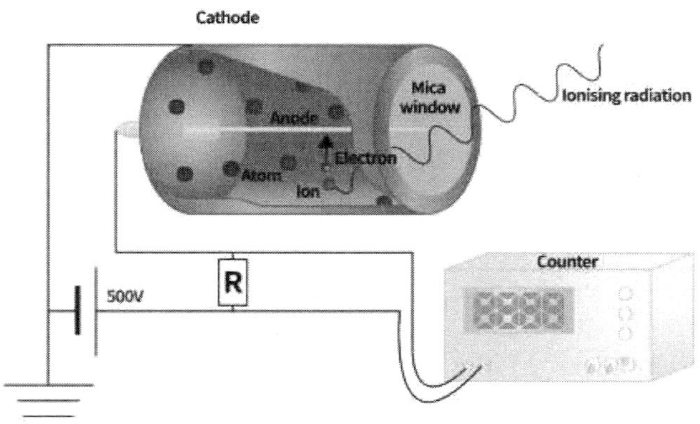

[그림 12-3] Gas-Filled Detector의 구조

(2) Scintillation Detector

① 영상증배관

영상증배관(Image Intensifier)의 Scintillation 물질에 의하여 X-선이 가시광선으로 전환된 후, 광전관(Photocathode)에 의하여 전자로 다시 변환된다. 변환된 전자는, 주변의 초점 회로(Focusing Electrode)에 의하여 모이면서, 광전관과 양극(Anode) 사이에 걸린 DC 전압에 의하여 가속된다. 형광 물질이 도포되어 있는 Screen에 전자가 도달하면, 다시 가시광선의 이미지가 재현되는데, 재현된 이미지를 CCD Camera로 촬영하면 2차원의 전자 이미지를 얻을 수 있다.

② 평판 검출기

평판 검출기(Flat Panel Detector)의 Scintillation 물질에 의하여 X선이 가시광선으로 전환된 후, [그림 12-4]의 Photo-Diode Array에 전달되어 2차원의 전자 이미지를 획득할 수 있다.

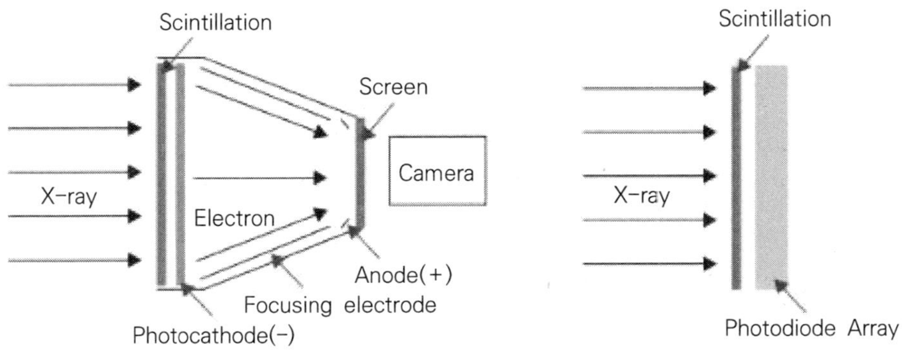

[그림 12-4] 영상증배관의 구조/평판 검출기의 구조

학습 12

3) Manipulator

(1) 정 의

제품 혹은 Tube/Detector를 원격으로 움직이게 하는 장치를 'Manipulator'라고 한다. 구동 Motor와 축, 기어 등의 구동부와 움직임의 정도를 확인하는 Sensor부로 구성되어 전체의 움직임을 제어한다.

(2) 종 류

① 이동(Transition)

원리적으로 3차원 공간에서의 모든 움직임은 x축, y축, z축의 각각의 움직임을 조합함으로써 구현할 수 있다. 이러한 조합은 시료를 올려놓는 Stage, Tube, Detector에 각각 적용할 수 있다.

② 회전(Rotation)

3차원 공간에서의 회전 운동을 분류하면, x축을 회전축으로 하는 ω축(omega 축), y축을 회전축으로 하는 χ축(chi 축), z축을 회전축으로 하는 φ축(phi 축)으로 분리될 수 있다. 주로 Stage에 사용되는 축은, 시료를 Tilt를 할 수 있는 χ축이다.

③ C-Arm

X-Ray Tube와 Detector의 거리가 고정된 조건 아래에서 자유로운 움직임을 통한 측정이 가능한 구조이다. 주로 의료용 장비에서 많이 사용되었으나 현재는 산업용에서도 사용되고 있다.

4) Shielding

(1) 피폭 및 차폐

방사선이 가지고 있는 높은 에너지가 원인이 되어 인체에 피해를 주는 상황을 '피폭(Exposure)'이라고 한다. 방사선이 인체 및 환경에 피해를 주는 것을 막기 위하여, 방사선을 흡수 혹은 산란시켜 그 영향을 감소시키는 것을 '차폐(Shielding)'라고 한다. 일반적으로 차폐 물질로는 사용되는 물질은 납(Pb)이지만, 에너지가 높은 방사선의 경우에는 콘크리트를 사용하여 방호 구조물을 건축하기도 한다.

(2) **피폭 방사선량의 측정 단위 : Sv(Sievert)**

방사선의 종류와 상관없이 방사선이 생물에 미치는 영향을 나타내는 단위로, 1979년 국제 표준 단위계로 선정되었다. 1Sv는 일반적으로 사용하기에 너무 큰 량이므로, 'mSv' 혹은 'μSv'를 주로 사용한다(1Sv = 1,000mSV = 1,000,000μSv, 1mSv = 1,000μSv). 방사선의 생물학적 효과를 연구한 스웨덴의 Rolf Maximilian Sievert (1896 ~ 1966)을 기념하여 이름 붙여졌다.

(3) **피폭 선량의 기준**

① 자연 방사선에 의한 한국인의 평균 선량 : 연간 2.8mSv

② 일반인의 선량한도 : 연간 1mSv(단, 자연 방사선에 의한 피폭 및 의료목적에 의한 피폭은 제외한다.)

③ 방사선 작업 종사자의 연간 선량한도 : 5년간 100mSv를 넘지 않는 범위에서 연간 50mSv

4. X-Ray의 활용

X-Ray를 활용하여 [그림 12-5]처럼 보온되어 있는 배관 같은 경우에도 문제없이 보온 내부의 배관을 검사할 수 있다. 배관 두께 측정, 부식 트렌드 관리에 유용하게 활용되고 있다. [그림 12-6]은 열선이 장착된 배관의 경우 내부의 경함으로 인하여 검사를 할 경우에 대하여 X-Ray를 활용한 사례이다.

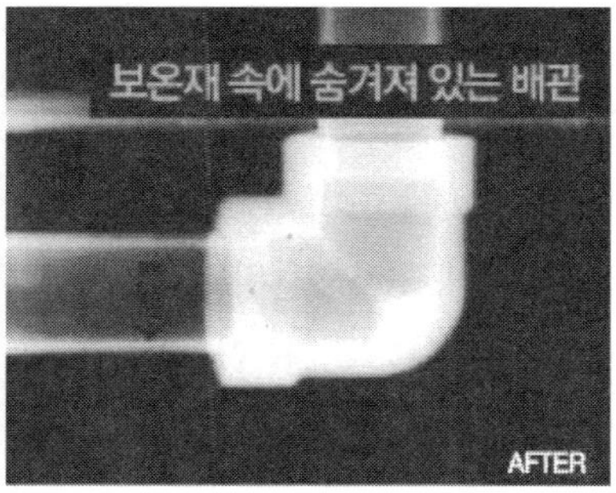

[그림 12-5] X-Ray를 활용한 보온재 배관검사

학습 12

(a) 열선을 갖은 배관

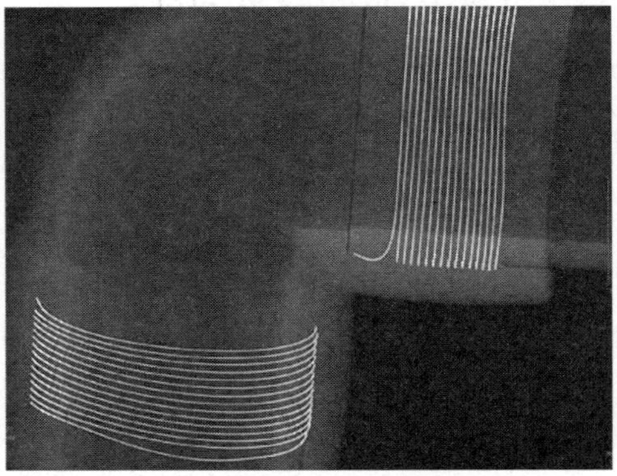

(b) X-Ray를 활용한 배관 검사

[그림 12-6] X-Ray를 활용한 배관열선 배관검사

12-3 배관의 비파괴 적외선 열화상 카메라 기술

1. 열화상 카메라의 구조

적외선 열화상 카메라는 냉각기의 유무에 따라서 냉각형과 비냉각형으로 구분되는데, 냉각형의 경우 초기에 군사 및 우주항공용으로 쓰이며 화질이 우수하지만 고가이며 시스템도 휴대에 매우 분리하여 특별한 용도가 아니면 최근에는 비냉각형이 주류이다.

비냉각 적외선 열화상 카메라는 일반 가시광의 CCTV 카메라와 유사한 구조를 갖는다. 다만 열화상카메라의 온도 정확도를 높이기 위해 자동 켈리브레이터(Calibrator; Shutter)를 센서와 광학 렌즈의 사이에 설치한다. 최근에는 초소형화 추세에 부응하여 Shutterless형이 출시되었으나, 실시간으로 다수의 체온 측정이 필요한 호흡기 질환의 검역 등에서는 별도의 대책이 필요하다.

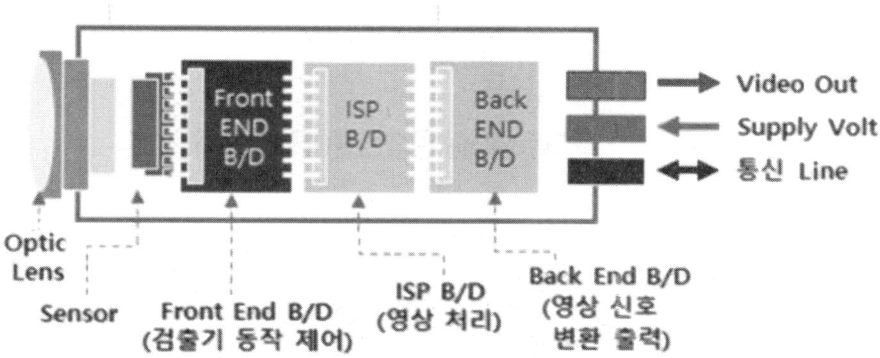

(a) 열화상 카메라의 시스템 구성

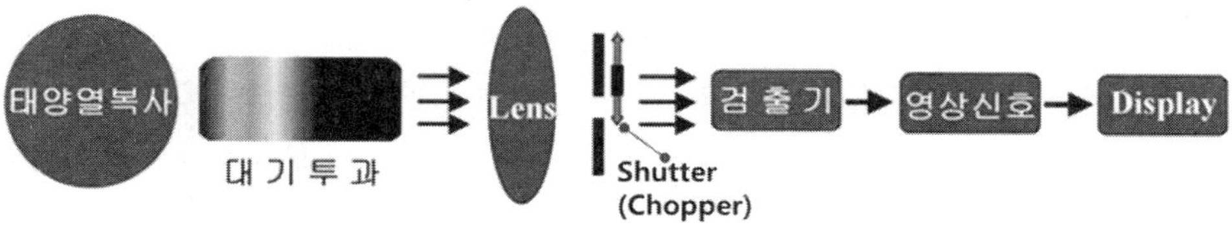

(b) 열화상 카메라의 자동 켈리브레이션을 위한 Shutter

[그림 12-7] 열화상 카메라의 시스템 구성

2. 열화상 카메라 센서

적외선 센서는 초기에 단소자(Single Pixel : 수백um^2)를 이용하여 X/Y 스캔 방식으로 영상을 구현하였으며 다소자의 경우 라인형태의 선형배열 및 초점면 배열의 소자로 전환 되었다. 최근에는 반도체 집적 기술의 발전과 함께 단위 화소의 크기가 약 100um^{2}까지 작아져서 QVGA는 물론이고 VGA 및 XGA급까지 고해상도의 열화상 카메라가 출시되고 있다.

적외선 열화상 카메라의 센서에는 재료의 동작 환경을 고려하여 극저온(77K)에서 동작하는 냉각형과 상온에서 동작하는 비냉각형이 있다.

또한 화소의 수에 따라서 단소자형과 선병배열 혹은 초점면배열 형태로 구분할 수 있다. 아래 그림은 단소자의 온도측정건과 초점면배열의 비냉각형 열화상 카메라의 센서의 단위 화소(소자)와 구동회로를 비교하였다.

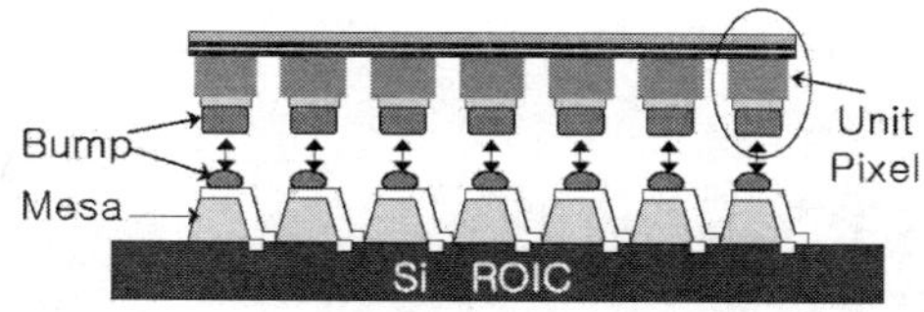

(a) Hybrid type

(b) Monolithic type

[그림 12-8] 열화상 카메라의 센서 형태

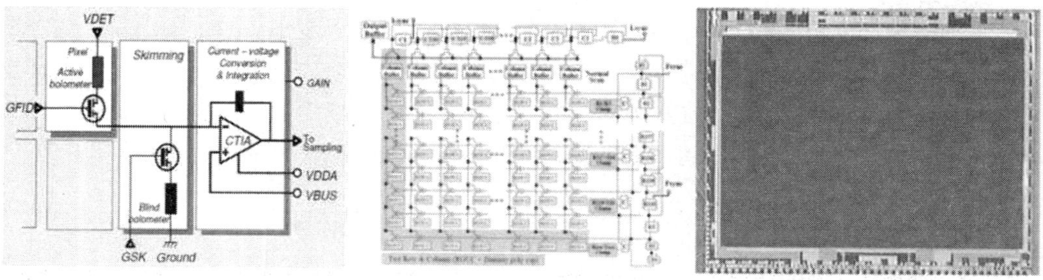

(a) 단위 셀의 IR 신호처리(ROUC) (b) IC 신호처리(ROIC) 구조 (c) IR 신호처리 IC(ROIC) 칩사진

[그림 12-9] 열화상 카메라 센서의 신호처리 IC(Readout IC)

[그림 12-10]에서 적외선 센서의 형태는 하이브리드형과 모놀리틱형 두 가지로 제시하였는데, 냉각형이나 비냉각형 모두 유사한 구조이다.

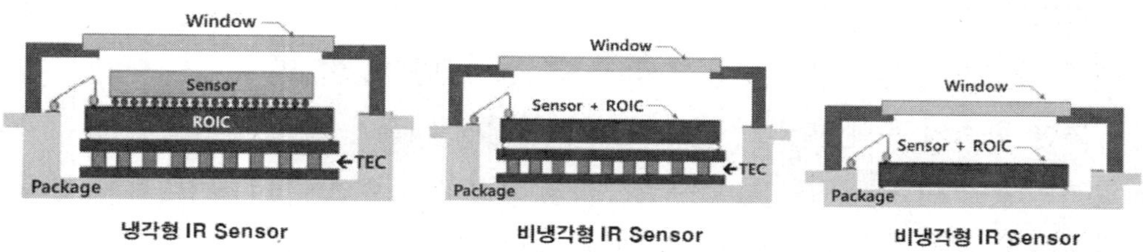

(a) 하이브리드 (b) 모노리틱 (c) 모노리틱/TECless

[그림 12-10] IR 센서의 기술 변화 추이

비냉각 적외선 열화상 카메라의 핵심인 센서 모듈은 초기에 하이브리드형에서 모놀리틱으로 전환되었고, 최근에는 측정 온도의 안정성 확보를 위해 적용했던 열전냉각기(TEC)를 제거한 슬림형이 대부분이다. 또한 초소형 카메라 구현을 위하여 광학 렌즈와 센서의 중간에 설치했던 셔터(Shutter)를 제거한 TECless형이 주로 쓰이고 있다.

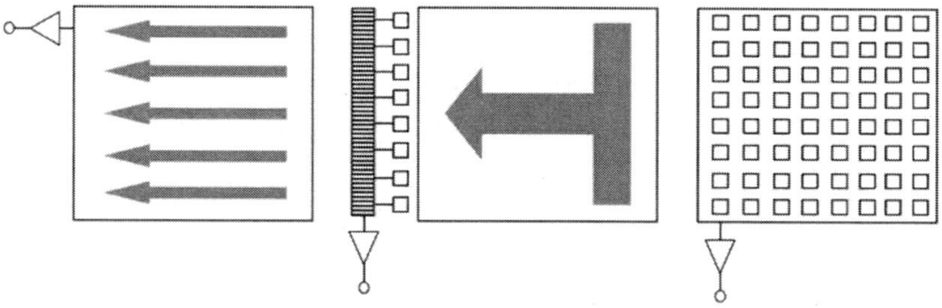

(a) 단소자 (X/Y 스캔 영상)　(b) 선형배열 소자 (X 스캔 영상)　(c) 초점면배열 소자 (프레임 영상)

[그림 12-11] 센서의 화소 구성에 따른 리드아웃 체계

3. 적외선 센서를 이용한 비접촉식 온도계

[그림 12-12]에서는 비접촉식 온도측정은 1개의 적외선 센서를 이용한 포인트 온도측정기와 다수의 적외선 센서를 이용하여 2차원의 면의 온도분포를 측정하는 열화상 카메라를 비교하였다.

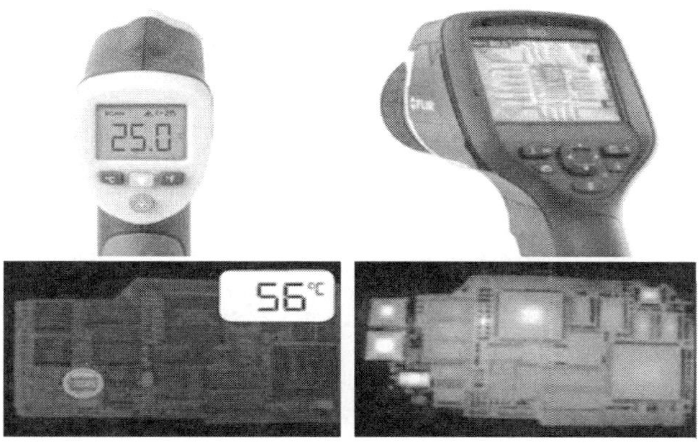

(a) 온도측정건　(b) 열화상카메라

[그림 12-12] 비접촉식 온도측정

4. 배관의 열화상 카메라 활용

누수탐지는 기본적으로 계량기 체크 후 누수징후가 있으면 가장 우선적으로 콤퓨레샤를 이용하여 압력검사를 하면 배관이 막히지 않으면 압력 손실이 나타나고 어떤 배관이 누수가 되었는지 쉽게 분별이 가능하다.

열화상 카메라는 열이 가해지는 배관의 경우 배관라인 분별이 가능하고 누수되는 바닥을 파쇠할 때 표시를 해두면 누수와 무관한 배관을 손상을 시키지 않고 수리가 가능하다.

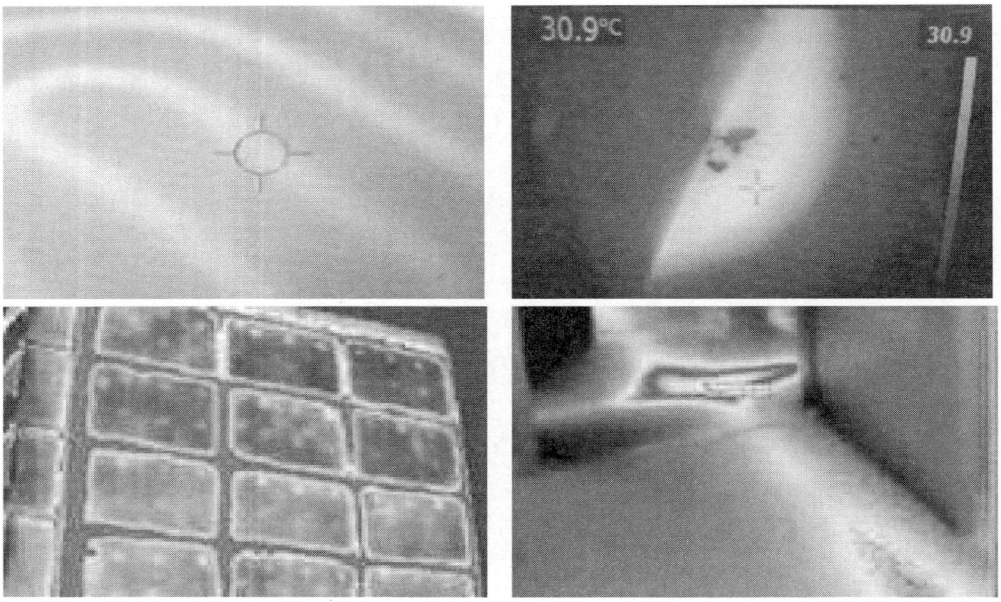

[그림 12-13] 열화상 카메라를 이용한 배관

수행 내용

재료 · 자료

• 비파괴 배관의 적외선 열화상 카메라 기술 관련 자료

기기(장비 · 공구)

• 컴퓨터, 프린터, 주변기기

안전 · 유의사항

• 컴퓨터 및 주변기기의 전원을 관리한다.

수행 순서

01 비파괴 검사 산업의 특성에 대하여 분석하라.

1. 비파괴 검사 산업의 특성

전 세계적으로 안전에 대한 욕구가 증가하고 산업경제가 고도화됨에 따라 공공 의 안전성과 신뢰성 향상을 위한 비파괴 검사 기술의 중요성이 부각되고 있다.

원자력, 중화학시설 및 교량 등 산업 · 공공 시설의 안전 예방과 신뢰성 있는 관리 진단에 대한 국가적 수요와 사회적 관심이 증대되고 있다. 전 세계적으로 비파괴검사와 관련하여 IT기술과의 융합 및 복합기술 등 신기 술 개발이 활발하게 진행 중이며, 최근 비파괴 검사 장비는 전자화, 디지털화, 영상화, 지능화되어 가고 있는 추세이다. 비파괴 검사 시장은 성숙기에 접어 들었으나, 새로운 응용 분야를 위한 새로운 기 술 개발과 비파괴 검사 서비스에 대한 수요는 지속적으로 증가할 것으로 예상된다.

2. 세계 비파괴 검사 시장 동향

전 세계 비파괴 검사 시장은 2017년 76억 7,000만 달러에서 연평균 성장률 7.83%로 증가하여, 2023년에는 120억 6,000만 달러에 이를 것으로 전망된다.

전 세계 비파괴 검사 시장은 유형에 따라 비파괴 검사 기술, 비파괴 검사 서비 스로 구분된다.

비파괴 검사 기술은 2017년 19억 8,000만 달러에서 연평균 성장률 7.20%로 증가하여, 2023년에는 30억 달러에 이를 것으로 전망된다. 비파괴 검사 서비스는 2017년 56억 9,000만 달러에서 연평균 성장률 8.05% 로 증가하여, 2023년에는 90억 6,000만 달러에 이를 것으로 전망된다.

전 세계 비파괴 검사 기술 시장은 검사 방식에 따라 초음파 탐상 검사(UT), 방사선 투과 검사(RT), 육안 검사(VT), 와전류 탐상 검사(ECT), 자분 탐상 검사(MPT), 음향 방출 검사(AET), 침투 탐상 검사(LPT) 및 기타로 구분된다.

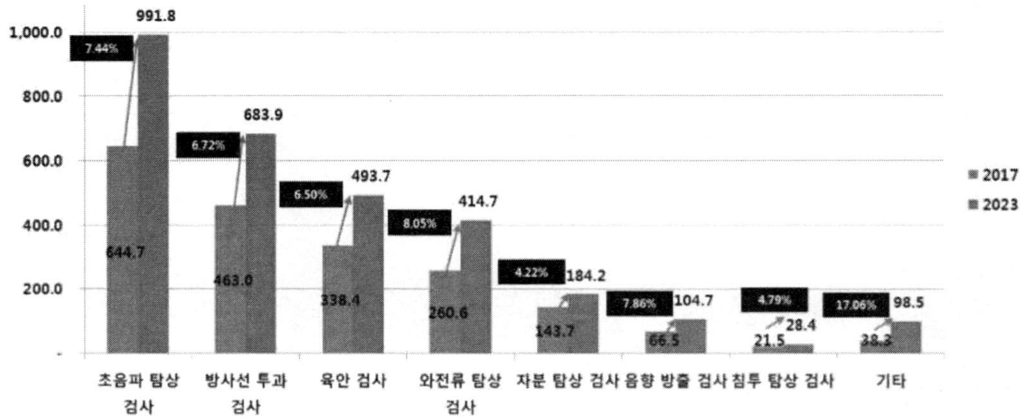

[그림 12-14] 글로벌 비파괴 검사 기술 시장의 검사 방식별 시장 규모 및 전망

전 세계 비파괴 검사 서비스 시장은 서비스에 따라 비파괴 검사 서비스, 교육 서비스, 장비 임대 서비스 및 교정(Calibration) 서비스로 구분된다.

비파괴 검사 서비스는 2017년 47억 6,060만 달러에서 연평균 성장률 7.76%로 증가하여, 2023년에는 74억 5,360만 달러에 이를 것으로 전망된다. 교육 서비스는 2017년 4억 7,920만 달러에서 연평균 성장률 10.10%로 증가하여, 2023년에는 8억 5,360만 달러에 이를 것으로 전망된다. 장비 임대 서비스는 2017년 3억 6,680만 달러에서 연평균 성장률 8.64%로 증가하여, 2023년에는 6억 300만 달러에 이를 것으로 전망된다. 교정 서비스는 2017년 8,680만 달러에서 연평균 성장률 9.21%로 증가하여, 2023년에는 1억 4,730만 달러에 이를 것으로 전망된다.

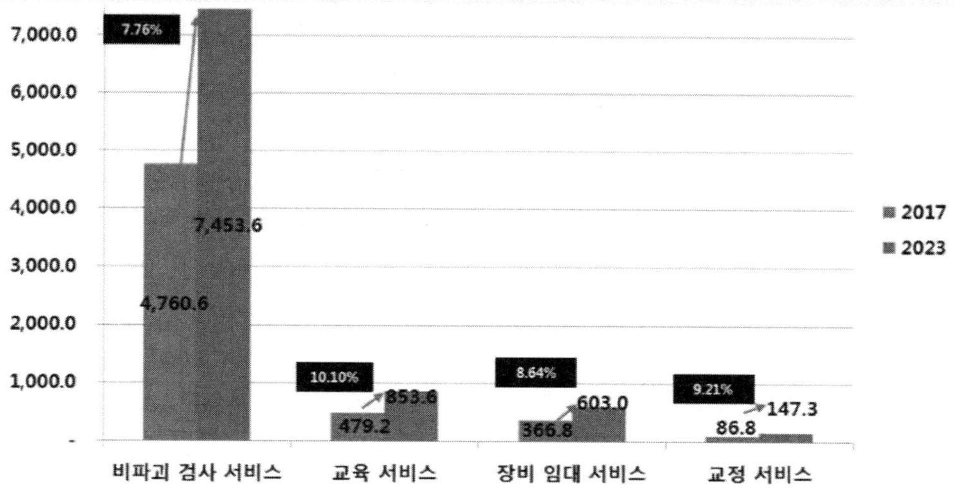

[그림 12-15] 글로벌 비파괴 검사 서비스 시장의 서비스별 시장 규모 및 전망

전 세계 비파괴 검사 기술 시장은 최종 사용자에 따라 발전소 분야, 석유/가스 분야, 우주항공 분야, 제조 분야, 자동차 분야, 공공기반 분야 및 기타로 구분된다. 발전소 분야는 2017년 17억 4,050만 달러에서 연평균 성장률 9.38%로 증가하여, 2023년에는 29억 8,010만 달러에 이를 것으로 전망된다.

석유/가스 분야는 2017년 19억 9,120만 달러에서 연평균 성장률 5.34%로 증가하여, 2023년에는 27억 2,010만 달러에 이를 것으로 전망된다. 우주항공 분야는 2017년 12억 7,890만 달러에서 연평균 성장률 7.48%로 증가하여, 2023년에는 19억 7,130만 달러에 이를 것으로 전망된다.

제조 분야는 2017년 10억 5,230만 달러에서 연평균 성장률 10.63%로 증가하 여, 2023년에는 19억 2,930만 달러에 이를 것으로 전망된다.

02 X-Ray의 개념과 특성에 대하여 분석하라.

학습 12

1. X-Ray

1895년 11월 8일W.C ROENCGEN은 차폐된 음극관을 이용한 실험 중 형광작용이 미지의 광선에 의해 생기는 것을 확인하고 이를 X-선이라고 명명한 후 1895년 12월 8일 논문을 발표하였으며 이로 1901년 제 1회 노벨 물리학상을 수상하였다.

빛, 자외선, 적외선, 라디오 전파와 똑같은 전자파로 고속 전자의 흐름을 물질에 충돌시켰을 때 생기는 파장이 짧은 전자기파이다. X-Ray 파장이 원자 크기 정도로 작아서 결정마다 고유한 회절무늬를 형성하고 에너지가 크기 때문에 물질에 대한 형광작용이 강하며, 물질을 쉽게 투과할 수 있고 투과할 때 물질을 이온화시킨다. 특히 투과 시에는 물질의 밀도, 원자에 따라 투과율이 달라져서 이 원리를 이용한 X-선 촬영 장치는 생체 내부를 촬영하는 의료장비와 일반산업의 비파괴 검사 장비 등으로 사용되고 일반산업의 비파괴 검사장비 등에 사용한다.

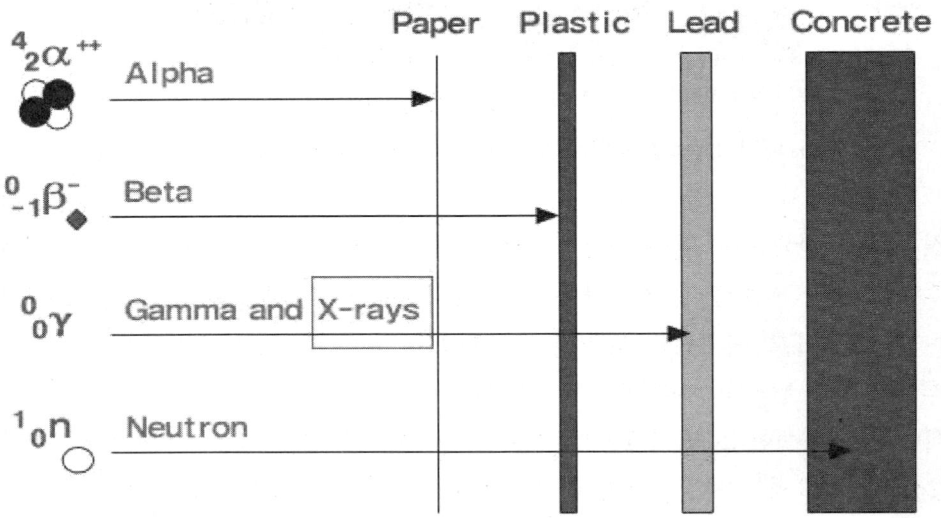

[그림 12-16] 산업용 X-Ray의 투과력

2. X-Ray 산업의 전망

고도의 신뢰성과 안전성이 요구되는 산업용부품 시장과 식품시장에서는 X-Ray검사기술 수요 증대 및 사회적 관심 고조는 지속될 것이다.

검사 시장은 여전히 핵심기술의 해외 의존도가 높기 때문에 신기술연구 및 원천기술개발을 위한 체계적인 기초연구 및 제품 개발이 요구된다.

향후 X-Ray 검사시장은 기존의 대형시장에 대한 수요증가 및 신규 미래형 검사 대상체에 대한 검사요구증대, 그리고 융합형 기술을 적용한 검사기술 및 제품요구의 증대 등이 예상되고 있다.

정부에서도 이러한 측면에서 관련 R&D 및 기술 활용증대를 추진하고 있으며, 관련 인력의 양성 및 정보 등 에서도 지원을 확대하고 있다.

3. 비파괴검사 X-Ray 검사장비 산업특성

비파괴검사 X-Ray 산업분야는 전자부품 기능이 통합되고 점점 더 경박(輕薄)·단소화하고 있다. 이렇게 첨단 패키지 부품이 늘어나면서 광학검사기로 안 보이는 항목이 점점 늘어나고 있으며, 식품 이물질이 단순 금속뿐만 아니라 비금속 이물의 발견율이 많아지면서 금속검출기로만은 검사가 힘든 실정이다. 이러한 정밀검사와 비금속 이물 검사의 중요도가 높아지면서 X-Ray 검사기의 역할이 높아지고 있다.

03 X-Ray Tube의 종류 및 용어에 대하여 분석하라.

1. X-Ray Tube의 종류

1) 진공 확보 방법에 따른 구분

(1) Closed Tube

Tube의 제작 단계에서 미리 진공을 확보하여 밀봉한 구조를 가지고 있는 X-Ray Tube를 'Closed Tube'라고 한다. 따라서 Tube를 파괴하지 않고는 내부 부품에 대한 접근은 불가능하므로, 문제가 발생할 경우 전체를 교환해야 한다.

(2) Open Tube

외부에서 진공펌프를 사용하여 Tube의 진공을 유지하는 구조를 가지고 있는 Tube를 'Open Tube'라고 한다. Tube 내부 부품, 특히 Target이나 필라멘트에 문제가 발생하였을 때 교체가 가능하므로 유지보수의 측면에서 유리한다.

2) 고열 방지 방법에 따른 구분

(1) Rotating Anode Tube

전자의 충돌 및 감속에 따라 발생하는 엄청난 고열의 영향으로 금속 양극 전극에 변형이 발생하는 것을 막기 위하여, 넓은 원판형의 금속 양극을 회전시키는 구조를 Tube의 내부에 가지고 있다.

이처럼 회전하는 양극은, 특정 부분에 전자의 에너지가 집중되지 않으므로 전극의 수명이 향상되는 효과를 가져오게 된다.

2. X-Ray Tube 연관 용어

1) 관전압

일반적으로 필라멘트 C와 금속 양극 전극 A사이에 걸리는 고전압 Ua를 '관전압(Tube Voltage)'이라고 한다. 관전압은 X-Ray Tube에서 발생하는 X-Ray의 최대 에너지 값에 제한 조건으로 작용하는데, 예를 들어 X-Ray Tube에 걸리는 관전압이 30kV라고 하면 그 Tube에서 발생하는 X-Ray의 최대 에너지는 30keV를 넘을 수 없다.

2) 관전류

필라멘트 C에 흐르는 전류를 '관전류(Tube Current)'라고 한다. 관전류는 필라멘트 C에 전류가 많이 흐를수록 더 많은 열전자가 발생하므로 관전류 값이 높을수록 X-Ray의 발생량이 많아지게 되는데, 이것이 X-Ray의 출력을 결정한다.

04 적외선의 개념과 특성에 대하여 분석하라.

1. 에너지의 분포와 전달

1) 열

① 두 물체 사이의 온도 차이로 이동하는 에너지이다.
② 대기 중에서 열은 전도, 대류, 복사에 의해 전달한다.

2) 온 도

① 물질 내에 있는 원자 또는 분자의 평균운동에너지
② 화씨온도*, 섭씨온도**, 켈빈온도***

2. 열전달 방법

열전달 방법에는 [그림 12-17]처럼 열전도, 열 대류, 열 복사 크게 세가지로 나눌 수 있다.

* 물의 어는 점과 끓는 점을 180등분한 온도 눈금(어는점 : 32℉, 끓는점 : 212℉)
** 물의 어는점과 끓는 점을 100등분한 온도 눈금(어는점 : 0℃, 끓는점 : 100℃)
*** 분자의 운동에너지가 0(영)이 되는 온도를 0K(−273.15℃)으로 정의

1) 열전도(Thermal Conduction)

열에너지가 물질의 이동을 수반하지 않고 고온에서 저온으로 연속적으로 전달되는 현상, 즉 열이 물체(고체) 속에서 순차적으로 전달되어 가는 현상이다.

2) 열대류(Thermal Convection)

태양열에 의해 지면 가까운 공기가 가열되어 상승하면 발생하는 대류 현상이다. 즉 액체나 기체의 유체 운동으로 인해 열이 다른 장소로 이동하는 것이다.

3) 열복사(Thermal Radiation)

물질을 구성하는 원자 집단이 열에 의해서 들뜨게 되어, 그 결과 전자기파를 복사하는 현상으로 중간 매질 없이 공간을 통해 열이 직접 이동하는 현상이다.

전도, 대류, 복사 방법 중에서 복사가 가장 전달속도가 빠르며, 진공에서도 복사 가능하다.

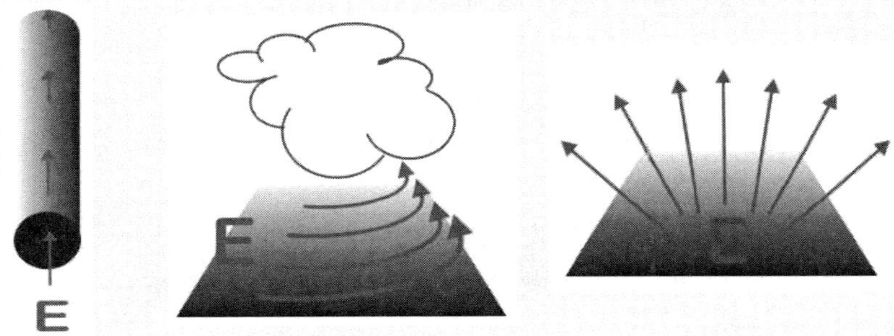

(a) 열전도 : 온도계 (b) 열대류 (c) 열복사 : 적외선 열화상

[그림 12-17] 에너지의 전달 방식과 파장과의 관계

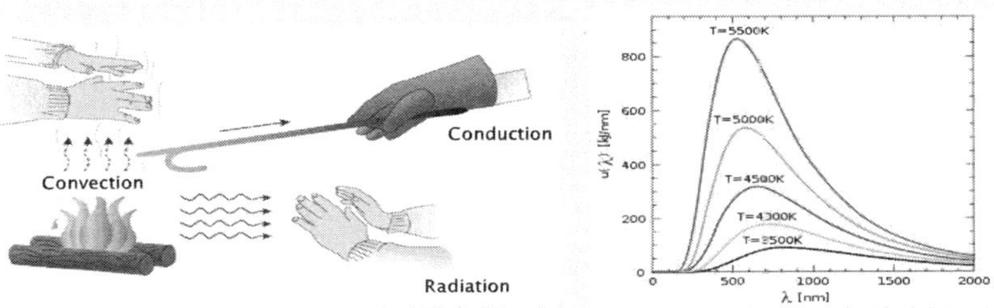

[그림 12-18] 에너지의 전달 방식과 파장과의 관계

3. 적외선의 정의

태양이 방출하는 빛을 프리즘으로 분산시켜 보았을 때 적색선의 끝보다 더 바깥쪽에 있는 전자기파를 적외선이라 한다. 가시광선이나 자외선에 비해 강한 열 작용을 가지고 있는 것이 특징이며, 이 때문에 열선(熱線)이라고도 한다. 태양이나 발열체로부터 공간으로 전달되는 복사열은 주로 적외선에 의한 것이다.

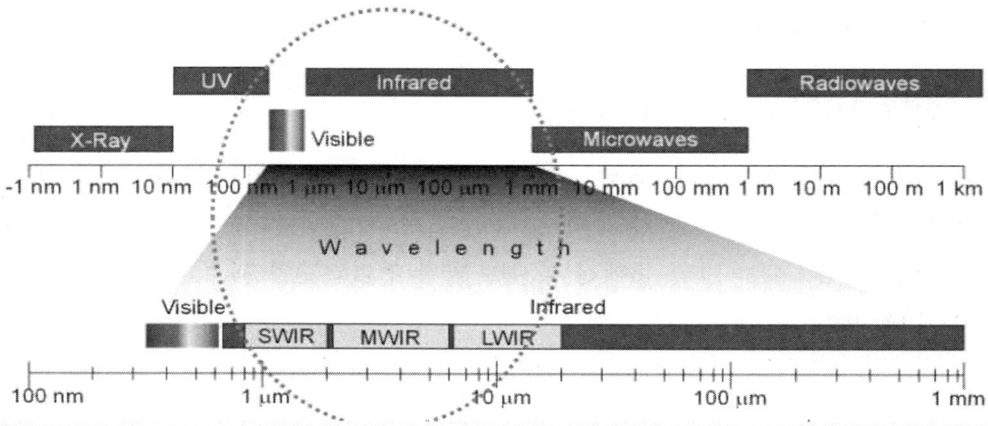

[그림 12-19] 적외선의 파장

전자기파는 파장에 따라서 'X선-자외선-가시광-적외선'으로 구분된다.

〈표 12-2〉 전자기파와 적외선

전자기파	적외선
• 엑스선 0.01∼10nm • 자외선 0.01∼10nm • 가시광선 400∼700nm • 적외선 750∼40,000nm	• 근적외선 750∼1,500nm • 중적외선 1,500∼6,000nm • 원적외선 6,000∼40,000nm
※ 1um = 1,000 nm	※ 현장의 적외선 파장 분류는 약간 다름

① 엑스선(X-Ray) : 투과력이 높아서 체내의 뼈나 금속 물질 분석용 카메라
② 자외선(紫外線 : UV) : 자외선 카메라(고압설비 노화 진단)
③ 가시광(可視光 : Visible light) : 일반CCTV/휴대폰 카메라
④ 적외선(赤外線 : IR) : 열화상 카메라(온도 측정/분석)

[그림 12-20]에 보인 것처럼 태양광 에너지는 파장 대역에 따라서 대기권을 지나 지구에 도달하는 것도 있지만 그렇지 않고 중간에 차단되어 지표에 이르지 못하는 것도 있다.

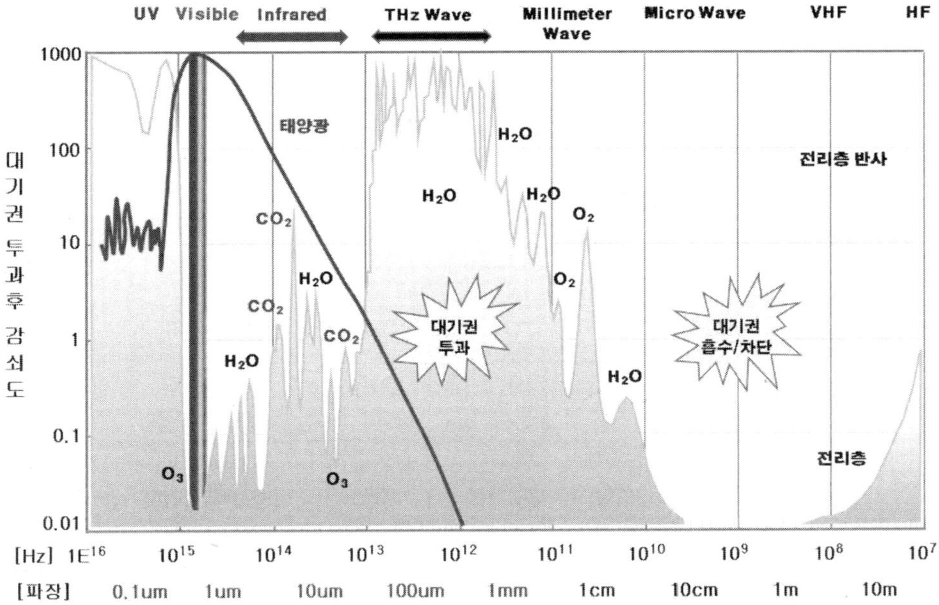

[그림 12-20] 지구의 대기창(Atmospheric Window; 大氣窓)

약 1~12um 파장의 적외선 신호는 보통 열감지 센서를 MEMS 기술을 이용하여 표면 온도측정 및 야간 감시영상으로 활용된다. 최근 호흡기 전염병의 확산으로 체열진단기용 적외선 열화상 카메라 시장이 급격히 증가 추세이다.

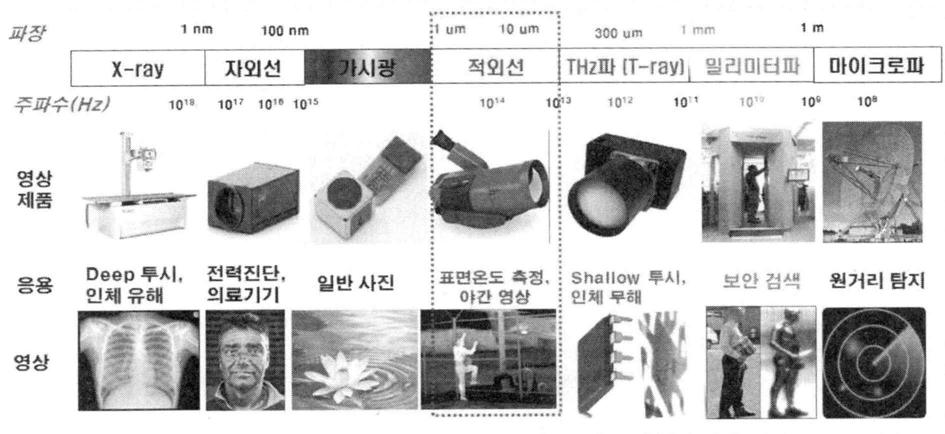

[그림 12-21] 전자기파의 파장 대역별 응용

적외선 열화상 카메라는 파장의 크기에 따라서 NIR/SWIR/MWIR/LWIR로 구분하는데, 다른 표현으로 근적외선/중적외선/원적외선으로도 부른다. 군수용 및 보안용으로 쓰이는 SWIR/MWIR은 냉각형이라서 감지거리와 화질 측면에서 우수하다. LWIR은 고가의 냉각기가 필요 없고 IT기기와 연계하여 다양한 응용이 가능하여서 산업용으로 널리 이용된다.

〈표 12-3〉 적외선 신호의 파장에 따른 특성

	광의의 적외선(IR)	NIR (근적외선)	IR			THz (테라헤르츠; 초장파장IR)
			SWIR (단파장IR)	MWIR (중파장IR)	LWIR (장파장IR)	
파장	0.75~1000um (=1mm)	0.7~0.9um	1~2.7um	3~5um	**8~12um**	100~1000um (=1mm)
신호특징	눈에 안보이며, 신호가 미약함	가시광보다 약간 작음	가시광보다 상당히 작음	기사광보다 상당히 작음	**기사광보다 상당히 작음**	기사광보다 매우 작음
센서특징		가시광센서 (비냉각형)	SWIR센서 (냉각형)	MWIR센서 (냉각형)	**LWIR센서 (냉각/비냉각형**	THz센서 (비냉각/초소형)
광원		필요~ (NIR 투광기)	불필요	불필요	**불필요**	필요 (THz 투광기)
센서가격		Very low	High	High	**Medium**	Very High
센서응용		민수 보안	민/군수 보안	군수 보안	**민/군수 보안/방재**	민수 보안/ 분석/의료

05 적외선 열화상 카메라의 응용에 대하여 분석하라.

적외선 열화상 카메라는 최근 군사 및 보안은 물론이고 산업체의 방재 및 의료산업 까지 다양하게 쓰이고 있다.

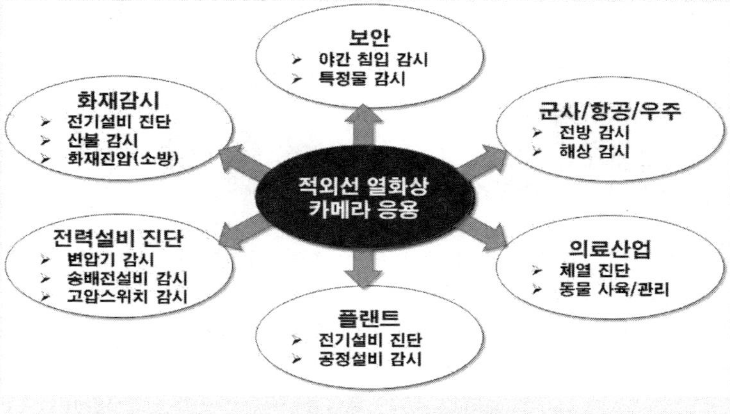

[그림 12-22] 적외선 화상카메라의 응용 분야

1. 인체 체열감지

체열감지용 열화상 카메라는 흡기 질환의 전염병 특히 최근 유행되는 코로나 등의 검역에 세계적인 관심 대상이며 그 수요가 폭발적이다.

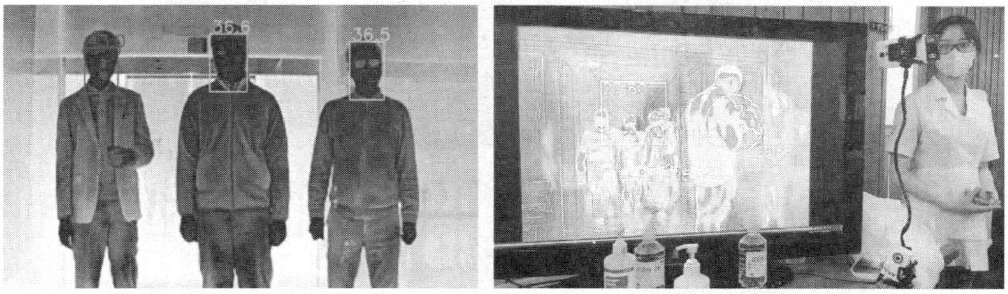

(a) 체열 감지 (흑백) (b) 체열 감지 (컬러)

[그림 12-23] 열화상 카메라의 이용한 호흡기질환의 체열 감시

[그림 12-24]에 보인 내용은 의료용 체열진단기와 그 촬영 사진이다. 주로 체열진단기는 사람의 체열을 임상의학 및 예방의학적으로 분석하여 사전에 병의 확대를 방지하는데 사용된다.

① 초기에는 단소자 센서의 카메라가 쓰이였는데 최근에는 2차원 초점면 배열의 센서를 적용한 비냉각형 열화상카메라가 사용된다.

② 아래 그림에 보인 것처럼 인체 뿐 만 아니라 동식물의 시험 및 분석에도 쓰이고 있다.

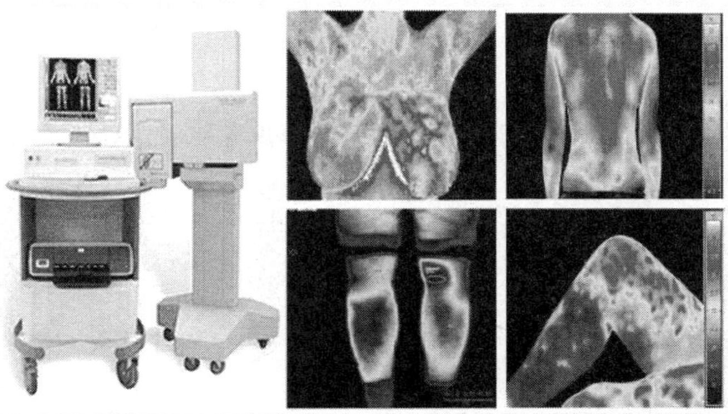

[그림 12-24] 열화상 카메라를 이용한 질병 및 건강상태 진단

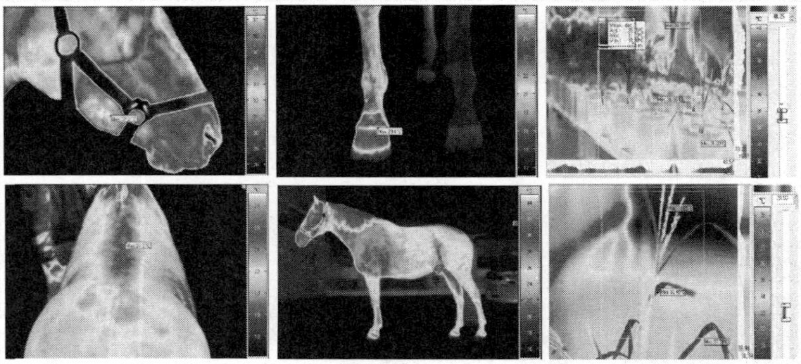

[그림 12-25] 열화상 카메라를 이용한 동물 진단 및 식물 품종 시험

2. 고압 전기 설비 진단

안전상의 문제로 사람의 접근 제한이 따르는 고압 전기설비 진단에 매우 유용하게 쓰인다. 최근에는 적외선 열화상과 일반 가시광 실화상을 조합한 Fusion 혹은 PIP(Picture-in-picture) 형태의 제품이 널리 이용된다.

(a) 변압기 2차측 단자 접속 불량 : (좌)열화상, (우)실화상

(b) 옥외 단자 접속 불량 : (좌)열화상, (우)실화상

[그림 12-26] 열화상 카메라의 이용한 전기 설비 진단

3. 건물 안전 진단 및 제품 검사

2차원 온도분포의 측정기능을 이용한 적외선 열화상 카메라는 건물의 단열이나 균열 등의 상태 진단에 이용한다.

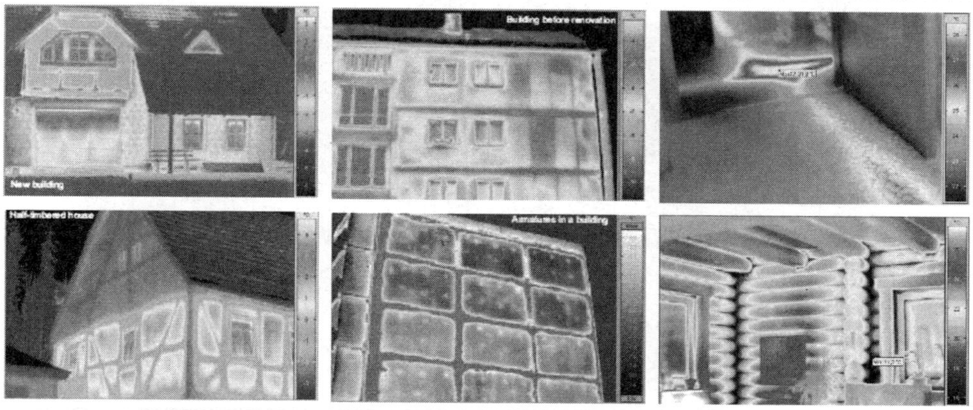

[그림 12-27] 열화상 카메라를 이용한 건물 상태진단(방열, 단열, 균열 등)

또한 열 에너지를 신호의 핵심으로 다루는 적외선 열화상 카메라는 전자 제품 발열 분석이나 석유화학공장 등의 플랜트 진단에도 쓰이고 있다.

[그림 12-28] 제품 결함 및 과부하 시험

4. 플랜트 제조공정 모니터링

제철소에서는 발생 가능한 용광로 슬러지 모니터링 및 야적장의 석탄 화재 사전예방에도 이용된다.

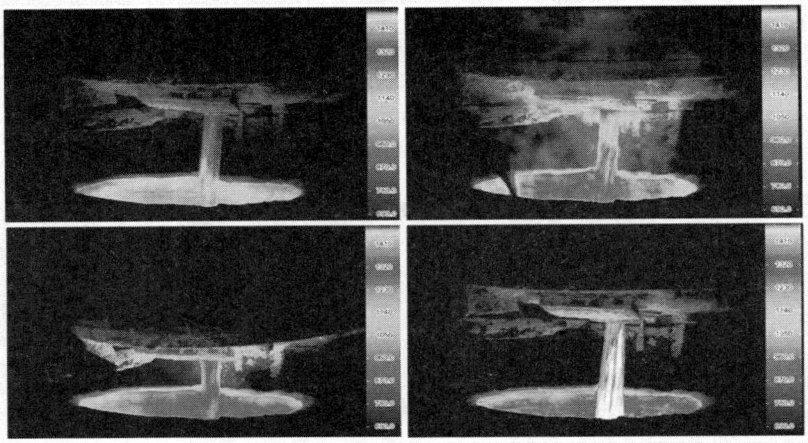

[그림 12-29] 제철소 용광로의 슬러지 모니터링

5. 야간 감시

군사지역 및 일반 산업체의 야간감시를 위하여 CCTV 카메라와 함께 설치되어서, CCTV의 한계 보완하고 있다.

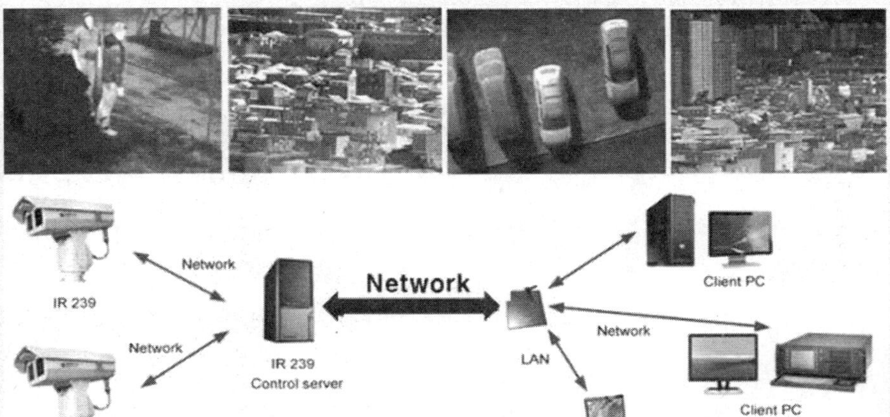

[그림 12-30] 야간 감시용 열화상 카메라

6. 군사용

군사용으로는 야간감시, 복합소총, 휴대용 대공미사일 그리고 헬기 지상관측 등에 다양하게 쓰이고 있다.

[그림 12-31] 야간 감시용 열화상 카메라

7. 산업 현장의 소방 방재

산업 현장의 방재의 수단으로서 열감지기, 연기감지기지 그리고 불꽃감지기 등이 있으나 주요 위험 시설물의 집중 감시를 위해서 적용될 수 있다.

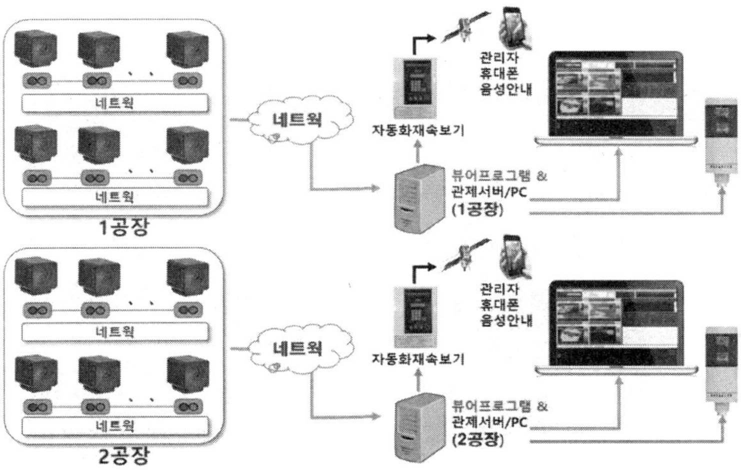

[그림 12-32] 산업 현장의 방재용 열화상 카메라 시스템

8. 산불 감시

원거리 산불 감시용으로서 CCTV와 함께 배치되어서 사고시 IoT 통신 망을 이용하여 관계자의 휴대폰으로 직접 연락된다.

[그림 12-33] 산불 감시용 열화상 카메라 시스템

9. 드론을 이용한 항공 촬영

드론의 확대로 다양한 항공 촬영이 가능한데, 야간 촬영은 제한적이다. 이러한 문제 해결에 열화상카메라가 이용되고 있으며 송전탑 등의 사람이 접근하기 곤란한 지역의 현장 감시에도 적합하다.

[그림 12-34] 드론을 이용한 항공 촬영(주야간 가능)

10. 자동차 야간운전 보조 장비

전차량의 야간 운전 보조 장비로 이용된다. 가격 문제로 아직 대중화되지 못했지만 향후 그 시장이 주목된다. 특히 우천 등으로 시야가 안 좋을 때 주변 사각 지역의 돌출물과의 충돌 방지 효과가 있다.

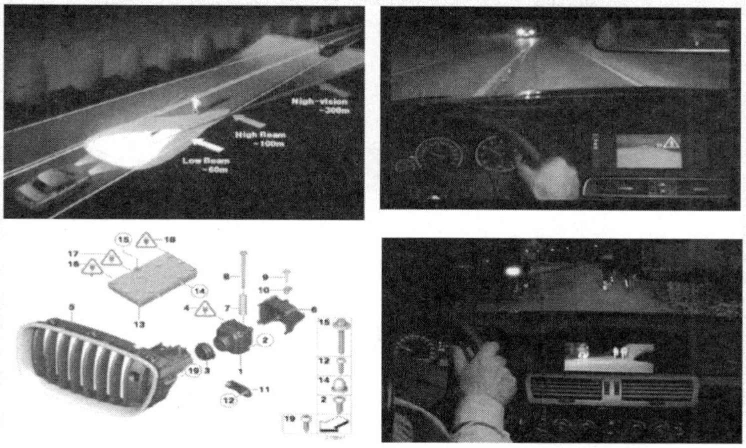

[그림 12-35] 열화상 카메라를 이용한 나이트비전

11. PCB 및 기구물 분석 및 신뢰성 시험

전자기기 부품 및 보드 등의 발열 분석과 신뢰성 시험의 수단으로 이용되며, 효율적인 활용을 위해 별도의 분석 프로그램이 필요할 수 있다.

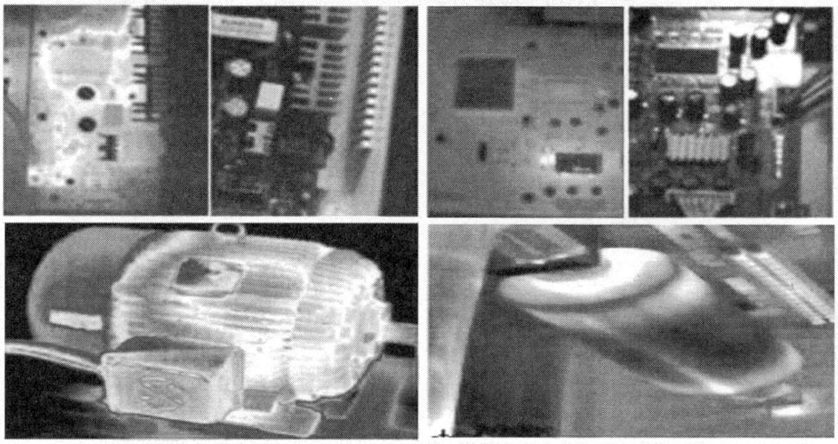

[그림 12-36] PCB 및 기구물 분석 및 신뢰성 시험

12. 스마트 빌딩 - 매장 고객 분석

백화점이나 대형 매장에서 고객들의 인원수, 동선 그리고 구매 성향의 파악을 위해 열화상 카메라를 설치하는데 별도의 운용 프로그램과 함께 제공된다.

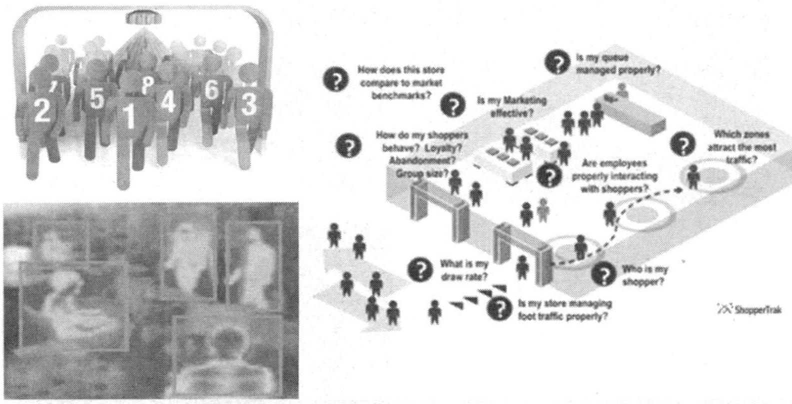

[그림 12-37] 열화상 카메라를 이용한 매장 고객의 동선 분석

13. 각종 하수구 진단 촬영

열화상 카메라는 각종 하수구 진단 촬영에도 적용가능하다.

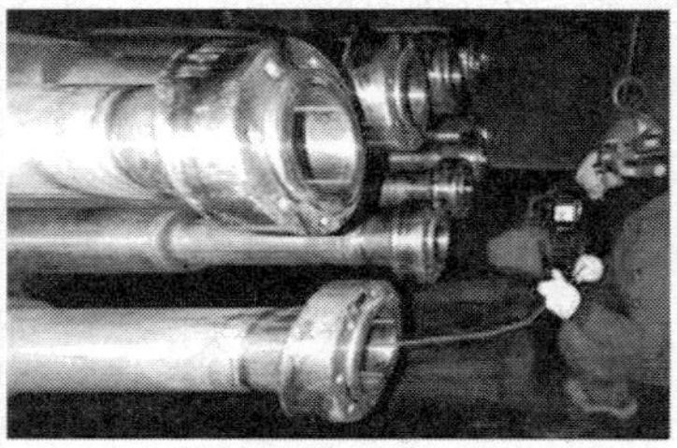

(a) 하수종말처리장 파이프 내부 촬영

(b) 도로 하수구 내부 진단 촬영

(c) 건물내 하수구 내부 진단 촬영

(d) 도로변 하수구 내부 촬영

[그림 12-38] 열화상 카메라를 이용한 하수구 진단 촬영

06 적외선 열화상 카메라 시장에 대하여 분석하라.

① 비냉각형 적외선 열화상 카메라의 세계시장(민수용 및 군수용)과 민수용(산업용) 시장의 연도별 시장 규모와 추이를 파악하였다.

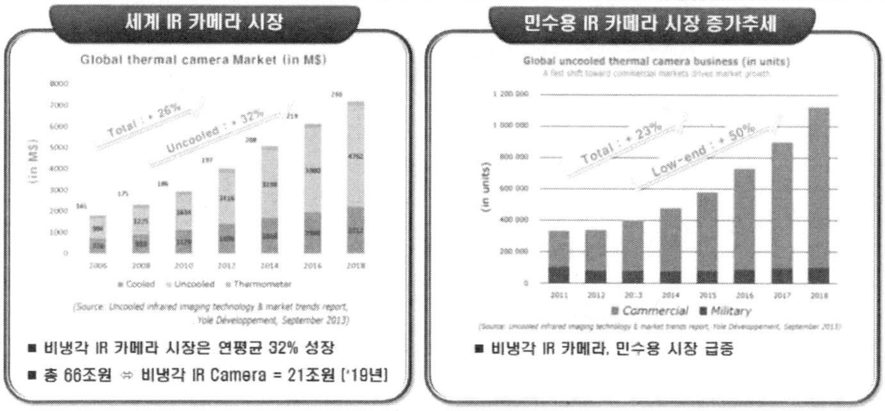

[그림 12-39] 비냉각 열화상 카메라의 시장 성장 추이

② 비냉각형 적외선 열화상 카메라 센서 시장의 규모를 화소 수와 제조업체별로 파악하였다. 초소형화 추세에 부응하여 저가형 센서가 주목을 끌고 있다(80×60, 320×240, 640×480 Array).

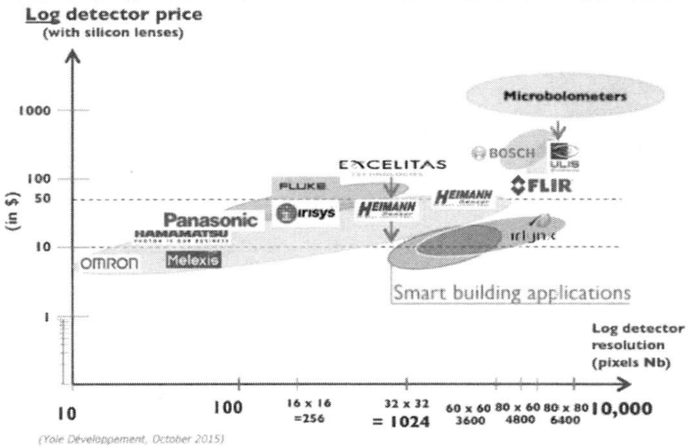

[그림 12-40] 비냉각형 열화상 카메라 센서 시장

③ 향후 주요 시설물 진단 및 드론 항공 촬영 등의 확대로 CCTV와 조합된 열화상과 실화상의 퓨전형 카메라가 관심의 대상이 될 것으로 추정한다.

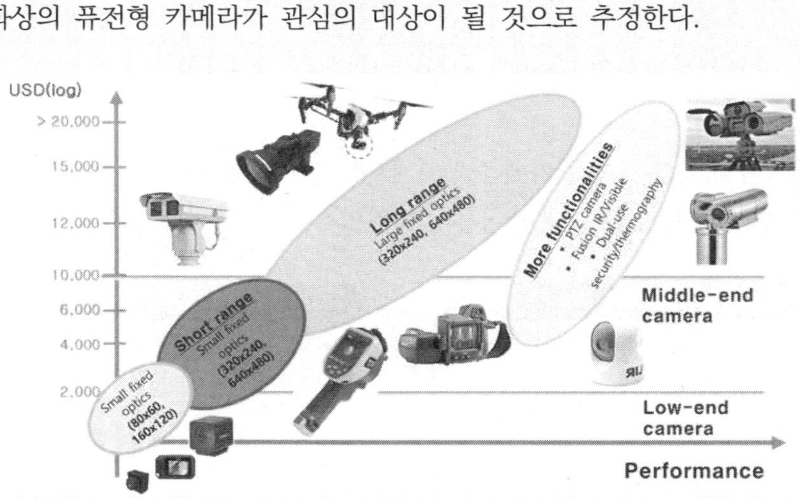

[그림 12-41] 열화상 카메라 시장

④ 휴대폰에 탑재된 저가형의 열화상 카메라는 USB에 의한 플러그 인형에서 스마트폰 내장형으로 발전하는 단계인데, 가장 큰 문제는 배터리 소비전력의 감축이다.

[그림 12-42] 열화상 카메라 탑재형 스마트폰(80x60, 160x120)

⑤ 향후에는 IoT 기술의 발전과 함께 웨어러블 열화상 카메라가 CCTV 카메라와 함께 모듈형태로 적용될 것으로 본다.

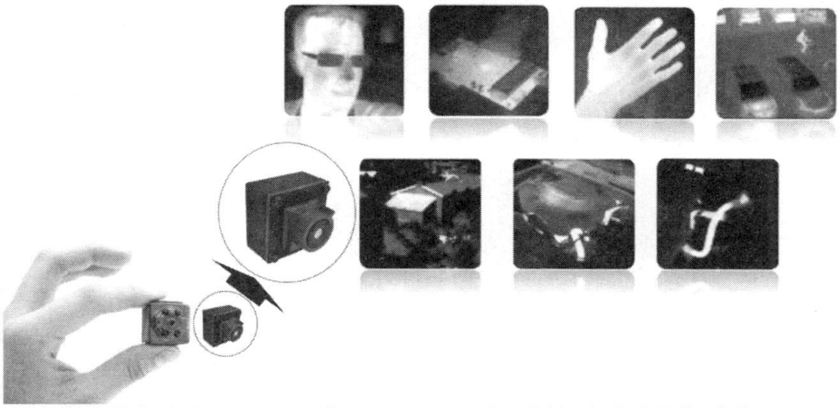

[그림 12-43] 웨어러블 열화상 카메라(80×60, 160×120)

07 열화상 카메라의 장·단점에 대하여 분석하라.

1. 장 점

1) 신속성

광범위한 부위에 대하여 비접촉식으로 신속하게 표면온도를 측정함으로써 문제 부위 원인 및 범위의 검출이 가능하다.

2) 작업용이성

접근이 어려운 부위 및 고소부에서의 측정이 용이하고 안전하다. 거리상의 제약이 없으며 빛이 없는 상태에서도 정확한 영상을 구현한다.

3) 다기능성

적정 단열여부, 기밀, 열교현상 등에 대한 유효한 검출에서부터 비파괴 검사용 및 시공간리 장비로의 활용도 가능하다.

2. 단 점

1) 장비의 고가성

국내장비 생산자의 부족으로 인하여 장비가 고가이다.

2) 전문적인 분석 부족

각종설비의 이상 여부에 대한 전문인력의 부족으로 정확한 진단이 어렵다.

3) 장비의 유지보수

고가의 수입장비이므로 고장 시 많은 수리비용이 발생한다.

학습활동.12 교수 · 학습 방법

교수 방법

- 비파괴 배관의 적외선 열화상 카메라 기술에 대한 관련 용어, 구성, 방식 이해 정도를 파악한 후 수업을 진행한다.
- 교수자의 주도로 비파괴 배관의 적외선 열화상 카메라 기술 등의 내용을 PPT 자료로 제시한 후 설명한다.
- 가능하면 사전에 개인별 학습 자료를 준비하여 모든 학생이 참여할 수 있는 문제 해결식 수업, 협력 수업이 가능하도록 한다.
- 비파괴 배관의 적외선 열화상 카메라 기술 전 과정을 작업의 순서에 따라 단계적으로 실습이 이루어질 수 있도록 지도한다.
- 교재를 통해 수업을 준비하는데 있어서 필요한 모든 정보나 팁, 힌트 등 도움이 될 만한 내용들을 확인할 수 있다.
- 학생들이 만들게 될 각 모델들은 수업시간에 중점적으로 다뤄질 부분과 어휘, 질문, 답을 포함하고 있으며 또한 탐구할만한 추가적인 아이디어들도 포함하고 있다.

학습 방법

- 비파괴 배관의 적외선 열화상 카메라 기술에 대한 관련 용어를 숙지하고, 비파괴 배관의 적외선 열화상 카메라 기술에 대해 이해한다.
- 비파괴 배관의 적외선 열화상 카메라 기술의 각 단계별 중점 사항을 체계적으로 학습한다.
- 비파괴 배관의 적외선 열화상 카메라 기술의 수행순서의 전 과정을 실습한다.
- 비파괴 배관의 적외선 열화상 카메라 기술의 내용을 이해한다.
- 비파괴 배관의 적외선 열화상 카메라 기술을 이해하고 숙달이 될 때까지 학습한다.

학습활동.12 평가 및 피드백

평가 준거

- 평가자는 피평가자가 수행 준거 및 평가 내용에 제시되어 있는 내용을 성공적으로 수행할 수 있는 지를 평가해야 한다.

학습내용	평가항목	성취수준		
		상	중	하
비파괴 배관의 적외선 열화상 카메라 기술	비파괴 배관의 적외선 열화상 카메라 기술을 이해할 수 있다.			

평가 방법

- 작업 포트폴리오

학습내용	평가항목	성취수준		
		상	중	하
비파괴 배관의 적외선 열화상 카메라 기술	비파괴 배관의 적외선 열화상 카메라 기술을 이해할 수 있다.			

- 필기시험

학습내용	평가항목	성취수준		
		상	중	하
비파괴 배관의 적외선 열화상 카메라 기술	비파괴 배관의 적외선 열화상 카메라 기술을 이해할 수 있다.			

- 체크리스트를 통한 관찰

학습내용	평가항목	성취수준		
		상	중	하
비파괴 배관의 적외선 열화상 카메라 기술	비파괴 배관의 적외선 열화상 카메라 기술을 이해할 수 있다.			

- 피드백

1. 작업 포트폴리오
   - 제출한 보고서를 평가한 후 주요 사항에 대하여 표시하여 돌려준다.
2. 필기시험
   - 평가 결과 성적이 저조한 학생은 보고서 제출 기회를 부여한다.
3. 체크리스트를 통한 관찰
   - 실습 과정에서 평가한 후 개선해야 할 사항 등을 정리하여 돌려둔다.

참 | 고 | 문 | 헌

1. http://blog.naver.com/PostView.nhn?blogId=louis7915&logNo=221007251186
2. 용접검사(비파괴검사)의 종류 및 내용(RT / UT / MT / PT / LT / VT) |작성자 루이스
3. www.hanmacco.com
4. 적외선 열화상 카메라의 기술 및 응용
5. 한국비파괴검사학회. "http://ksnt.or.kr/community/community05.asp"
6. Marketsandmarket(2017), Non-Destructive Testing and Inspection Market
7. 연구개발특구진흥재단(2017.10). "비파괴 검사 시장".
8. http://www.hellot.net/new_hellot
9. 산업용 X-Ray 주) 자비스 홈페이지 "http://www.xavis.co.kr/"
10. http://www.techvalley.co.kr/service/x-ray.php
11. https://www.chemidream.com/381 [한화솔루션/케미칼 공식블로그]

한국내시경사협회

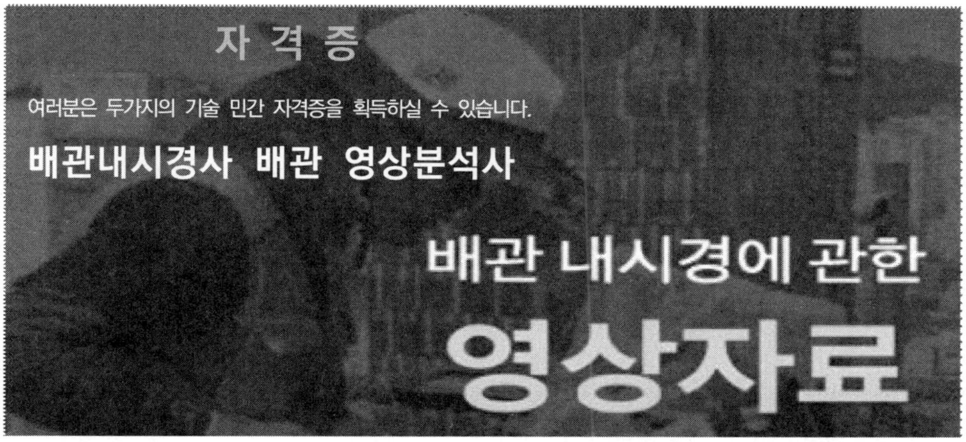

옥외 인출관 파손

지하층 배관 막힘

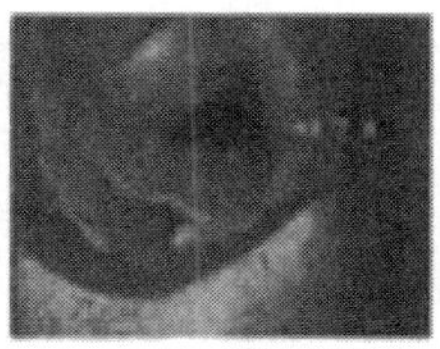
입상관 내 이물질

세대 역류

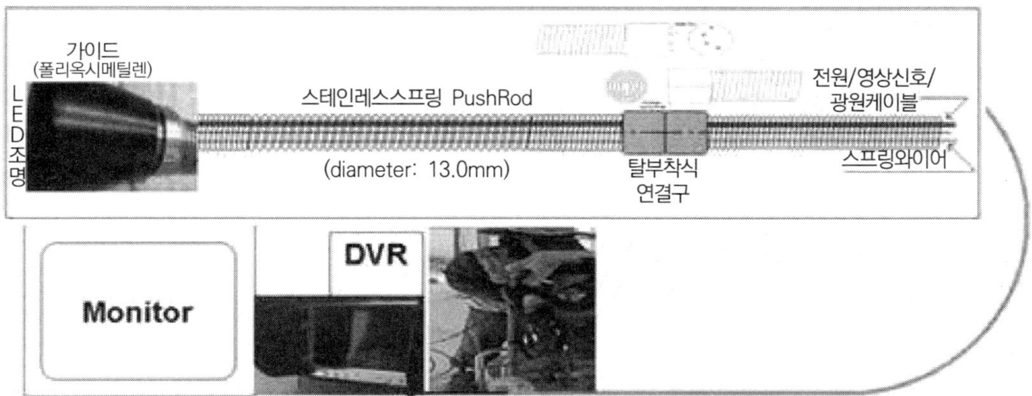

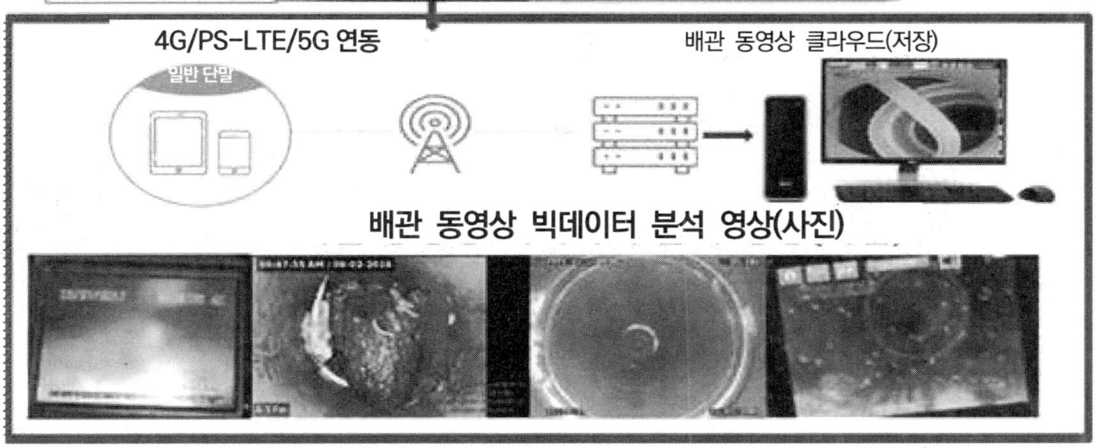

한국내시경사협회

경기도 경기 안양시 동안구 갈산로 2번길 33-16
http://pipecheck.shop/ 031-456-6770 (대표:정해진)

지명원
PREQUALIFICATION STATEMENT

와이어(L자촬영용), 세대내시경카메라, 고층촬영용 전동장비
사이즈별 카메라, 50층가능한 케이블와이어 등등

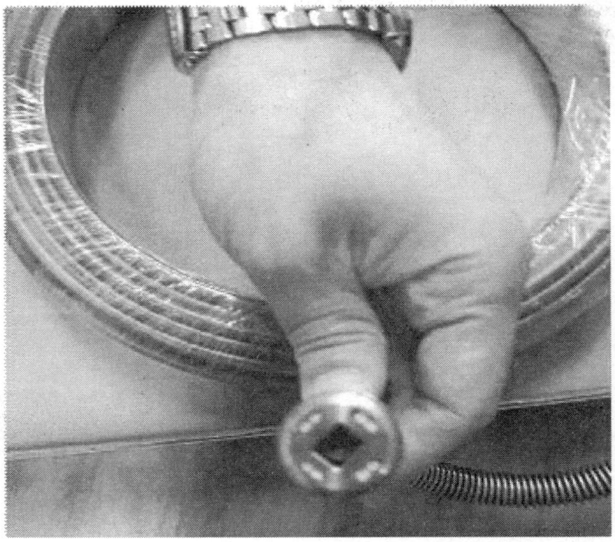

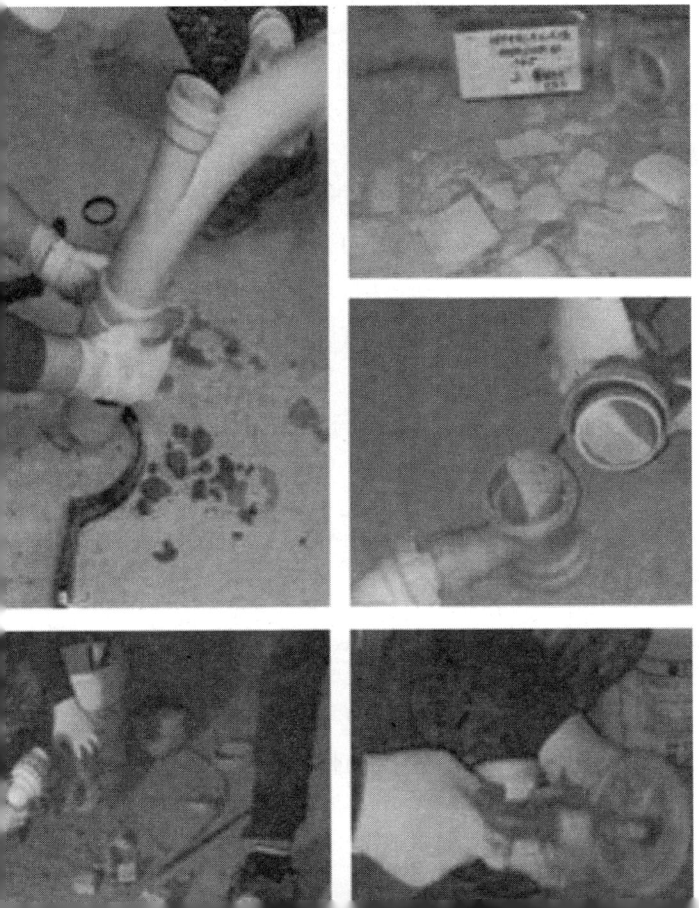

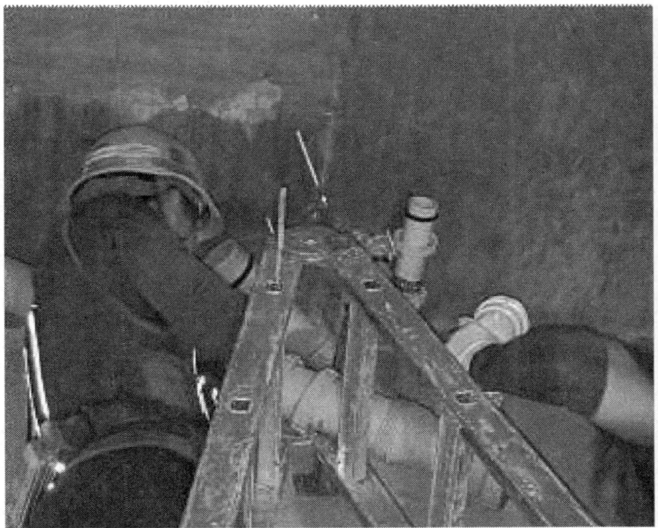

저자약력

남 상 엽
- 공학박사
- 삼성종합기술원 정보시스템연구소 근무
- 모토로라반도체통신 기술연구소 근무
- 국제대학교 교수(현재)

강 민 구
- 공학박사(연세대학교 전자공학과)
- 삼성전자연구원 근무(1985~1987)
- 한신대학교 교수(2000~현재)

전 준 철
- 공학박사(코네티컷대학교 컴퓨터공학과)
- 삼성전자 통신연구소 연구원 근무
- 경기대학교 교수(1995~현재)

정 해 진
- AT 대표(현재)

강 대 석
- 공학박사
- KEC종합연구소 근무
- SOMO-IR연구소 근무
- 엔텍월드(주) 기술연구소장(현재)

신 현 탁
- 청나광학 대표(현재)

황 동 선
- 파란 ENG 대표(현재)

윤 경 문
- 서은산업 대표(현재)

배관 내시경 분석 및 활용

2020년 7월 10일 1판 1쇄 발행

저 자 남상엽 · 강민구 · 전준철 · 정해진
강대석 · 신현탁 · 황동선 · 윤경문

발행인 남 승 우

발행처 도서출판 상尙 학學 당堂

서울특별시 동작구 사당로9가길 6
TEL : 02) 595-1692~4
FAX : 02) 595-1394
E-mail : namdoo6@unitel.co.kr
신고 : 2-155호 (1968. 11. 29)

정가 30,000원

ISBN 978-89-6587-198-9 93540

〈디자인〉 편집 엄해숙 / 표지 토틀컴